多媒体课件的设计与制作

梅全雄　编著

科学出版社

北京

内 容 简 介

本书介绍多媒体课件制作的一般理论和多媒体素材的制作与编辑方法,在此基础上,通过丰富的案例,全面介绍运用 PowerPoint、Authorware 和几何画板等工具软件设计制作多媒体课件的方法与技巧。

本书可作为高等师范院校本科生与多媒体课件制作相关课程的教材和教学参考书,也可作为学科教学论专业研究生与教育硕士相关课程的教材和教学参考书,还可以作为中小学教师继续教育的培训教材。

图书在版编目(CIP)数据

多媒体课件的设计与制作/梅全雄编著.—北京:科学出版社,2009
ISBN 978-7-03-025609-6

Ⅰ.多… Ⅱ.梅… Ⅲ.多媒体—计算机辅助教学—应用软件 Ⅳ.G434

中国版本图书馆 CIP 数据核字(2009)第 166251 号

责任编辑:高 嵘/责任校对:王望容
责任印制:彭 超/封面设计:苏 波

科 学 出 版 社 出版

北京东黄城根北街 16 号
邮政编码:100717
http://www.sciencep.com

武汉市新华印刷有限责任公司印刷
科学出版社发行 各地新华书店经销

*

2009 年 9 月第 一 版 开本:787×1092 1/16
2009 年 9 月第一次印刷 印张:18 1/2
印数:1—3000 字数:425000

定价:32.00 元
(如有印装质量问题,我社负责调换)

前言

当今社会是一个信息化的社会,信息化社会对教育信息化的发展、对信息化人才的培养提出了高要求,自然地对人才的培养者——教师的素质提出了更高的要求。

教育部在 1998 年 12 月 24 日公布的《面向二十一世纪教育振兴行动计划》中,提出了实施"跨世纪园丁工程",其中明确地提出了要提高中小学专任教师和师范学校在校生的计算机水平。《中小学教师教育技术能力标准(试行)》把教师的多媒体课件的设计与制作能力作为教师的基本能力;本次基础课程改革非常强调信息技术与课程的整合,这也对教师的多媒体计算机的运用以及多媒体课件的设计与制作能力提出了要求。

对于多媒体课件,我们应看到,一方面,市场上可供教师使用的多媒体课件很少;另一方面,成品课件在适用性、灵活性上又远远不能满足不同教学风格的教师、不同教学对象课堂教学实际的需要。在此情况下,教师自己动手设计与制作多媒体课件就成为必要。但是目前的情况是国内不少的教育工作者对多媒体课件的设计与制作的方法及制作工具不甚了解,因此无法自己动手制作课件。本书也正是为适应这些要求、提高教师的多媒体课件的设计与制作能力而编写的,它对提高教师的教学能力,特别是多媒体技术的运用能力是有意义的。

2007 年,我们结合湖北省高等学校研究项目《新政策背景下数学教师教育课程体系建设的研究与实践》,对中学教学中多媒体课件的制作与运用情况进行了调查。根据调查的结果,我们对多媒体课件的设计与制作课程进行了认真的探讨和规划,以力求在课程的体系和内容的安排上既能体现当前我国基础教育改革的要求,又能满足中小学教学的要求。

本书第一章介绍多媒体及多媒体课件设计制作的一般理论,第二章介绍多媒体课件各种素材的制作方法,第三章介绍用 PowerPoint 制作示教型课件的方法,第四章介绍用 Authorware 制作多媒体课件的方法,第五章介绍用几何画板制作多媒体课件的方法。在第三章至第五章中,我们给出了丰富的实例,这些实例都来源于中学教学实际。

本书的编写我们想尽力体现以下特色:

1. 体系结构与编排体例新颖

本书力求将理论知识与各多媒体软件结合起来,并采用模块化的结构方式安排知识点,便于学习者清楚地认识教材的结构,有助于把握课程的重点。在编排体例上,秉承能力优先,知识学习与能力训练并重的原则,每一单元既注重理论知识的学习,又注重技能与能力的训练。

2．以能力发展为主线选择与安排教材内容

本书以学生的发展为本，注重培养学生的创新精神与实践能力。根据我国教师专业化发展的需求，以《中小学教师教育技术能力标准（试行）》为依据，突出理论的运用能力、制作多媒体课件的能力、多媒体技术的综合运用能力的培养。

3．强调案例学习

本书的教学内容注重与中学教育实践相结合，通过教学实践案例的展示学习，分析多媒体课件设计的原理，引领学生学习课件制作技术，指导学生实践训练，既加深学生对多媒体课件理论的认识与理解，又可以培养学生运用理论分析教学问题、采用恰当的多媒体技术解决教学问题的能力。

4．倡导学生学习的主动性

本书的每个模块以研究性学习活动为主线，以此方式激发学生的学习动机。通过呈现案例，激发学生的学习兴趣，培养学生的自主学习与自主设计能力。

5．注重综合性

注重引导学生分析把握不同多媒体工具软件的特点，并在课件设计中综合运用各多媒体工具软件的优点，发挥各自的长处，灵活地展现教学内容，帮助学习者把握重点，突破难点。

本书在写作过程中参考了大量的文献资料，尽管在参考文献中尽力列出，也难免有所遗漏，在此对所有我参考过的或对我写作有启发的作者表达我诚挚的谢意。另外本书初稿在使用过程中，华中师范大学的历届本科生、研究生、教育硕士和湖北省骨干教师培训班的学员提出了不少宝贵意见；本书的出版得到了科学出版社的大力支持和帮助，在此一并致以诚挚的谢意。

本书虽经多次讲授和修改，但限于作者水平，书中不妥之处在所难免，敬请读者批评指正。

梅全雄

2009 年 4 月

目录

第一章　多媒体课件设计制作的一般理论

▶▶▶ **第一节　多媒体技术概述**

内容提要
● ● ● ● ● ●

本章介绍媒体与多媒体的概念及特点；多媒体课件的概念、基本结构和特点；多媒体课件的类型；多媒体课件开发的一般过程和多媒体课件的应用环境等。

学习目标
● ● ● ● ● ●

(1) 了解媒体的概念及类型，理解多媒体的概念及特点。

(2) 理解多媒体课件的概念及特点，掌握多媒体课件的基本结构和类型。

(3) 了解多媒体课件开发的一般过程，能进行教学设计过程的分析，理解并掌握脚本制作的方法并能进行脚本的编写。

(4) 了解多媒体课件应用的环境，能根据具体环境设计并合理地使用多媒体课件。

一、媒体的定义及分类

1. 媒体

"媒体"一词本身来自拉丁文"medius"一字，为中介、中间的意思，即媒体是指传递信息的中介物。因此可以说，人与人之间所赖以沟通及交流观念、思想或意见的中介物便可称之为媒体。

在计算机领域中，媒体（Media 的音译）主要有两重含义：一个是存储和传递信息的实体，如磁带、磁盘、光盘和半导体存储器等；另一个是指表现信息的载体，如文本、声音、图形、图像、动画及视频影像等。多媒体计算机技术中的"媒体"通常是指后者。

2. 媒体的分类

国际电报电话咨询委员会（CCITT，目前已被 ITU 取代）曾对媒体作如下分类。

(1) 感觉媒体（perception medium）。感觉媒体指能直接作用于人的感官，使人能直接产生感觉的一类媒体。如人类的各种语言、音乐；自然界的各种声音、图形、图像；计算机系统中的文字、数据和文件等都属于感觉媒体。

(2) 表示媒体（representation medium）。表示媒体是为了加工、处理和传输感觉媒体而人为研究、构造出来的一种媒体。其目的是更有效地将感觉媒体从一处向另一处传送，便于加工和处理。表示媒体有各种编码方式，如语言编码、文本编码、图像编码等。

（3）表现媒体（presentation medium）。表现媒体是指感觉媒体和用于通信的电信号之间转换用的一类媒体。它又分为两种：一种是输入表现媒体，如键盘、摄像机、光笔、话筒等；另一种是输出表现媒体，如显示器、喇叭、打印机等。

（4）存储媒体（storage medium）。存储媒体用于存放表示媒体（感觉媒体数字化后的代码），以便计算机随时处理、加工和调用信息编码。这类媒体有硬盘、软盘、磁带及CD-ROM等。

（5）传输媒体（transmission medium）。传输媒体是用来将媒体从一处传送到另一处的物理载体。传输媒体是通信的信息载体，它有双绞线、同轴电缆、光纤等。

二、多媒体及多媒体技术

多媒体是当今信息时代伴随着计算机应用日益普及于社会各个领域而迅速流行起来的专业术语，它原本来自于英文"multimedia"，而 multimedia 则是由 multiple 和 media 复合而成，因此，从语言学的角度来看，它分为"多"和"媒体"两部分。

1. 多媒体

随着计算机技术和通信技术的发展，人们有能力把各种非数值媒体信息在计算机内均以数字形式表示，并综合起来形成一种全新的媒体概念——计算机多媒体。由此把原来只能承担数值运算任务的计算机发展成为能对多种非数值信息进行加工、处理、呈现和传输的综合性工具。

因此，计算机领域中的"多媒体"有别于常规"多媒体"的专门术语，它主要是指多种非数值信息的表现形态以及处理、传递和呈现这些信息内容的工具和手段的集成。

一般地，我们把多种信息的载体中的两个或多于两个的组合称为多媒体。

2. 多媒体信息的类型

（1）文本（text）。文本是以文字和各种专用符号表达的信息形式，它是现实生活中使用得最多的一种信息存储和传递方式。用文本表达信息给人充分的想象空间，它主要用于对知识的描述性表示，如阐述概念、定义、原理和问题以及显示标题、菜单等内容。

（2）图像（image）。图像是多媒体软件中最重要的信息表现形式之一，它是决定一个多媒体软件视觉效果的关键因素。

（3）动画（animation）。动画是利用人的视觉暂留特性，快速播放一系列连续运动变化的图形图像，也包括画面的缩放、旋转、变换、淡入淡出等特殊效果。通过动画可以把抽象的内容形象化，许多难以理解的教学内容变得生动有趣。合理使用动画可以达到事半功倍的效果。

（4）声音（audio）。声音是人们用来传递信息、交流感情最方便、最熟悉的方式之一。在多媒体课件中，按其表达形式，可将声音分为讲解、音乐、效果三类。

（5）视频影像（move video）。视频影像具有时序性与丰富的信息内涵，常用于交待事物的发展过程。视频非常类似于我们熟知的电影和电视，有声有色，在多媒体中充当起重要的角色。

3. 多媒体素材

多媒体素材是指多媒体课件用到的各种听觉和视觉材料。例如，根据教学需要，可通过播放一段动画来形象、直观地展现某一数学知识的发展演变过程,这段动画就可称为多媒体课件的一个素材。

一般地,多媒体素材可以大致分为听觉和视觉两大类。也可根据素材存放格式的不同,将其划分为文本、声音、图像、动画、视频等种类。

三、多媒体技术

1. 多媒体技术的概念

多媒体计算机技术的定义很多,比较确切的是 Lippincott 和 Robinson 在 1990 年 2 月《Byte》杂志上两篇文章的定义:所谓多媒体计算机技术就是计算机交互式综合处理多种媒体信息——文本、图形、图像和声音,使多种信息建立逻辑连接,集成为一个系统并具有交互性的信息技术。简言之,多媒体技术就是计算机综合处理声音、文字、图像、动画以及视频信息的技术。

2. 多媒体技术的特征

(1) 集成性。集成性是指多媒体计算机能把多种信息媒体整合在结构化程序中进行统一的加工、处理后,再综合表现出来。

集成性包括两方面,一方面是媒体信息,即声音、文件、图像、视频等的集成;另一方面是显示或表现媒体设备的集成,即多媒体系统,一般不仅包括了计算机本身而且还包括了像电视、音响、录像机、激光唱片等设备。

(2) 实时性。实时性是指在多媒体系统中声音及活动的视频图像是强实时的(hard real time),多媒体系统提供了对这些媒体实时处理的能力。支持实时处理在网络传输中尤为重要。

(3) 交互性。交互性是指学生与计算机之间有频繁和直接的通信活动。

交互性是多媒体计算机与其他像电视机、录音机等家用电器有所差别的关键特征,也是因特网媒体较之传统媒体的一大优越性。虽然在传统媒体中,传播者和受众之间也存在交流,如报纸设的读者信箱、电台的热线电话等。但在这些交流中,受众流向传播者的信息比传播者向受众"推"出的信息要少得多,受众在传播中显然处于被动地位,传播模式基本上是单向传播。在网络中,这种现象正在逐渐改变。受众享有了前所未有的参与度,成为媒体的一部分。受众由被动变为主动,随心所欲地从媒体中"拉"出所需信息,也可以参与媒体的传播活动。媒体和受众形成充分的双向交流。

3. 多媒体技术构成

(1) 音频技术。音频技术主要包括音频的数字化、语言处理、语音合成、语音识别四个方面。

(2) 视频技术。视频技术包括视频信号的数字化和视频编码技术两个方面。视频数字化的目的是将模拟视频信号经 A/D(模/数)转换和彩色空间变换,转换成多媒体计算机可以显示和处理的数字信号。视频编码技术是将数字化的视频信号经过编码成为电视信号,从而可以录制到录像带中或在电视系统中播放。

(3) 数据压缩和解压缩技术。数据压缩技术是多媒体技术发展的关键所在,是计算机处理语音、静止图像和视频图像数据以及进行数据网络传输的重要基础。

（4）大容量光学存储技术。光学存储技术是通过光学的方法读出（有时也包括写入）数据，由于它使用的光源基本上是激光，所以又称为激光存储，如 CD-ROM、VCD、DVD 等。

（5）超文本和超级链接技术。超文本是一种新颖的文本信息管理技术，是一种典型的数据库技术。它是一个非线性结构的结构，以节点（node）为单位组织信息，在节点与节点之间通过表示他们之间的关系的链（link）加以连接，构成表达特定内容的信息网络。

超媒体技术可以十分高效地组织和管理具有逻辑联系的大容量多媒体信息。例如，MCAI 课件、百科全书和参考类 CD-ROM 光盘的信息都是由超媒体技术来组织的。另外，超媒体也是 Internet 上流行的信息检索技术。与普通超媒体有所不同的是，在这里，对于各个网络节点的链接，不但可以是指向同一场所的另一篇文本、声音、图形或图像，而且可以是指向网络上不同地点的资源，这种链接又称为超链接（hyperlink）。超媒体技术环境突破了纸张印刷品严格的序列形式，也突破了一般视频技术的线性呈现方式，使用户可以随机访问，并且其多路径的性质使得学习者能够随机地获取大量的信息。

（6）媒体同步技术。在多媒体应用中，通常要对某些媒体执行加速、放慢、重复等交互性处理。多媒体系统允许用户改变事件的顺序并修改多媒体信息的表达。各媒体具有本身的独立性、共存性、集成性和交互性。系统中各媒体在不同的通信路径上传输，将分别产生不同的延迟和损耗，造成媒体之间协同性的破坏。因此，媒体同步也是多媒体技术中的一个关键问题。

（7）多媒体网络技术。要充分发挥多媒体技术对多媒体信息的处理能力，必须与网络技术结合。多媒体信息要占用很大的存储空间，即使将数据压缩，对单用户来说，获得丰富的多媒体信息仍然有困难。此外，在多个平台上独立使用相同数据，其性能价格比小。特别是在某些特殊情况下，要求许多人共同对多媒体数据进行操作时，如远程教学、电视会议、远程医疗会诊等，不借助网络就无法实施。

▶▶▶ 第二节　多媒体课件概述

一、多媒体课件的概念

简单地说，多媒体课件是指利用多媒体技术进行计算机辅助教学的软件。它包含了多媒体技术和计算机辅助教学（CAI）两个应用领域。

目前，我们在课堂上看见的辅助性教学软件，大都属于多媒体课件，它就是利用了多媒体技术和计算机辅助教育的思想，使用计算机的多媒体制作软件制作出来的为教育教学服务的软件。一方面，多媒体课件将文字、图像、声音、动画等多种媒体组织起来；另一方面，它又通过直观演示、人机交互、实时操作等多种形式提高教学效率。教师利用多媒体课件进行课堂教学可以更容易地组织教学内容，更方便地控制教学过程，更高效地完成教学目标。实践证明，多媒体课件从真正意义上优化了课堂教学，提高了课堂效率，当前在教育界得到了广泛的应用。

二、多媒体课件的基本结构

多媒体课件是一种教学程序,教学程序的结构设计是多媒体课件设计的一项重要内容。因此,了解、掌握多媒体课件的基本结构具有非常重要的意义。

作为课件来讲,其标准化的结构形式主要包括以下三个部分,如图1-1所示。

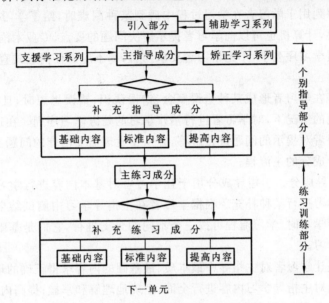

图1-1　多媒体课件的标准结构形式

1. 引入部分

设置引入部分的基本思想是使学习者通过这一部分的学习,有助于他们顺利地进入后面的学习,达到预定的教学目标。引入部分应包括以下内容。

（1）确认学习者是否具备完成本单元学习的基础。学习往往是以某种知识作为前提的。引入部分应确认学习者在多大的程度上具备了完成本单元学习的基础知识。如果学习的前提知识不具备,或者对有关内容理解不充分,则应进一步确认这对本单元哪些内容的学习将产生怎样的影响。

（2）给出本单元学习的基本目标和主要学习项目。CAI学习开始,应明确地向学习者呈现本单元的学习目标和具体的学习项目。学习目标和学习项目的提示可以有效地调动学习者的学习积极性。为了使学习者能顺利地通过课件规定的学习内容,引入部分还应列出学习中的注意事项。

（3）进行预备性测试。这是一种用于调查学习者的学习基础的测试。通过测试,如果发现学习者为完成本单元的学习还需补充某些学习,学习流程将转向辅助学习系列。

2. 指导部分

（1）主指导成分。主指导成分用于概念、法则、理论等基本内容的学习。它是使用课件的每一位学习者必须学习的内容。

在主指导成分的学习中,若学习者的应答出现了某种错误,计算机将根据情况给出适当的启示或补充说明,帮助学习者以自己的努力去解决有关的问题。特别在一些基本概念等重要内容的学习中,为了使学习者深入理解所提示的问题,应重视启示方法的研究。

主指导成分还应包含用于处方学习的支援学习序列和矫正学习序列。在这些学习序列的支持下,学习者能有效地完成课件规定的基本内容的学习。

支援学习序列用于学习者在学习过程中碰到某种困难时,给予学习者某种启发或者说明。根据需要,计算机也可以向学习者提示解决问题的要点、专业术语的解释或某种辅助说明。在支援学习序列中,不论学习者要求与否,都不应以任何形式直接向学习者给出问题的标准解答。

矫正学习是在学习者形成某种错误概念、错误认识、错误思想时,且这种错误在学习应答中多次出现的情况下,对学习者进行治疗学习的处方学习序列。在这种学习序列中,应不断引导学习者对提示的问题进行解答,并从中发现需要治疗的问题。治疗完毕后,应马上返回主指导成分的主流程。

(2) 补充指导成分。主指导成分用于让学习者对基本内容进行学习,补充成分则用于对主指导的学习进行某种补充。根据学习者在主指导学习中测试结果的不同,当学习者进入补充指导学习时,学习流程可按三个不同的分支进行,它们是基础内容、标准内容和提高内容的学习。

基础内容是让学习者对主指导中最本质、最基础的内容求得正确的理解和掌握;标准内容用于学习者对主指导学习内容进行全面、正确地理解和掌握;提高内容主要面向学习能力较强的学习者,通过提高内容的学习,学习者可以在主指导的学习基础上,在把握所学内容各部分相互关系的基础上,应用所学的知识去解决有关的实际问题,培养他们分析问题、解决问题的能力。

3. 练习部分

(1) 主练习成分。设置主练习成分的主要目的是让学习者对个别指导中学习的计算方法、解题方法等实现有效的掌握,并提高他们这方面的技能。

主练习成分的程序结构多为直线型。当学习者对提示的问题给出错误应答时,计算机可对相应的应答予以更正。一般,可不必像主指导中那样对学习者进行启发和引导。

(2) 补充练习成分。补充练习成分与主练习具有相似的目的,若学习者在主练习中对基础练习还没有有效掌握,或嫌练习量不足,可进行补充练习。

根据主练习中测试结果,补充练习可设基础内容、标准内容和提高内容三个方向的分支,让不同特点、不同能力的学习者分别进行练习。

基础内容主要用于帮助学习者对主练习中的内容和要求进行正确理解和掌握。其中,基础问题可占 $60\%\sim70\%$,标准问题占 $30\%\sim40\%$。

标准内容的练习除让学习者正确掌握所学的内容外,重点是让学习者利用所学的内容去解决某些问题,在解决问题的过程中求得对所学内容的深入理解,其中基础问题可占 20%,标准问题占 60%,提高问题占 20%。

提高内容主要用于那些对主练习内容已经全部掌握的学习者,重点是用于分析问题、解决问题能力的培养。提高内容中,标准问题占 40%,提高问题占 60%。

三、多媒体课件的特点

CAI 是一种完全新颖的教学方法,在使用时,必须懂得多媒体课件的特点,才能懂得如何发挥其长处,避免和克服其短处。

1. 集成性

集成性是指多媒体计算机能把多种信息媒体整合在结构化程序中进行统一的加工、处理后,再综合表现出来。

计算机对多媒体信息的集成性,改善了信息的表达方式,使人们能通过各种感官的有机组合获取信息,能更好地吸引人的注意力。

2. 交互性

交互性是指学生与计算机之间有频繁和直接的通信活动。因为 CAI 与传统教学都存在着教授思想和方法的问题,其根本区别是"计算机教师"采用了人—机对话的交互教与学活动,教学形式是单独的,即是针对每一个人的;而传统教学形式都是群体式的,虽有课堂提问,但仅少数人参加。

交互活动按控制权的不同,可分为计算机主动、学生主动、混交主动三种方式。交互活动在多媒体课件中是绝对必要的,对计算机来说,通过提问可以监测学生的学习情况;对学生来说,可以从计算机提供的反馈中立即知道结果,并能获得鼓励和帮助。

通常学生在开始学习新材料时他所形成的表象与概念是不牢固的,即在大脑中所形成的暂时联系是不稳固的,不经过一个巩固的过程,这些知识会很快被遗忘。那么怎样形成概念呢? 概念的形成不仅包括知觉活动,更包括解决认识任务的活动。在通常的课堂语言教学中,学生往往感到听教师讲课时内容很简单、很好理解,但在自己练习时又不知从何着手,这就是课堂教学形式的表象与概念不牢固的表现,其原因是课堂教学中缺少解决认识任务的积极活动。在多媒体课件中,不厌其烦、一视同仁的"会话(提问)",为学生提供了活动方式,通过积极的思维活动,回答问题,强化已学的内容,形成概念,掌握规律。

3. 个别化

个别化是指按照学生的个人特点进行因材施教,即学生可根据个人时间、要求、基础安排自己的学习计划与进度。个别化适合于智力差异较大的不同学生,并能使各层次学生各得其所。个别化包括三点:

(1) 自定步调。允许学生自选控制学习进度。由于计算机是分小步子进行教学的,在每一步上都要求学生作出某种反应后,才能进入下一步。在计算机面前,学生排除了在教师面前胆怯等心理因素,没有顾虑,怎么思考就怎么回答,智力得到了充分的发挥,根据个人能力,有的可以较快地进入新的学习,有的可以无拘束地反复学习一个内容,直到自己满意为止。因此,在整个学习过程中,学生掌握着控制学习进度的主动权。

(2) 难度适宜。多媒体课件能根据学生当前知识水平,提供难度适宜的学习材料。在学习新课时,计算机能对学生进行事前测验,根据他的成绩确定最适合的课程。在学习过程中,有些多媒体课件系统还能根据学生的学习情况来控制学习材料和问题的难度。

(3) 适应个性。不同个性的学生常常有不同的学习风格。例如,有的愿意独立思考,不喜欢过多的暗示;有的喜欢进度较快,而有的则相反等等。因此,人们希望计算机能根据学生的个性提供不同风格的学习材料。然而,个性的测定和多种风格的课件的编制却是比较困难的。因此,目前多数多媒体课件系统还无法达到这一目标。

4. 直观性

多媒体课件是一种界面技术,它可增强和改善人机界面功能,使其更加形象、直观、友好,能表达更多的信息,更有利于学生加深对知识的理解和提高学习的积极性,从而提高学习效率。

5. 非线性

多媒体技术的非线性特点将改变人们传统循序性的读写模式。以往的读写方式大都采用章、节、页的框架,循序渐进地获取知识,而多媒体技术将借助超文本链接(hypertext link)的方法,把内容以一种更灵活、更具变化的方式呈现给读者。

▶▶▶ 第三节　多媒体课件的类型

一、按功能模式分类

多媒体课件按其功能模式可分为训练与练习、个别指导、对话、模拟、问题求解、游戏、测验七种。在具体课堂教学中,往往需要几种不同模式的综合运用。

1. 训练与练习(drill and practice)

训练与练习是常用的模式之一,它并不是用来教给学生新知识或新技能,而是通过反复练习达到巩固某种知识或某项技能的目的。因此,它常被用于提高学生完成任务的速度和准确性。

(1) 基本模式。训练与练习模式的基本做法是计算机提问,学生回答,即计算机向学生逐个显示习题,要求学生联机解答。如果学生回答正确,则计算机给予肯定,并进入下一个问题;否则计算机告诉学生答案,再向他显示同类问题或给予适当提示后,再次显示同一问题。此模式的教育目的不是向学生传授知识,而是通过做一定数量的习题,达到巩固知识和形成能力的目的。

这种模式的计算机程序编制通常比较简单,只涉及题目呈现、答案核对及记分等一般功能。其运行的程序框图如图 1-2 所示,运行框图如图 1-3 所示。

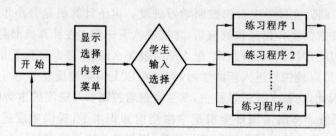

图 1-2　训练与练习的程序框图

(2) 基本要求。

① 目标、意图明确。一个好的训练与练习多媒体课件,应当明确定义出它所要提高

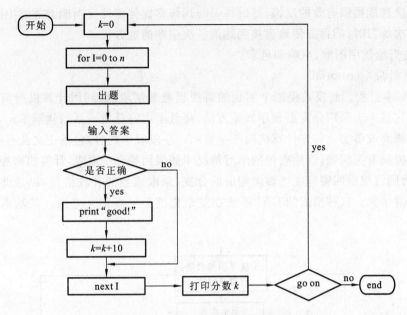

图 1-3　训练与练习的运行框图

的行为类型,以便于教师决定是否选用该程序,或便于教师调节有关的程序变量,如反馈时间模式以及呈现速度等。一个高质量的多媒体课件,应当为每一个目的行为制定一个可操作的目标(在一个程序包中可能不止一个)。例如,我们的设计目标是通过训练让学生的某项技能达到自动化的水平,那么我们制定的可操作性目标可表述为:任给 10 个相关问题,学生能够在 30 秒钟内以 100％的准确率做对并输入答案。此外,一个好的程序还应当说明其最适合的对象。

　　② 应用适当的教育学与心理学理论。一个好的训练与练习多媒体课件,必定是建立在科学的教育学与心理学理论之上的,因此在进行训练与练习设计时应当特别注意以下几个方面。

　　·干扰。所谓干扰,是指已学知识对新知识的影响,或过去所学的信息对新信息的干扰。在数学中还应特别注意日常用语对数学概念的干扰。

　　高质量的 CAI 训练与练习的设计,应当考虑学生在做此练习时,已经具有什么样的知识,这些知识在哪些方面会干扰本练习。

　　·分段练习。心理学研究表明,分阶段的短练习比集中的长练习效果要好。即计算机程序应当让学生在短期之内获得进步,而不是在集中的长期限之内获得进步。

　　·分散复习。心理学研究表明,分散是增强保持的一种有效方法。所以好的 CAI 练习与训练程序,应当以不同间隔,复习前面练习过的知识。

　　③ 内容具有科学性。以正确的语言呈现准确的内容。无论是题目还是反馈信息,都不可有明显的科学性错误。

　　④ 良好的系统结构。好的练习与训练多媒体课件一般是随机呈现练习项目,不会总是以固定的顺序呈现项目的;好的练习与训练多媒体课件应当能控制项目的呈现速度,随着学生熟练水平的提高,呈现速度应越来越快;好的练习与训练多媒体课件应当对正确或

错误的反应都能提供有效的反馈;好的练习与训练多媒体课件应当能够随时中断或退出,并在上一次练习时,能很方便地直接到达前一次中断的地方。

⑤ 适当地使用图形、声响和色彩。

2. 个别指导(tutorial)

(1) 基本过程。此模式模拟个别化的讲授型教学情境,即利用计算机扮演讲课教师的角色。它基本上采用分支型程序教学方法,将教学内容分成一系列教学单元,每一单元介绍一个概念或事实。首先计算机向学生显示一小段教学内容,包括正文及有关例子,然后向学生提问有关问题,以检查他的学习情况。如果回答合乎要求,计算机将控制转向下一单元,否则将根据回答程度而转向相应的分支,采取适当的补救措施,以帮助他们成功地掌握当前单元。这种模式的 CAI 系统在复杂程度上可有很大差别。其基本流程如图1-4 所示。

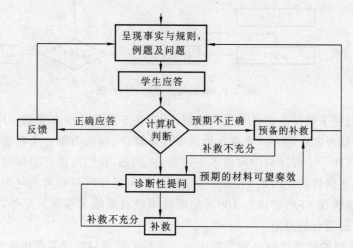

图 1-4　CAI 个别辅导程序的基本流程

目前多数这类系统能够根据学生的应答历史来诊断学习能力和当前的知识水平,并运用某种教学策略动态地控制学习顺序,以适应个别学生的不同情况。下面是中学几何课程教学程序的一段运行记录。

三角形有多种特殊类型,其中有一种叫等腰三角形。本课帮你发现等腰三角形的定义。

例 1　这里有五个三角形,它们的边长分别是(4,5,4),(8,9,9),(10,10,7),(6,9,6),(9,9,9),它们都是等腰三角形。

例 2　下面三个三角形都不是等腰三角形:(4,5,6),(15,12,8),(7.3,4.8,4.9)。现在请你回答问题:

(6,6,3)是等腰三角形吗?

? YES

对!

(12,11,7)是等腰三角形吗?

? NO

很好!

(7,7,7)是等腰三角形吗?

? YES

好!

现在你应该能得出等腰三角形的定义。请回答下面哪个定义最确切(回答1、2 或 3)。

1. 至少有两条边长相等的三角形是等腰三角形。

2. 恰有两条边长相等的三角形是等腰三角形。

3. 三边相等的三角形是等腰三角形。

? 1

完全正确!你已掌握了等腰三角形的概念。

(2)设计要求。个别指导模式设计的要求主要有以下两种。

① 交互性。在个别指导模式中,强调学生积极主动地参与学习过程,而这主要是通过人机交互作用来实现的。

② 适应性。好的个别指导课件,能适应不同学生不同的认知能力、学习习惯等,从而采取不同的教学进度和教学内容的呈现方式。

(3)应注意的问题。在个别指导型的课件设计中,一般应注意以下几个问题。

① 确定个别指导课件的范围。个别指导模式的课件通常具有丰富的文本内容、例题、定理规则的演示以及现场提问,适合于讲解或图示化一些难以口头表达的定理、规则、公式、抽象概念等。

② 把握个别指导的作用。实践证明,用个别指导型课件作为教学补充比用个别指导型课件取代教师的教学效果更好。因此,在计划如何使用 CAI 进行教学时,应充分考虑这一点。

③ 课件的选用与课堂教学的协调。在使用个别指导型课件时,应注意课件与课程教学内容的相容性以及教学内容的完整性;应当仔细设计好课堂教学,精确确定在什么地方,以什么方式将个别指导课件融入课堂教学之中,其作用或目的是什么(如延伸、矫正等)。

3. 对话(dialog)

对话方式是用来模仿教师与计算机之间的会话,它有辅导式会话和查询式会话两种。前者以计算机(教师)为主体,系统地向学生介绍某种概念或原理,并提出一些问题,这时允许学生以自己的语言来表达自己的解答;后者是以学生提问为主,允许学生主动提问与课题有关的问题,计算机根据学生的问题给予提示或解答,于是在学生与计算机之间形成了真正的"对话"。

辅导式对话的教材内容可以按三种方式进行组织,即线性方式(顺序介绍教材内容)、针对方式(根据学习情况组织教材)和选择方式(由学生自选)。查询式对话对学生吸引力很大,但设计中有许多困难,特别是对学生的提问进行正确的判断与分析、中文语言的输入等困难更大。下面是学生与计算机之间进行的一段对话实录。

什么是方程?

含有未知数的等式叫方程。

很好！一元二次方程 $ax^2+bx+c=0$ 的求根公式是怎样的（$a\neq0,b^2-4ac\geq0$）？

（这时学生不愿回答机器的问题而反过来提问）告诉我一些函数的知识。

函数是两个集合的元素间的一种对应关系。（计算机回答了学生问题后再回到原来问题）你知道 $ax^2+bx+c=0(a\neq0,b^2-4ac\geq0)$ 的求根公式吗？

$$x_{1,2}=\frac{-b\pm\sqrt{b^2-4ac}}{2a}$$

完全正确。现请问 $y=f(x)$ 中哪个表示函数？（机器考虑学生提问函数，则移向函数有关问题）

y

不对。……

4. 模拟（simulation）

（1）基本模式。所谓模拟，是指利用模型来模仿现实世界的物理现象或社会现象（自然的或人为的现象）的行为，这是科学家们常用的一种研究方法。在教学中应用计算机模拟是近二十年发展起来的一种新方法，它对于在教学过程中无法直接表述的人类知识和经验，或者虽然可直接表述但成本太高或潜在某种危险时，利用教学模拟更为方便有用。教学模拟的任务模拟、系统性模拟和经验模拟三种类型，通过模拟可以帮助学生吸取知识，取得经验或者熟练地掌握某项技能，有利于培养学生解决问题的能力。

实现计算机模拟时，首先要建立模型，模型必须是一个算法，能够用计算机语言写成程序并在计算机上运行。教学上的模拟程序多数被设计成与学生之间的交互活动。当学生与计算机无直接交互作用时则称演示程序。

例 1　利用计算机设计椭圆的图像的动态过程，离心率 e 对椭圆扁平度的影响，以及它们的退化情形。其 BASIC 程序如下：

```
100   INPUT A,E:  IF A=0  GOTO  250
110   B=B* SQR(1-E*E)
120   K=0.01:  S=0:R=0
130   FOR I=0  TO  A/25  STEP  k:  X1=I*25
140   X=125+X1
150   YI=B*SQR(A*A-XI*XI)
160   IF S=2  THEN  YI=-YI
170   Y=69-YI/ABS(A)
180   HPLOT  X,Y:  NEXT  I
190   R=R+1:  IF R>3  GO TO  100
200   IF  S=2  GOTO 220
210   S=S+1:  IF S>=2  GOTO 230
220   A=-A:  K=-K:IF S<=2  GOTO  130
230   IF  S<=2  GOTO 240 ELSE  GOTO  100
240   GOTO  100
250   END
```

当该程序运行时,计算机给出提示"?",即要求输入 A、E 的数值。图 1-5 为 E=0.9、0.8、5、0 时的椭圆及其退化情形的图像。

例 2 讨论圆锥曲线的离心率 e 与圆锥曲线的统一性。

可用几何画版设计一个通过拖动 E$(e,0)$ 点,就可同时显示 E 点的横坐标 e(即为离心率)的变化与圆锥曲线的形状变化的关系。

例 3 试判断顺次连接四边形四边中点连线所成四边形的形状,并说明理由。

图 1-5 程序运行结果

可用几何画板设计动画,模拟演示不同形状的四边形(通过四个顶点的变动)四边中点连线所成的四边形的形状。

(2)设计要求。包括吸引学生的注意,具有交互性,操作方便,特别是进出方便,重点突出几个方面。

5.游戏(games)

游戏是利用计算机产生一种带有竞争性的学习环境,它把科学性、趣味性和教育性兼于一体,能大大激发学习动机,起到"寓教于乐"的作用。对方游戏者常由计算机扮演,有些游戏也被设计成有多名学生参加。

多数游戏是为了锻炼学生的决策能力而设计的,因为一个游戏过程必包括多个步骤,每一个步骤上又有多种选择,这就迫使学生尽可能应用他所学的知识设法寻找战胜对方的策略。例如,PLATO 系统上有一个著名的算术游戏,叫"如何取胜西铁"。计算机轮流为双方游戏者随机产生三个数,游戏者对这三个数有加、减、乘、除构成一个算式,计算机根据此算式的值决定他的棋子的运动距离,首先到达终点者取胜。这种游戏能刺激学生综合应用算术知识。如计算机产生三个数 2、3、4,若学生给出算式 3×4+2,则他只能运动 14 步,若给出 3×(4+2),则可运动 18 步,若给出 4×(3+2),则可运动 20 步。图 1-6 显示了这个游戏的"棋盘"。

6.问题求解(problem-solving)

问题求解是指在教学中运用计算机作为解决各种计算问题的工具,使学生在校期间就能解决较多的与实际背景较为接近的问题。

在计算机教学中,对培养学生分析问题并用数学方法解决问题的能力十分重视。当问题比较简单时,学生一般可以解决,但问题比较复杂而必须借助计算机时,首先必须建立正确的数学模型,然后选择适当的算法编制程序,再由计算机求解。这样一来,学生就可以从大量复杂的计算中解脱出来,把精力更多地集中在分析问题和建立数学模型方面。

7.测验(test)

测验是教学过程的一个重要组成部分。用计算机辅助进行测验共有五个环节,即试卷生成、测试、评分与成绩分析、试卷分析、试题库管理。测验可以在终端上联机进行,也可以打印出试卷后分发给学生脱机地进行。后者需将答案经由光学标记器读入机内;前者则可直接由机器评分。试卷分析是为了判定每一道题的鉴别能力,然后记录在试题的使用档案中。试题库管理系统可以添加新试题,修改旧试题,或者删除那些鉴别能力很差的试题。

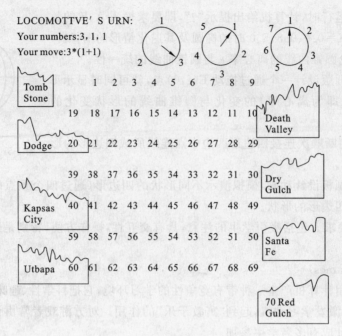

图 1-6 算术游戏程序运行显示图

二、按教育信息的产生与贮存方式的不同分类

按照多媒体课件的制作水平和教育信息的产生、储存方式的不同,课件可分为框面型、自动生成型、数据库型和人工智能型等四种不同的类型。

1. 框面型课件

框面型课件是发展时间最长、设计技术最成熟、使用面最广的一种课件类型。它是目前 CAI 课件的主流。

(1)框面与框面型课件。CAI 学习的基本特点是人机交互式的对话。即计算机给出教学信息后,学习者对之给予一定的应答,计算机在对应答信息进行诊断的基础上给出相应的评价,由此结束某一问题的学习。为指导学习者如何控制转向下一问题学习,计算机给出相应的控制信息。学习者按照控制信息给出的方法,控制转向下一问题的学习。

CAI 学习过程中,每一帧画面提示的问题,基本上是按上述过程反复进行的。这就是说,围绕每一帧画面提示的教学信息,都有相应的应答信息、评价信息和控制信息与之相对应进行传递和呈现。为此,我们可以将教学信息、应答信息、评价信息和控制信息作为一个固定的呈现和处理单元,并称包括这四种信息量的固定单元为框面。图 1-7 即为一帧框面的实例。

框面型课件由许多类似于图 1-7 这样的框面组成。框面的排列是有序的,顺序由学习流程及其控制所决定。

图 1-7 给出的框面是一种标准的呈现形式,它给出了框面中的各种信息及其排列顺序。实际课件中的框面并不一定全部都包含这四种信息。根据教学法实际需要和框面的作用,某些框面可能仅包含教学信息和控制信息,而不需要学习者应答(如学习小结框

面),某些框面可能只有教学信息(如课件名称和标题框面)。

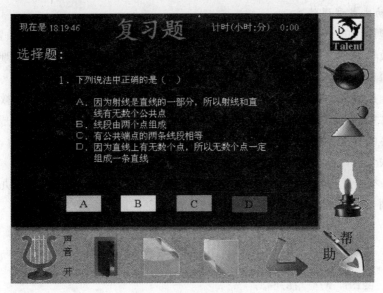

图 1-7　框面的实例

(2) 框面型课件的特点

① 反映了多媒体课件学习过程的基本特点。框面中四种信息及其排列表现了人机交互式会话的过程。因此,我们说框面课件较好地反映了多媒体课件的特点。这种固定的框面处理单元不仅是框面型课件的基本呈现和处理单元,也广泛地被其他各种类型的课件所采用。

② 课件的制作比较简单。框面型课件是一种以固定的单元予以呈现和处理的课件类型,这给课件的设计和制作带来了很大的方便。

以练习训练为目的的课件,由于学习的内容和形式比较单纯,使用框面型课件较为适宜。以个别指导为基本目的的课件,只要对课件中的分支结构的分支网络进行了有效的设计,框面型课件也能在很大的程度上满足学习的要求。

③ 学习的自由度受到一定的限制。框面型课件中,用于学习者的学习内容及其排列、学习过程、控制等都是预先确定好了的,课件的运行只能按规定的程序和路径来进行,学习者的学习只能在规定的范围内进行,学习者的选择不能超出这个范围,否则多媒体课件系统不能识别和处理。

由于学习内容、学习流程必须预置于课件中,这不仅限制了学习者的自由度,同时,由于学习者在学习中可能出现的各种情况,在课件设计时往往难于完全确定,这也给课件设计带来了很大的困难。这是对框面型课件批评的一个主要原因。

④ 课件设计比较繁琐。课件制作比较单纯是因为框面形式较为固定、单纯,在制作的技术上不会产生很大的困难。

框面型课件设计的一个重要特点是,许多问题在课件设计时必须进行周密的安排和设计,如多媒体课件学习中所涉及的各种教学内容,学习者可能给出的各种反映及其处理,为了满足学习者不同学习特点要求的分支网络,教学过程的控制等。这些问题的解决给课件设计带来了很大的麻烦,需要投入很大的精力。

2. 自动生成型课件

框面型课件的一个重要问题是必须将课件运行时间的各种信息全部预置于系统中,这不仅使教学程序过于庞大,同时给课件的开发和制作也带来了很大的困难。在对框面型课件作深刻研究和反省的基础上,人们提出了自动生成型课件。

自动生成型课件包括两种不同的意义:一种是教学信息的自动生成。教学信息不是预置于课件中的,而是在运行课件的过程中,按课件中给定的算法自动地生成。另一种是学习者应答的自动评价。学习者对系统生成的教学信息给予一定的应答后,系统能根据给定的算法予以评价。

(1)基本原理。自动生成型课件的基本原理是随机函数的应用。以九九乘法表练习型课件为例,其自动生成的程序段如下:

```
100   REM  "九九乘法表"
110   A=INT(9*RND(3))+1
120   B=INT(9*RND(4))+1
130   PRINT  A;"*";B;"=";
140   INPUT  C
150   IF  C<>A*B  THEN  PRINT  "回答不正确,请再作一次":GOTO  130
160   PRINT   "回答很好,完全正确."
```

程序中,两个乘数 A,B 的值不是预置于程序中的,它们是在程序运行到语句 110 和语句 120 时由随机函数自动产生的。对学习者应答结果的评价由语句 150 给定的算法进行自动地评价。自动生成程序段运行前,系统将产生怎样的随机函数,进行怎样的评价是完全不知道的,只有当程序运行到相应的语句后才能完全确定。

利用随机函数可以产生所需要的教学信息,还可以用于决定算法、选择教学内容。

这里仅给出的是自动生成型课件的原理性说明,实际课件设计时,还应在此基础上考虑呈现形式、学习流程、评价信息系统等,并由此构成一种行之有效的教学系统。

(2)特点。教学信息的生成、学习者应答结果的判断都能自动地进行,这使教学程序的构成比较简练,同时也使课件内存占用量大大缩小,这给课件的设计、制作和使用带来了很大的方便。

自动生成型课件的主要缺点是课件的学习流程比较单纯,通过学习后学习者在多大程度上达到了教学目标的要求不易判断。这类课件多用于学生能力和技能的训练。

3. 数据库型课件

框面型课件要求将教学信息预置于课件中,使得课件过于庞大,学习者的学习自由度受到一定的限制。自动生成型课件的教学信息是在课件运行中生成,由于算法等各方面原因的限制,教学信息的内容和范围受到很大的局限。数据库型课件的教学信息是从教材库中提取并呈现给学习者的,它使教学程序的开发和学习者的学习自由度得到了很大的改善。

数据库型课件的基本要素是教材库和数据库技术,其核心是教材库建立。

(1)教材库。用于提供教学信息的教材库可以由数据库构成,也可以由知识库和专家系统构成。

数据库是将一些具有一定关系的数据(如教学信息)以一定的方式编排、存储在一起,并由此形成一种科学化的数据集合。

存入数据库中的各种数据是以文件和记录的方式存放的,文件和记录的设计应根据教育信息的特点进行安排。数据的存储和检索也是以文件和记录的方式进行的。

知识库也是用于存放教材内容的一种信息系统。与数据库不同,知识库中的教学内容不是以知识的本来形式或其代码予以存放的,而是根据知识具有的特点以不同的形式予以表述的。除知识的表述与数据库不同外,知识库往往还具有一定的推理机构。在很多情况下,知识库就是一种专家系统。

支持数据库型课件进行 CAI 学习的教材库应包括较为广泛的教学内容:有关概念、法则、定律、理论的说明及其思想方法;用于学习测试的方法及其测试问题;指定学习内容的参考资料、数据、公式;进行诊断、评价的方法和资料。

设计教材库文件时,不仅要考虑到教学内容的安排,还应在文件中标明文件的各种属性,主要包括教学信息的类别、特点、所适应的学习者特征、使用特点等,以方便检索。

(2) 课件特点。数据库型多媒体课件的主要优点是具有丰富的教学信息,可以在较大范围内满足学习者多种不同的需求;教学信息的提示具有较大的灵活性,可以认为数据库提供的教学信息是一种非固定式的。

内容丰富的教材库不仅可用于个别指导、练习训练等多种学习形态,也为以学习者为主体的自主式学习提供重要的物资条件和基础。

需要建立内容丰富的教材库是数据库型课件的主要问题。一般的学校要建立这样的教材库,在人力、物力、财力等方面都存在一定的困难。数据库型课件若没有庞大的数据库予以支持,从 CAI 学习的观点看,与框面型课件没有本质的区别。相反,在课件的设计、制作等诸方面,框面课件还具有一定的便利性。

4. 人工智能型课件

人工智能的研究在 CAI 中具有十分广阔的前景,目前虽然还没有完全实用化,但它必将是未来 CAI 发展的方向和主流。

(1) 人工智能型与自动生成型课件的比较。一种理想的多媒体课件系统应能根据学习者的特征和学习状态,自动地调整学习内容和学习流程。自动生成型课件虽能自动地生成教学信息,自动地评价学习者的应答,但这种自动是按预置于系统中的算法所实现的,并不能自动地跟踪学习者的学习特征和学习状态,自动地调整学习内容和学习流程。也就是说,这种课件并非自动地根据学习者的学习状况生成相应的教学信息。

人工智能型多媒体课件系统是一种完全的自动生成系统,能基于学习者的特征和学习状态,跟踪学习者的特征与状态的变化,自动地生成教学信息,调整教学过程和教学策略。

(2) 智能 CAI 的原理。为了与智能 CAI 系统进行区别,我们将一般的 CAI 系统称为传统的 CAI 系统。这种系统通常是将教学内容、教学方法及其应答处理首先在计算机之外进行程序化,然后预置于系统中,系统运行时,按规定的内容和过程以提示教学信息、应答及其处理这样的周期反复地进行操作,如图 1-8 所示。

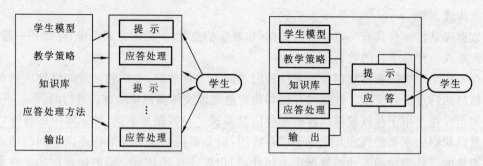

图 1-8 传统 CAI 的原理   图 1-9 智能 CAI 的原理

智能型 CAI 的工作原理如图 1-9 所示,它不像传统 CAI 系统那样在系统外根据学习者的特征、教学策略的要求将提示的教学内容和应答处理的方法决定后预置入系统,系统仅按规定好的教学过程进行展开。智能型 CAI 系统中预置的不是规定好的提示教学序列,而是反映学习者特征的学生模型,反映教学过程控制要求的教学策略和反映教学内容的知识库。提示教学序列是由系统基于对学习者特征和状态的理解以及教学策略的要求,自动地从知识库中检索形成。智能 CAI 系统的这些功能是在人机对话的过程中完成的。

图 1-10 智能 CAI 系统的构成

（3）系统的构成。智能型 CAI 系统如图 1-10 所示,它由学生模块、教材知识库模块、个别指导模块和人机界面模块所构成。

系统的工作过程是这样进行的:智能 CAI 系统通过人机界面与学习者相互作用。系统通过人机界面向学习者传递各种信息,同时又通过人机界面获得学习者的有关信息。系统通过个别指导模块与学生模块相互作用,确定学习者的学习特点和学习状态,并基于对学习者的这种理解,从教材库中检索出相应的知识,以一定的提示序列呈现给学习者。

学生模型的设计、教材知识库的建立、个别指导策略的研究、自然语言的识别理解等都是智能 CAI 研究的重要内容。

（4）智能 CAI 与传统 CAI 的比较。如表 1-1 所示。

表 1-1 智能 CAI 与传统 CAI 的比较

比较内容	传统 CAI	智能 CAI
理论基础	行为科学	认知科学
基本技术	目标分析、软件技术	人工智能技术
教学信息的存储方式	预置数据	知识库
诊断结果	给出应答结果正确、错误的次数	指出产生错误根本原因和知识结构上的缺陷
实现个别化学习的方法	课件的分支网络结构	学生模型、个别指导策略
人机对话	以给定的指令、代码或特征键	自然语言

三、按教学模式分类

1. 课堂演播教学模式（课堂讲解教学模式）

这种教学模式在课堂教学中主要有教学呈现和模拟演示两种方式。课堂演播教学模式一般应用于下列情况：其他手段难以表现的微观现象；真实实验中有危险的现象；真实实验中要很长或极短时间才能看到的现象；过去的过程或事件；需要反复观察的动态现象；真实实验中难以实现的。

2. 个别化教学模式

个别化教学模式的多媒体课件一般包括介绍部分、教学控制、激发动机、教学信息的呈现、问题的应答、应答的诊断、应答反馈及补救、结束。如图 1-11 所示。

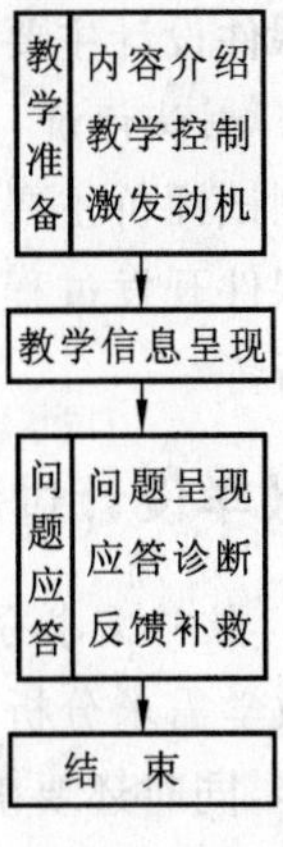

3. 计算机模拟

模拟教学模式所涉及的问题有基本模型、模拟的呈现与表现问题、系统的反应及反馈。

4. 探索式教学模式

探索式教学模式一般由确定问题、创设教学情境、探索学习、反馈、学习效果评价等环节组成。

5. 协作化教学模式

协作化教学模式有以学习者为中心；以小组学习为基本的学习形式；提供问题情境；促进协作与交流。

图 1-11　个别化教学

6. 基于因特网的远程教学模式

基于因特网的远程教学模式的课件是根据因特网资源及信息传播的特点，运用各种工具和方法，对教育信息加工、排列、组合而开发的适合于运用因特网进行教学的课件。

▶▶▶ 第四节　多媒体课件的开发

一、多媒体课件开发的一般过程

课件本质上是一种计算机应用软件，它的开发设计过程和方法与软件工程有着许多相同的地方。所以，课件的开发设计作为一种应用软件的开发设计，它的过程与其他应用软件系统的开发设计一样，大致有目标分析、算法确定、程序设计、评价调试等一系列过程。但由于课件是人-机会话系统，其应用目的是实现教学过程，因此课件系统设计过程可分为课题定义、教学设计、课件设计和测试评价几个步骤，如图 1-12 所示。

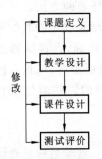

图 1-12　课件开发的一般过程

1. 课题定义

（1）课题名称。应选择适合于用计算机技术来表现的学科内容，又是当前在教学活动中急需解决的问题作为研究课题，课程的名称应能体现教学软件的主题内容。

(2) 制作目的。说明所制作的课件是属于哪种类型的课件及其用途。

(3) 使用对象。说明所制作的课件适合于哪类学习者使用。

(4) 主要内容。说明软件所覆盖的主要知识点内容。

(5) 组成部分。说明课件的大体结构及其各主要模块。

2. 教学设计

教学设计主要包括的内容或环节有教学需求分析,教学逻辑设计,文字脚本的编辑。

3. 课件设计

课件设计主要包括的内容或环节有制作脚本的设计,程序设计及软件编辑。

4. 测试评价

测试评价主要包括的环节或内容有试运行,修改,评价,形成课件。

课件开发过程中的课题定义部分在前面已经述及,下面着重就后面几个过程作详细的分析。

二、教学设计过程分析

1. 教学需求分析

教学需求分析是课件设计的第一阶段,这一阶段需要明确课件要达到的目标,确定教学内容,同时还要确定课件的使用对象,了解他们的特点和所具备的知识基础,还要明确课件运行的环境等。

(1) 确定课件的目标。首先要明确课件要达到的目标,这可通过下面的一些问题来确定:在知识或技能方面的训练如何实现? 教学内容的重点、难点是什么? 传统教学方法为什么不能解决或难以达到要求? 利用计算机辅助教学如何解决传统教学不能或难以解决的问题? 另外,还要考虑课件应采用什么样的模式? 是将课件作为教师上课的讲解工具(讲解演示型),还是作为学生自学的工具(操作与练习型),还是其他的模式? 总之,应根据课程的内容特点和需要,决定采用某一种或几种模式。

(2) 教学内容的选择。教学内容应当由从事教学实践的教师根据教学需要来决定,还要考虑到是否充分发挥了计算机的优点,克服了传统教学手段的不足。

(3) 使用课件的对象。明确使用课件的对象包括确定课件使用者的资历、原有的基础知识和基本能力、使用者的特点等等。

(4) 课件运行的环境。课件的运行环境一般指硬件环境与软件环境两方面。既要考虑到课件的开发环境,以便于课件的开发能顺利地完成,又要考虑教学系统中的教学用机型以及教学环境。一般包括 CPU 的型号,显示器及显示适配器的指标,内存储器的容量,硬盘的容量,需要声卡、音箱、CD-ROM 以及视频卡等多媒体外设的情况,远程入网的硬件接口,课件运行的支持系统,开发所用的工具软件,提供给用户的一些附加工具软件等。

2. 教学逻辑设计

教学逻辑设计主要解决教学目标与教学流程或学习流程的问题。教学目标是教学活动的结果,教学逻辑设计是以教学目标的分析与设定作为出发点的。

(1) 教学目标的逻辑分析方法。教学目标的分析方法主要有逻辑分析法、行为分析法、ISM(interpretive structural modeling)分析法等多种方法。逻辑分析法是最常用的一种分析方法。

① 教学目标的形成关系。一定的目标行为往往以若干种直接的基础行为的形成作为前提条件。设目标 B 和目标 C 是目标 A 的直接基础行为,在目标 B 和目标 C 形成前,目标 A 是不可能实现的,因此称目标 B 和目标 C 为目标 A 的

图 1-13 目标的形成关系

低级目标,目标 A 为目标 B 和目标 C 的高级目标,目标 B 和目标 C 与目标 A 之间所具有的关系为形成关系,如图 1-13 所示。

当我们将实现某一目标的各级目标及其形成关系确定后,可以将这种关系以如图 1-14 所示的形成关系图予以表示。

② 逻辑分析法。以逻辑分析的方法决定实现给定目标的形成关系,并以形成关系图的形式给出各级目标的层次结构,这种方法称为目标逻辑分析法。逻辑分析法的基本步骤如下。

a. 决定目标行为。给定的目标行为应该是明确而妥当的。明确是指目标行为是完全确定的;妥当是指给定的目标是必须的,又是可能实现的。

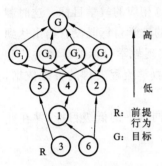

图 1-14 形成关系图

b. 对给定的目标列举各种可能的情况,并根据情况决定哪些应列入教学目标,哪些不应列入教学目标。

c. 对上一步骤中决定的目标行为以逻辑分析的方法决定与之对应的低级目标;再以这些低级目标作为高级目标,用类似的方法决定相应的更低级的目标。如此逐次地进行下去,直至达到用于学习的前提行为,整个分析才算结束。前提行为是学习者实现一定学习目标时必须掌握的内容,它是学习指定内容的基本前提。

③ 决定教学序列。目标分析的最终目的不在于决定如图 1-14 所示的形成关系图,而在于决定达到给定目标的教学序列。教学序列的决定对教学过程的设计具有重要的意义。

教学序列是教学项目在时间轴上展开的一维序列。由目标分析确定的形成关系图是一种二维图形。通过以下原则可以将二维的形成关系图变换为一维的教学序列,如图 1-15 所示。

图 1-15 教学序列

a. 选择教学路径和教学序列的安排时,应优先选择易于教学的路径和序列作为实际的教学序列。

b. 形成关系中,若某一目标对应着多个低级目标,则优先安排目标水平较低的低级目标;若低级目标的水平相同,则应优先安排应用性较大的低级目标。

c.应用性相同的目标中,优先安排基础性目标。

d.若低级目标的基础性也相同,可由教师根据经验决定教学项目的优先次序。

逻辑分析方法的实质是通过对目标行为或教材的分析,寻找各种要素、项目或内容间的逻辑层次关系,并根据这种关系对教学内容实现序列化。这种分析方法是以学科内容或教材的逻辑结构作为依据进行分析的。其主要缺点是在逻辑分析中往往忽略了教学对象,即学习者的心理活动过程。

(2)教学目标分析。教学设计是以教学目标分析为中心进行的,教学目标分析是课件设计的关键。

多媒体课件的课题选定后,应从课题设置的目的出发,制订相应的教学目标。这时制订的教学目标通常是从总体上给出对教学结果的要求。这样的教学目标既没有给出达到目标的具体学习项目以及学习项目之间的关系,也没有给出实现教学目标的具体方法和步骤。因此,这样的目标不能作为课件设计中进行教学内容、教学流程安排的直接依据,还需在此基础上进行目标分析。

目标分析要求以分析的方法求出实现给定目标的各种不同水平的低级目标,并在此基础上作出相应的目标形成关系图。

① 制订教学目标。教学目标应按目标分类的方法制定。

教学目标包含两种不同水平的目标——高级目标和低级目标,低级目标实际上是为达到高级目标处于各种不同水平的学习项目。教学目标的制定是从高级目标往低级目标方向进行的。制定教学目标时应注意以下几方面。

a.目标的妥当性。目标的妥当性包括目标的必要性和可能性。必要性是指目标给出的学习内容是必须的;可能性是指用于学习的有关项目可以使学习者处于良好的学习状态,并能有效地达到预期的学习目标。制定的目标满足了这两方面的要求后,才能被认为是妥当的教学目标。

b.目标的明了性。目标的明了性是指制定的目标可以完整、无误地给出其含意。妥当的教学目标应以十分明了的形式进行表述。

目标的明了性可以对学习者在多大程度上达到了教学目标的要求进行明确的判断和评价。这种判断和评价不仅有助于掌握学习者的学习情况,也可有效地用于 CAI 课件的完善。

以行为的表现形态来描述目标是实现目标明了化的有效方法。行为的表现形态通常以行为产生的结果来表示。例如,以学习某种规则,并能对它进行推论作为教学目标时,一般应以"写出推论的过程及其结论"这种行为的结果来使目标具体化。

② 目标细分化。目标分析的基本工作是目标的细分化、系列化。通过寻求与各级目标有形成关系的低级目标,求得指定课题的目标层次结构。从给定的教学目标求得相应低级目标的基本方法是课题分析法和教材分析法。

a.课题分析法。课题分析法是根据指定课题的内容,分析、求出学习内容的逻辑结构和层次关系,并由此确定与给定学习目标具有某种关系的低级目标的一种分析方法。

以数学中的"二次函数"课题为例,为达到"让学生理解二次函数的概念,掌握二次函

数的性质"的教学目标,考虑到层次性,学习者应完成以下各方面内容的学习:

- 二次函数 $y=ax^2$ 的图像和性质;
- 二次函数 $y=ax^2+bx+c$ 的图像及性质。

关于二次函数 $y=ax^2$ 的图像和性质的教学,应从实际问题引入,让学习者逐步理解、掌握二次函数的概念,用描点法作出图像并初步了解抛物线的概念和性质。对于二次函数 $y=ax^2+bx+c$ 的图像和性质的教学目标也可进一步细化。如此,可以得出二次函数具有形成关系的低级目标(学习项目)为:

- 理解并掌握二次函数的概念和意义;
- 用描点法作出 $y=x^2$ 的图像;
- 进一步,用描点法作出 $y=ax^2$ 的图像;
- 初步理解抛物线的概念及性质;
- 用描点法作 $y=a(x-h)^2+k$ 的图像;
- 化一般形式 $y=ax^2+bx+c$ 为 $y=a(x-h)^2+k$ 的形式;
- 根据 $y=a(x-h)^2+k$ 的形式确定抛物线的开口方向、顶点坐标、对称轴等;
- 用待定系数法求二次函数的解析式;
- 用二次函数的知识解决一些实际问题。

b. 教材分析法。教材分析法是通过对具有指定教学目标的教材的分析,寻求有关低级目标的一种分析方法。

对于给定的教学目标,找一本具有相同教学目标的教材进行分析,了解在教材中为达到指定的教学目标是以怎样的步骤、完成哪些内容来实现的。这些学习内容就是与指定目标具有形成关系的目标。

教材分析法也可通过若干种具有相同教学目标的教材进行综合分析。即对给定的教学目标,找几本类似的教材,分析为达到教学目标各是以怎样的学习内容来实现的。再对这些步骤和学习内容进行比较,找出相同的部分,这就是为达到给定教学目标所必须的步骤和内容,也就是与指定目标具有形成关系的低级目标。

实际的目标分析可以将课题分析法和教材分析法结合起来,相互比较,相互补充,由此可取得较好的效果。也可采用以某种方法为主,另一种方法为辅的分析方法。

(3) 目标层次关系的确定——目标矩阵。利用课题分析法和教材分析法可以求出与高级目标具有形成关系的低级目标,但这些方法并不能给出各低级目标按水平的分类,也不能给出指定课题的目标层次关系和形成关系图。以目标矩阵为中心的各种操作为这些问题的解决提供了有效的途径。

下面仍以"二次函数"课题的开发为例,具体说明利用目标矩阵求做形成关系图的方法和过程。

① 制订教学目标。"二次函数"CAI 课件的教学目标是"让学生理解二次函数的概念,掌握二次函数的性质"。作为达到教学目标的目标行为是能利用二次函数解决相关的实际问题;作为二次函数学习的前提知识是学习者应掌握一次函数 $y=ax+b$ 的相关知识,掌握求圆的面积、矩形面积的知识。

利用课题分析法和教材分析法,基于给定的教学目标,考虑到学习的前提知识和学习课题的引入方法，与给定目标具有形成关系的低级目标有前提知识和低级目标。

前提知识包括掌握一次函数 $y=ax+b$ 的概念和性质（R_1）；掌握圆的面积与圆的半径的关系（R_2）；掌握矩形的周长、一边长与矩形的面积的关系（R_3）；有关待定系数法、代数式的恒等变形的知识（R_4）。

低级目标在前面已经作过详细的分析，这里不再重复。需要说明的是，关于低级目标，此时可能会结合教学的具体过程而描述得更加具体。

图 1-16　直接低级目标

② 直接低级目标。直接低级目标是一种为实现某种目标具有直接意义的低级目标。某高级目标的形成不需要在与直接低级目标之间再加入另外一个低级目标来实现。如图1-16所示，B 是 A 的直接低级目标，C 是 B 的直接低级目标。C 虽是 A 的低级目标，但它是通过 B 对 A 的形成产生作用的，因此 C 不是 A 的直接低级目标。

课题分析法或教材分析法不仅可以给出指定教学目标的低级目标，而且也可以给出各目标间的直接形成关系，即各目标的直接低级目标。以这些方法求得"二次函数"课题中各目标的直接低级目标，如表 1-2 所示。

表 1-2　直接低级目标

低级目标	直接低级目标	低级目标	直接低级目标
R_1		4	2,3
R_2		5	3,4
R_3		6	3
R_4		7	3,5
1	R_2,R_3	8	3,5,7
2	R_1	9	7,8
3	2		

③ 目标矩阵。目标矩阵是基于直接低级目标（表 1-2），将制订的各种水平的低级目标在横轴与纵轴上进行排列做出的。如表 1-3a 所示的那样，排列的顺序没有特殊的要求。

④ 按目标水平分类。根据目标的不同水平，可对目标进行分类。目标分类可通过对目标矩阵进行一定操作而得到，这种操作应按从低向高的方向进行。

第一步，观察目标矩阵（1）的横轴。对应于 R_1，R_2，R_3，R_4 四个低级目标所在的列均无"1"出现，这表示 R_1～R_4 这些低级目标不存在直接低级目标。所以，它们是目标层次结构中的底层，可称之为底层目标。

第二步，观察目标矩阵的纵轴，把纵轴上底层目标 R_1～R_4 所在行上的"1"全部去掉，由此构成了表 1-3b。观察表中横轴上各目标所在的列，除底层目标所在的列外，目标 1、目标 2、目标 6、目标 8 所在的列全部为空（不存在"1"），这类目标称为第一层低级目标。

第三步，将纵轴上目标 1、目标 2、目标 6、目标 8 所在行中的"1"去掉，由此得到表 1-3c。表中除上述已确定的低级目标外，只有目标 3 所在的列全为空。目标 3 列则为第二层低级目标。

如此下去,可得到低级目标按不同水平的分类表,如表 1-4 所示。

表 1-3a　目标矩阵(1)

	R_1	R_2	R_3	R_4	1	2	3	4	5	6	7	8	9	G
R_1						1								
R_2					1									
R_3					1									
R_4										1		1		
1														
2							1							
3								1	1					
4									1		1			
5											1			
6														
7													1	
8													1	
9														1
G														

表 1-3b　目标矩阵(2)

	R_1	R_2	R_3	R_4	1	2	3	4	5	6	7	8	9	G
R_1														
R_2														
R_3														
R_4														
1														
2							1							
3								1	1					
4									1		1			
5											1			
6														
7													1	
8													1	
9														1
G														

表 1-3c　目标矩阵(3)

	R₁	R₂	R₃	R₄	1	2	3	4	5	6	7	8	9	G
R₁														
R₂														
R₃														
R₄														
1														
2														
3								1	1					
4									1		1			
5											1			
6														
7													1	
8														
9														1
G														

表 1-4　目标分类

类别	低级目标	类别	低级目标
7	G	3	4
6	9	2	3
5	7	1	1,2,6,8
4	5	0	R₁~R₄

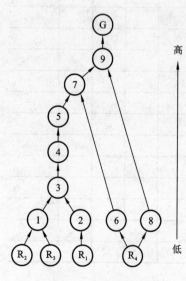

图 1-17　形成关系图

⑤ 形成关系图。根据目标的水平,将同一水平的目标排在同一水平线上,第 0 类目标位于最底层,第 7 类目标位于最高层,并将各低级目标间的形成关系以箭头表示,由此可得到如图1-17所示的形成关系图。

在形成关系图的基础上,按照一定的原则可作出对应的教学序列。教学序列为多媒体课件学习流程的设计提供了基本构架。

(4) 学习流程。根据学习目标的形成关系图,可以确定学生学习的流程是学生在掌握了 R₁,R₂,R₃,R₄ 的基础上的学习过程为:

①→②→③→④→⑤→⑥→⑦→⑧→⑨

(5) 教学序列(教学流程)。根据学习流程,可以确定教学流程:

① 复习提问:R₂,R₃。

② 引入课题①。

③ 新课。

a. $y=ax^2$ 的图像。

  A. 目标②：$y=x^2$ 的图像；

  B. 目标③：$y=ax^2$ 的图像；

  C. 目标④：抛物线的概念；

b. 标准形式：$y=ax^2+bx+c$ 的图像。

  A. 目标⑤：$y=a(x+h)^2+k$ 的图像；

  B. 目标⑥：$y=ax^2+bx+c$ 化成 $y=a(x+h)^2+k$ 的形式；

  C. 目标⑦：图像的性质；

  D. 目标⑧：二次函数解析式；

  E. 目标⑨：应用。

④ 练习。

⑤ 小结。

在上述基础上，可画出学习（教学）目标分析图。以开发"二次函数"课程课件为例，教学演示型的 CAI 模式的学习目标分析图如图 1-18 所示。

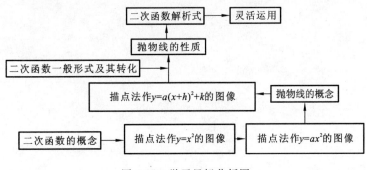

图 1-18　学习目标分析图

3. 文字脚本的编辑

文字脚本是关于教学软件"教什么"、"如何教"和"学什么"、"如何学"的文字描述，包括教学目标的分析、教学内容和知识点的确定与分类、学习者特征的分析、学习模式选择、学习环境与情景创设、教学策略的制定以及媒体的选择与设计等。

三、课件设计

脚本是计算机辅助教学或辅助学习软件设计与实现的依据，包括文字脚本和制作脚本两部分。脚本设计是课件开发的中间环节。

文字脚本在上面已作介绍。制作脚本是在文字脚本的基础上，依据先进的教育科学理论和教学设计思想，将文字脚本改编成适于计算机表现的形式，完成交互界面的设计和媒体表现方式的设计。

文字脚本与制作脚本的关系，相当于小说与小说被改编后的电影剧本的关系。课件开发的直接依据是脚本设计,脚本设计将直接影响到课件的制作与质量。

1. 制作脚本的内容

脚本的描述虽然没有规定的格式,但所包含的内容基本上是一致的。脚本的主要内容有:

(1)注明计算机屏幕上要显示的内容,包括文字、图形、动画、图像和影像等;

(2)音响系统中所发出的声音,包括声音文件的文件名、声音文件的内容、文件输出顺序及其控制方式等。

(3)计算机屏幕上所有信息的输出顺序、在屏幕上的位置以及输出和转换的控制等。

2. 制作脚本的一般格式

制作脚本虽说没有一个统一的格式,但通常使用的格式如图 1-19 所示。

多媒体课件脚本纸

课程名称＿＿＿＿＿＿＿＿＿＿＿＿＿＿＿＿　页数＿＿＿＿＿＿＿＿＿＿＿＿＿＿＿＿

脚本设计＿＿＿＿＿＿＿＿＿＿＿＿＿＿＿＿　完成日期＿＿＿＿年＿＿＿＿月＿＿＿＿日

本页画面:

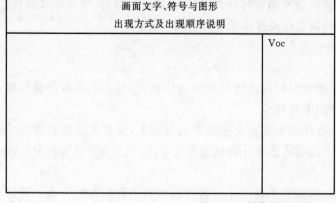
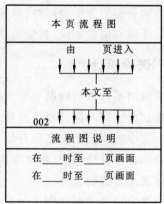

图 1-19　制作脚本的格式

3．制作脚本实例

下面给出 2 个课件的脚本实例，以供大家参考，具体如图 1-20 和图 1-21 所示。

<h2 style="text-align:center">多媒体课件脚本纸</h2>

课件名称：圆柱、圆锥、圆台的概念和性质（高一·立体几何）

脚本设计：汤克勤　　　　　　　　编号：001

本页画面：

画面文字、符号与图形 出现方式及出现顺序说明		本 页 流 程 图
背景：黑色背景、绿色线条和"学立体几何"文字。"多媒体"三字为立体左右摇摆方式动画。 　教材版本：黄色"人民教育出版社"字样在"学立体几何"的上方从右向左移动并停于中央。 　在"学立体几何"下方中央，淡出红色"本课件适用于高一年级"文字。	Voc 优美音乐随同画面一起播放，进入下一页时关闭。	由　　　页进入 本文至 002 流 程 图 说 明 单击鼠标或按任意键，程序进入 002 页

图 1-20　课件脚本示例一

<h2 style="text-align:center">多媒体课件脚本纸</h2>

课件名称：圆柱、圆锥、圆台的概念和性质（高一·立体几何）

脚本设计：汤克勤　　　　　　　　编号：002

本页画面：

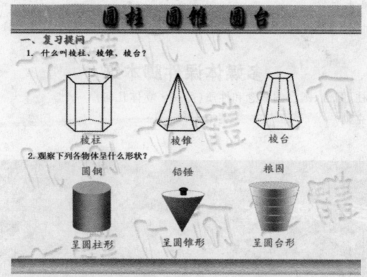

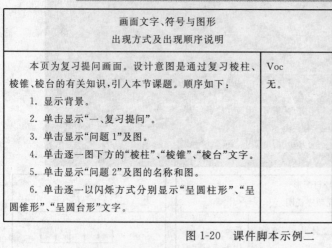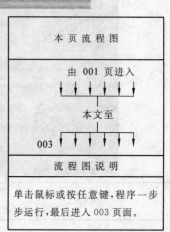

画面文字、符号与图形 出现方式及出现顺序说明		本 页 流 程 图
本页为复习提问画面。设计意图是通过复习棱柱、棱锥、棱台的有关知识,引入本节课题。顺序如下: 　　1. 显示背景。 　　2. 单击显示"一、复习提问"。 　　3. 单击显示"问题 1"及图。 　　4. 单击逐一图下方的"棱柱"、"棱锥"、"棱台"文字。 　　5. 单击显示"问题 2"及图的名称和图。 　　6. 单击逐一以闪烁方式分别显示"呈圆柱形"、"呈圆锥形"、"呈圆台形"文字。	Voc 无。	由 001 页进入 本文至 003
		流 程 图 说 明
		单击鼠标或按任意键,程序一步步运行,最后进入 003 页面。

图 1-20　课件脚本示例二

▶▶▶ **第五节　多媒体课件的应用环境**

一、基本应用环境

1. 多功能教室

　　当前大多数的学校都配备有多功能教室。多功能教室是演示型多媒体 CAI 课件运行的最好环境。一般来说,多功能教室内都有投影仪、大投影屏幕、实物视频展示台、多媒体计算机、音响、中央控制点系统等设备。通常是以中央控制点设备为中心,将计算机、投影仪、视频展示台、音响等输入/输出设备连接起来,实现对声音、视频信号的快速方便的切换。多媒体 CAI 课件就是利用计算机运行后,课件的画面效果通过控制点设备将视频信号输入到投影仪中,然后投影在大屏幕上;同时,课件的声音也通过控制点设备将音频信号输入到音响设备中,然后播放出来,这样就使得所有学生都能够清楚地看见课件的画面,听见课件的音效。

优点:适合使用演示性的多媒体 CAI 课件;能同时结合常规教学手段进行教学;对学生数量没有太大的限制;加之它还具有其他功能,因而目前在学校中应用较多。

缺点:比较难于体现新的教学思想,因投影仪一般固定在天花板上,不方便移动使用。

2. 多媒体网络教室

多媒体网络教室内主要包括学生计算机若干台、教师机、服务器、网络交换设备等,当然也可以配置投影仪等设备。在多媒体网络教室内,由于每一个学生都有一台自己控制点的计算机,每一台计算机之间都可以相互通信。所以,它是多媒体 CAI 交互型和网络型课件运行的良好环境,如图 1-25 所示。

当前,多媒体网络教室主要有两种类型。一种是无盘工作站的网络教室,就是指每一台学生机均没有硬盘,都需要共同使用服务器的资源。它的优点就是对学生机的维护较方便,造价也相对便宜,不存在软件的问题,但缺点就是安装新软件比较麻烦,学生几乎没有个性化的设置,如果服务器出现问题,那么每一台学生机都不能启动。另一种就是有盘工作站组成的网络教室,即每一台学生机都有硬盘,都能够独立地启动。它和无盘网络教室相比就是维护量大,每一台学生机都需要去维护。另外,网络教室一般都需要购买相应的管理软件,这样就可以使用一台教师机对学生机实现屏幕的锁定、教师屏幕信息的广播、远程控制点、文件传输、电子举手、语音对话等丰富的交互式功能。

优点:适合使用交互性的 CAI 软件,能进行个别化学习;对环境的要求不高,视觉效果好;可同时兼顾计算机教学、语音教学和 CAI 教学,设备利用率高,成本低。

缺点:结合黑板等常规教学手段比较困难,课堂纪律不好控制。另外,在多媒体网络教室中,学生人数受计算机数量限制,当学生数量多于计算机数量时,教学效果将会受影响。

二、投影仪

现在,投影仪(见图 1-21)已经越来越普遍,几乎成了会议室和多功能教室的必配硬件设备之一。在这里我们主要针对学校多功能教室和多媒体网络教室的运用,来谈谈投影仪的相关知识。

当前投影仪的类型主要有 CRT 投影仪、LCD 投影仪和 DLP 投影仪三种。

1. CRT 投影仪

这是一种实现最早、应用最广泛的投影技术,

图 1-21　投影仪

其技术特点与大家所熟知的 CRT 显示器基本相同。CRT 投影仪的优点是显示的图像色彩丰富,还原性好,具有丰富的几何失真调整能力。但操作复杂,调整繁琐,体积较大,只适合安装在环境光线较弱、相对固定的场所,价格也比较昂贵。前几年,大型的会议室、多功能教室和录像厅基本上都是使用 CRT 投影仪。

2. LCD 投影仪

LCD 投影仪分为液晶板投影仪和液晶光阀投影仪两种。液晶板投影仪是通过液晶

的光电效应来成像的。液晶是一种介于液体和固体之间的物质形式,本身并不会发光,液晶的工作性质受温度影响很大,工作温度一般在 $-55℃\sim+77℃$ 之间。液晶板投影仪的特点是体积小,重量轻,操作携带非常方便,价格也比较低廉,但是它的光源寿命短、色彩不是很均匀,分辨率较低。不过,随着技术的不断进步,液晶板投影仪的这些缺点正逐步得到改进。另一种是液晶光阀投影仪,它主要采用 CRT 管和液晶光阀作为成像器件,是 CRT 投影仪与液晶光阀相结合的产物。到目前为止,液晶光阀投影仪是亮度、分辨率最高的投影仪,亮度可达 6000 流明,分辨率可达 $2500×2000$ 像素,主要适用于环境光线较强,观众较多的场合,但价格过于昂贵,体积巨大,光阀不易维修。

3. DLP 投影仪

DLP 投影仪主要是以 DMD(数字微反射器)作为成像的器件。DLP 投影仪主要的特点是数字优势。另外,它采用反射式 DMD 器件之后,成像器件的总光效率得到很大提高,比度和亮度的均匀性方面表现都很出色,可以大大提高图像的灰度等级,使图像噪声消失,画面质量稳定,数字图像定位非常精确。由于 DLP 技术是一种新技术,目前,DLP 投影仪无论是色彩方面,还是清晰度方面都与传统的 LCD 投影仪有着比较明显的差距。但 DLP 投影仪产生的图像对比度较高,光路系统设计得紧凑,因而在体积、重量等方面比传统的 LCD 投影仪有着比较明显的优势。所以,将两者的优势互补,将是市场的发展趋势。

投影仪的性能指标主要包括亮度、对比度、分辨率、均匀度等等。

投影仪的正确使用方法:首先,在开机之前,投影仪需要稳定地放置,使用环境需要远离热源。例如,避免阳光直射、避免临近供暖设备或其他强的热源。不要使投影仪在其技术使用条件之外工作。开机前,连接好各个周边设备,连接投影仪所用的电缆和电线最好是投影仪原装配置的,代用品可能引起输出画面的质量下降或设备的损坏,检查接线无误后才可以加电开机。其次,投影仪开机后,一般需要 10 s 以上的时间投射画面才能够达到标准的光亮度。在投影仪工作时,教师或学生不能向投影仪镜头里面看,因为投影仪的光源发出的光线很强,直接观看会损伤眼睛。最后,使用投影仪时,根据不同的使用环境需要对机器进行必要的调整。例如,聚焦和变焦、进行图像定位;调整投影仪的亮度、对比度和色彩;调整扫描频率以适应不同的信号源,消除不稳定的图像。

三、视频展示台

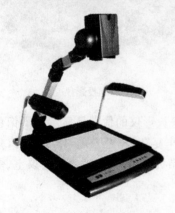

视频展示台也称为实物投影仪(见图 1-22),它能够将要展示的物体直接投影到大屏幕上。它最大的特点就是真实性和直观性,视频展示台不但能够将传统的幻灯机的胶片直接投影出来,而且能够将各种实物以及活动的过程投影到大屏幕上,应用的范围比传统的幻灯机更加广泛。从应用上来说,视频展示台只是一种图像的输入设备,它还需要电视机和投影仪等输出设备的支持,才能将图像展示出来。

视频展示台是通过一个专门的 CCD 摄像头将物体的图像直接摄取下来,经过大规模的集成电路做数模转

图 1-22 实物投影仪

换后将模拟信号变成为数字信号,然后输入到电视、投影仪和计算机中。因此,我们在选购视频展示台时,关键还是看其 CCD 的性能。目前,主流视频展示台的 CCD 图像像素可达 40 万像素以上,分辨率可达 460 线以上。有的还采用 3CCD 技术可达到更高的清晰度,但价格相对较贵。另外,我们还需要考虑信噪比的高低,输入/输出接口的多少,辅助灯源的数量与质量,是否能与计算机连接,是否具有红外线遥控功能,是否具有显微镜等。

当前视频展示台比较知名的国际品牌有 JVC、SONY、SAMSUNG 等,当然对于教学使用而言,我们可以采用国产的视频展示台,如安琪 TV-1103、诚华 CH-TVP550、晨星 CX-110、鸿合 HiTe VPSTM=90C 等。

习 题

1. **复习与思考**

(1) 什么是媒体?媒体一般有哪几种类型?

(2) 什么是多媒体?多媒体信息主要类型有哪些?

(2) 多媒体技术有哪些特征?

(4) 多媒体课件的基本结构包括哪些内容?

(5) 简述多媒体课件的特点。

(6) 多媒体课件按其功能模式可分为哪些类型?

(7) 多媒体课件按教育信息产生与存储方式不同可分为哪些类型?

2. **建议活动**

选择一个课时的教学内容,对其进行以下的分析与设计活动:

(1) 进行教学需求分析;

(2) 进行教学逻辑的设计,最终形成文字脚本;

(3) 根据文字脚本进行制作脚本的设计。

第二章　多媒体素材的制作与编辑

内容提要

本章介绍文本文件的格式、类型及制作方法；常用的声音文件的类型及特点、声音文件的录入方法、音频文件的编辑方法；数字图像的主要参数、常用的图像文件类型及特性；图像采集的方法；动画素材的文件类型；常用视频文件类型及特性；PhotoShop 的基本操作方法；Word 绘制图形、制作艺术字的方法；Word 编辑数学公式的方法和制作结构图的方法。

学习目标

（1）掌握常用的声音文件类型，理解并掌握各种声音文件的特点；熟练掌握声音文件的录入方法，音频文件的编辑方法。在此基础上，形成在课件制作过程中正确、合理地选择和处理声音文件的能力。

（2）掌握数字图像的主要参数，了解主要参数外的其他参数的含义；掌握常用的图像文件类型，理解并掌握位图文件中各种格式图形的特性；了解图像采集的方法种类。在此基础上，形成合理地选择、使用和处理图形图像文件的能力。

（3）了解动画素材的文件类型及常用的动画制作软件。

（4）了解常用视频文件类型，掌握各种格式视频文件的特性；了解视频图像捕获与编辑方法。

（5）熟悉 PhotoShop7.01 的菜单工具和控制调板。

（6）掌握选取工具、移动工具、套索工具、魔棒工具、喷枪工具、毛笔工具、图章工具、历史笔工具、橡皮擦工具、铅笔或直线工具、模糊或锐化或手指涂沫工具、减淡或加深或海绵工具、路径工具、文字工具、渐变工具、油漆桶工具、吸管工具、手形工具、缩小或放大工具等主要常用工具用途。

（7）掌握控制调板中导航器、信息、选项、颜色、画笔、图层、通道、路径、历史记录、动作等调板的作用和操作方法。

（8）掌握 PhotoShop 的基本操作方法，包括新建、打开、保存图像文件的操作，用历史记录调板和橡皮工具恢复操作，裁切图像操作，调整图像大小和改变画布尺寸及方法的操作，改变画布方向的操作，调整图像的色彩和色调的操作等。

（9）熟练掌握 PhotoShop 常用图像编辑操作方法，包括选区操作、图层操作、路径操作、通道操作和文字操作的方法。

（10）掌握 PhotoShop 图像的基本编辑方法，包括图像复制、图像的移动和图像变换的方法。

（11）掌握运用 Word 绘制图形或插入自选图形的方法；掌握运用 Word 制作艺术字的方法；熟练掌握运用 Word 编辑数学公式的方法和制作结构图的方法。

（12）形成在课件设计中综合运用上述知识进行多媒体素材的选择、处理和使用的能力。

一般说来，多媒体素材总是以文件的形式存放在磁盘或光盘上，而且多媒体计算机系统必须能够识别它们并加以处理。由于计算机不能直接识别照片、录音带、录像带，因此它们都不能作为多媒体课件的素材。为了将它们当中所包含的信息转换为计算机能够识别的课件素材，需要专门做一些工作。

我们把从现有的各种资源中提取有用信息、将其转换为多媒体创作工具可以引用的素材的过程，称为多媒体素材的采集与编辑。

▶▶▶ 第一节 文本素材及其制作

文本素材是多媒体课件中的最主要成分之一，也是现实生活中使用得最多的一种信息存储和传递方式。在人与计算机相互交流时，主要采用的是文本素材。用文本表达信息给人以充分的想象空间，它主要用于对知识的描述性表示，如阐述概念、定义、原理和问题以及在用户界面中显示标题、菜单等内容。

一、文本与编码

文本是字母、数字和其他各种符号的集合，通常把这个集合称为字符集。计算机处理文本是通过编码的方式进行的。字符集有多种类型，尽管不同类型的字符集包含的字符内容、字符的范围不一样，字符的编码也不一样，但它们都遵循唯一性、规范性和兼容性的原则。

目前使用最多的是 ASCII 码字符集，它用 7 位二进制数对一些常用的字符进行编码，一个字符的编码占用一个字节。

汉字的字符集叫"信息交换用汉字编码字符集"，是我国国家标准总局于 1981 年 5 月 1 日颁发的。一个汉字的编码用两个字节来表示。

二、文本的分类

文本素材在计算机中是以文本文件的方式进行存储和处理的。文本文件可分为非格式化文本文件和格式化文本文件两种。非格式化文本文件是指只有文本信息没有其他任何有关格式信息的文件，又称为纯文本文件；格式化文本文件是指带有各种文本排版信息等格式信息的文本文件。

三、文本文件的格式

文本文件有不同格式，我们可以根据文本文件的后缀来区别，其常见格式如下。

（1）txt 格式。它是一种纯文本格式，可用于任何一种文字编辑软件。

（2）wri 格式。它是写字板文件存储格式。

（3）doc 格式。它是 Word 文字处理存储格式。

（4）wps 格式。它是国内金山公司 Wps 文字处理存储格式。

（5）rtf 格式。其意思是丰富的文本格式，主要用于各种文字处理软件之间的文本交换。是 rich text format 的缩写。

四、两种类型的字体

在 Windows 环境中，用于处理文本的有两类字体，一种是点阵字体，另一种是 TrueType 字体。点阵字体中每个字符都是采用点阵组成的。这种字体在放大、缩小、旋转或打印时会产生失真，只有在几种特定的尺寸时才有很小的失真。TrueType 字体是失量字体，它的每一个字符是通过存储在计算机中的指令绘制出来的。因此这种字体在放大、缩小、旋转时，一般在 4～128 个点阵之间都不会产生失真。

字体文件一般放在 Windows 的 Fonts 文件夹下。其中，图标为 $\boxed{A}$ 的是点阵字体，图标为 $\boxed{T}$ 或 $\boxed{O}$ 的是 TrueType 字体。

五、文本素材的制作方法

文本素材的制作根据不同的需求可采用不同的方法。文本素材的制作方法如下。

① 利用著作工具自身提供的功能模块直接输入文字，如 Authorware 中的显示图标、Powerpoint 中的文本框。可用于输入文字数量不多、艺术性要求不高的情况。

② 利用其他软件（如 Word）编辑好的文本，既可用文件的形式调用，也可用复制或粘帖的方法拷贝文字块。在需要文字量大或多人分工协作制作课件时可用此方法。

③ 用扫描仪扫描已有的印刷品上的文字材料，然后用光学字符识别系统（OCR）将之转换成文本，修改个别未被识别的字符，从而把印刷品上的文字转换成为计算机上的文本文件。

④ 文字素材有时也以图像的方式出现在课件中，如通过格式排版后产生的特殊效果，以图像方式保存下来，保留了原有的风格（如字体、颜色、形状等），且可以方便地调整其大小。

▶▶▶ 第二节　音频素材及其制作

在多媒体课件中，语言解说和背景音乐是课件的重要组成部分。按照声音文件的内容不同，可以将多媒体课件中的声音划分为解说、效果声与音乐声等类型。按声音文件的格式不同，又可将声音分为波形声音文件、MIDI 文件、CDA 文件和 MP3 文件等类型。

一、数字音频技术指标

1. 采样频率

采样频率是指一秒钟内采样的次数。简单地说就是通过波形采样的方法记录 1 秒钟长度的声音，需要多少个数据。

采样频率的选择应该遵循奈奎斯特（Harry Nyquist）采样理论：如果对某一模拟信号进

行采样,则采样后可还原的最高信号频率只有采样频率的一半。44 kHz 采样率的声音就是要花费 44 000 个数据来描述 1 秒钟的声音波形。原则上采样率越高,声音的质量越好。

2. 量化位数

量化位数也称量化级,是指对模拟音频信号的幅度轴进行数字化所采用的位数,它决定了模拟信号数字化以后的动态范围。简单地说就是描述声音波形的数据是多少位的二进制数据,通常用 bit 做单位,如 16 bit、24 bit。16 bit 量化级记录声音的数据是用 16 位的二进制数。因此,量化位数也是数字声音质量的重要指标。我们形容数字声音的质量,通常就描述为 24 bit(量化级)、48 kHz 采样,如标准 CD 音乐的质量就是 16 bit、44.1 kHz 采样。

3. 压缩率

压缩率通常指音乐文件压缩前和压缩后大小的比值,用来描述数字声音的压缩效率。

4. 比特率

比特率是另一种数字音乐压缩效率的参考性指标,表示记录音频数据每秒钟所需要的平均比特值。通常我们使用 kbps(通俗地讲就是每秒钟 1000 比特)作为单位。CD 中的数字音乐比特率为 1411.2 kbps(也就是记录 1 秒钟的 CD 音乐,需要 1411.2×1024 比特的数据),近乎于 CD 音质的 MP3 数字音乐需要的比特率至少应该在 192 kbps 以上。

5. 声道数

有单声道、双声道、多声道之分。双声道又称为立体声,在硬件中要占两条线路,音质、音色好,但立体声数字化后所占空间比单声道多一倍。

二、常用的音频文件类型

1. 波形声音文件

波形声音是 Windows 操作系统下的标准数字音频文件,它是利用声卡对实际声音进行采样并数据化的数据,其扩展名为 wav。它可以重现各种类型的声音,包括噪声、乐声、以及立体声、单声等。

波形声音的主要缺点是文件的容量较大。例如,以 16 位量化级 44.1 kHz 采样率进行采样的一分钟单声道声音文件大约可达 5 MB,因此,它不适于记录长时间高质量的声音。

由于原始声音文件数据量太大,一种解决方法是利用硬件或软件方法进行压缩,另外一种方法是适当降低音质。例如,对于一般人的声音,使用 8 位量化级和 11.025 kHz 采样就可以比较好地进行还原,这样可以将数据量降至原来的 1/8。

2. MIDI 文件

MIDI(musical instrument digital interface)是乐器数字接口的缩写,是 1982 年建立的数字音乐的国际标准。

MIDI 文件不是对音乐采样,而是将乐器弹奏的每个音符记录为一连串的数字,即是以数值形式存储的命令,用这组数字代表音符的声调、力度、长短等。在发声时,根据这些数字所代表的含义,通过声卡上的合成器将这组数进行合成并通过扬声器输出。

MIDI 文件的播放效果取决于声卡上的合成芯片的功能,如果使用有波表合成功能的声卡播放 MIDI 文件,则会使 MIDI 音乐的质量提高到接近 CD 唱片的音质。

与波形文件相比,MIDI 文件的容量要小得多。在一般情况下,同样音质的乐声,MIDI 文件大小大约是波形文件的 1/1500。

MIDI 文件的主要缺点是表达能力有限,无法重现自然声音;MIDI 文件的回放质量受到声卡性能的限制;MIDI 文件制作比较麻烦;MIDI 文件只能记录有限的几种乐器的组合,许多中国民族乐器的乐声就不能记录。但总的说来,短小精悍的 MIDI 文件在多媒体 CAI 课件中的应用日益广泛。

3. CDA 文件

CD 唱片中的音乐文件,常用 CDA 格式保存,一般为 44 kHz,16 bit 立体声音频质量。

4. MP3 文件

MP3 是 MPEGLayer3 的简称,是一种数字音频格式。MP3 由于采用了高比率的数字压缩技术,压缩比可达到 12∶1,经过 MP3 编码软件进行编码后,在音质几乎与高保真的 CD 没有什么差别的情况下,使容量大大减少,每分钟的 MP3 声音文件只有 1 MB 左右大小。如容量为 640 MB 的普通 CD 盘能存储十几个小时的 MP3 声音文件。

对于 MP3 文件,使用 MP3 播放工具对 MP3 文件进行实时的解压缩(解码),把还原后的声音信号输出到扬声器上,高质量的 MP3 声音就播放出来了。

由于 MP3 文件播放时,播放软件要进行大量的运算(解压缩、还原等),因此对计算机硬件的要求比较高。一般来说,计算机至少应是 Pentium 处理器,最好 32 MB 以上内存。

对于 MP3 文件的制作,现在有很多的工具软件,像超级豪杰就可以直接录制声音并保存为 MP3 文件,还可批量将波形文件转换为 MP3 文件。

5. WMA 格式

WMA(windows media audio)格式出自于微软,音质要强于 MP3 格式,它以减少数据流量但保持音质的方法来达到比 MP3 压缩率更高的目的。WMA 的压缩率一般都可以达到 1∶18 左右,WMA 的另一个优点是内容提供商可以通过 DRM(digital rights management)方案,如 Windows Media Rights Manager 7 加入防拷贝保护。另外 WMA 还支持音频流(stream)技术,适合在网络上在线播放,更方便的是不用像 MP3 那样需要安装额外的播放器,而 Windows 操作系统和 Windows Media Player 的无缝捆绑让你只要安装了 Windows 操作系统就可以直接播放 WMA 音乐,Windows Media Player7.0 以上版本更是增加了直接把 CD 光盘转换为 WMA 声音格式的功能,在操作系统 Windows XP 中,WMA 是默认的编码格式。

6. RealAudio 格式

RealAudio 主要适用于在网络上的在线音乐欣赏。现在大多数的用户仍然在使用 56 kbps 或更低速率的 Modem,所以典型的回放并非最好的音质。有的下载站点会提示根据你的 Modem 速率选择最佳的 Real 文件。现在 real 的文件格式主要有 RA(RealAudio)、RM(RealMedia,RealAudio G2)、RMX(realAudio Secured)等。这些格式的特点是可以随网络带宽的不同而改变声音的质量,在保证大多数人听到流畅声音的前提下,令带宽较富裕的听众获得较好的音质。

三、声音文件的录入

在制作多媒体课件时,通常利用计算机上的声卡及其配套软件来完成声音的录制、编辑和播放。

1. 录音机简介

单击 Windows 桌面上的"开始"按扭,选择"程序/附件/娱乐"中的"录音机"选项,出现如图 2-1 所示的录音机使用界面窗口。其中,利用菜单栏(见图 2-2)可对音频文件进行相应的操作。

图 2-1　录音机使用界面

◄◄　移到首部按钮,单击可将声音位置移到声音文件的首部

►►　移到尾部按钮,单击可将声音位置移到声音文件的尾部

►　播放按钮,单击可以播放声音文件

■　停止按钮,单击停止播放

●　录音按钮,单击可以录制声音

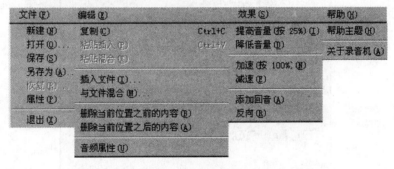

图 2-2　录音机菜单栏

2. 音频属性

在录音机使用界面中(图 2-1),选择"编辑"菜单中的"音频属性"选项,出现如图 2-3 所示的对话框。在录音栏中单击"音量"按钮,出现如图 2-4 所示的对话框。单击"麦克风"下的"高级"按钮,可打开如图 2-5 所示的对话框。

3. 录音

"录音机"程序可以用话筒录制声音,也可以录制录音机、录像机、VCD 等音源提供的声音。将话筒或对录线的插头插入声卡的 MIC 插孔,打开话筒或其他放音设备开关。进入"录音机"使用界面,在"文件"菜单中选择"新建"选项。单击"录音机"使用界面中的录音按钮 ●,立即开始录音。录制完成后,单击停止按钮 ■ 结束录音。选择"文件"菜单中的"保存"选项,将其以"＊.wav"文件形式保存。

图 2-3 "声音属性"对话框　　　　图 2-4 "录音控制"对话框

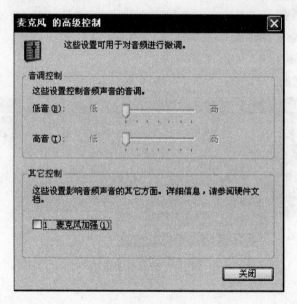

图 2-5 "麦克风的高级控制"对话框

四、音频文件的编辑

当音频素材长度、质量、效果等与制作课件的要求有较大差异时,可对音频文件进行编辑,以达到课件制作的要求。

1. 声音质量转换

对不符合质量要求的音频文件,可对其进行格式转换。进入"录音机"使用界面,在其

"文件"菜单中单击"打开"选项,然后在出现的对话框中选择要进行格式转换的声音文件,如 sy.wav。在"文件"菜单中单击"属性"选项,出现如图 2-6 所示的对话框。在"选择位置"下拉式列表中选择转换后的声音文件类型,然后单击"开始转换"按钮,出现如图 2-7 所示的对话框,指定所需的格式和属性,然后单击"确定"按钮。在"文件"菜单中,选择"另存为"选项,输入文件名进行保存。

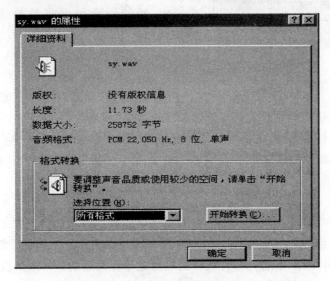

图 2-6　声音文件属性对话框

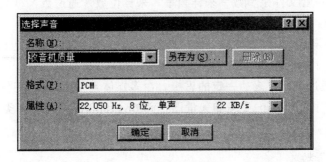

图 2-7　声音音质对话框

2. 删除声音文件的部分信息

进入"录音机"使用界面,在"文件"菜单中单击"打开"选项,打开要处理的声音文件,然后将滑块移到要删除信息的位置。在"编辑"菜单中,单击"删除当前位置之前的内容"选项或"删除当前位置之后的内容"选项,如图 2-8 所示。

注意　在保存该文件之前,如果在"文件"菜单中单击"恢复"选项,可以撤销删除操作。

3. 插入声音

打开"录音机"使用界面,在"文件"菜单中,单击"打开"选项,然后双击待修改的文件将其打开。将滑块移动到目标文件的插入点处,在"编辑"菜单上,单击"插入文件"选项,选择要插入的声音文件的名称,单击"打开"按钮即可。

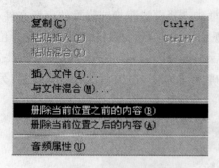

图 2-8　选择删除命令

注意　① 只能将某个声音文件插入到未压缩的声音文件中。如果在"录音机"程序中未发现绿线,说明该文件是压缩文件,如果不更改其音质,就无法进行修改。

② 如果将某个声音文件插入到现有声音文件中,新的声音数据将替换插入点后的原有数据。

4. 混入声音

进入"录音机"使用界面,在"文件"菜单中单击"打开"选项,然后双击要处理的源声音文件将其打开。将滑块移动到要混入文件的地方,在"编辑"菜单中,单击"与文件混合"选项,键入待混入声音文件的名称,单击"打开"按钮即可。

注意　只能将文件混入到未压缩的声音文件中。如果在"录音机"程序中未发现绿线,说明该文件是压缩文件,如果不更改其音质,就无法进行文件混合。

5. 更改声音文件的格式

在"文件"菜单中,单击"打开"选项,然后双击要修改的声音文件;在"文件"菜单中,单击"另存为"选项,然后单击"更改"按钮;选择"名称"列表中的某音频格式,然后单击"保存"即可。

在声音录制时,采样位数与采样频率的确定是十分关键的。一般来说,采样频率越高、采样位数越大,声音质量越好,但相应的数字文件也越大。声音文件大小的计算公式为

$$声音文件字节数＝采样频率×采样位数×通道数×秒数$$

▶▶▶ **第三节　图像和图形素材及其制作**

图形、图像通过画面来表达一定的思想。在多媒体素材文件中,图像文件格式的种类十分复杂,其中位图(bitmap)文件和矢量图(vector graphic)文件是两类最为重要的图像文件格式。

一、数字图像参数

1. 主要参数

(1)分辨率。分辨率表示图像数字信息的数量或密度,直接影响位图显示质量。分辨率有屏幕分辨率与图像分辨率两个概念。位图图像中的水平方向上的像素个数和垂直方向上的像素个数决定了该幅图像的分辨率。以一般 VGA 显示器为例,屏幕显示的图像的分辨率 $800×600$,表示其水平方向上有 800 个像素,垂直方向上有 600 个像素,即屏幕上总计有 $800×600＝480\ 000$ 个像素,也即屏幕上有 480 000 个发光点。图像分辨率指数字图像的尺寸,即水平方向与垂直方向的像素个数。当图像分辨率小于屏幕分辨率时,图像只占屏幕的一部分;当图像分辨率等于屏幕分辨率时,图像刚好占满整个屏幕;当图像分辨率大于屏幕分辨率时,屏幕只能显示图像的一部分。

(2)图像深度与颜色。图像深度指描述图像中每个像素的数据所占的位数。图像的

每一个像素对应的数据通常可以是 1 bit 或多位字节,用来存放该像素点的颜色、亮度等信息。故数据位数越多,所对应的颜色种类也就越多。目前图像深度通常有 1 bit、2 bit、4 bit、8 bit、16 bit、24 bit、32 bit、36 bit 等几种。若某图像深度为 1 bit,则表示只有两种颜色,即黑与白或亮与暗,这通常称为单色图像;若图像深度为 2 bit,则表示有四种颜色,即图像为彩色图像。自然界中的图像一般至少要 256 种颜色,共对应的图像深度为 8 bit。要达到彩色照片级的效果,则需要图像深度达到 24 bit,即所谓真彩色。

图像颜色数是指一幅图像中所具有的最多颜色种类。图像颜色数和图像深度的关系为:颜色数$=2^{图像深度}$。

(3) 图像的大小。图像大小指图像在磁盘上存储所需的空间大小,其计算公式为

$$图像文件的字节数=(位图高度×位图宽度×图像深度)÷8$$

例如,一幅 800×600 的 256 色(8 bit)未压缩原始图像的大小为

$$(800\ 像素×600\ 像素×8\ bit)÷8=480\ 000\ (bit)$$

2. 其他参数

(1) 亮度(brightness)。指图像彩色所引起的人眼睛对明暗程度的感觉。亮度为零时即为黑色,最大亮度是色彩最鲜明状态。

(2) 饱和度(saturation)。指色彩的纯度,为零时即为灰色。白、黑和其他灰度色彩都没有饱和度。最大饱和度时是每一色最纯的色光。对同一色调的色光,其饱和度越高,颜色越深。从某种程度上讲,饱和度下降的程度反映了彩色光被白光冲淡的程度。

(3) 色调(true)。是指光所呈现的颜色。彩色图像的色调决定于在光照射下所反射的光的颜色。

(4) 色度(hue)。是指色调的饱和度,表示光颜色的类别与深浅程度。

(5) 对比度(contrast)。指图像中的明暗变化,或指亮度大小的差别。

二、常用的图像文件类型

数字图像有两种类型,一是位图(也称点阵图),另一种是矢量图。通常把位图称为图像,把矢量图称为图形。

1. 位图文件及格式

位图是一组颜色不同、深浅不同的小像素(发光点)组成的图像。位图文件一般比较大,而且在将位图放大、缩小或旋转时会产生失真。

位图可由图像软件创建或用扫描仪将图像扫描进计算机中生成,其常用的格式有以下几种。

(1) bmp 格式。bmp 格式是 Windows 使用的基本图像格式,它是一种位图格式文件,用一组数据(8 位至 24 位)来表示一个像素的色彩。

大多数图形软件都支持 bmp 格式,如 Windows 下的画笔软件。Windows 的图像资源大多采用未经压缩的 bmp 格式,因此文件往往很大。

(2) gif 格式。gif 格式是目前 Internet 上使用的最重要的图像文件格式之一,主要用于不同平台间图像的交流传输。gif 格式文件的压缩比较高,文件长度较小,但它仅能表达 256 色图像。

目前的 gif 格式文件还支持小型动画,它使得 Internet 上的网页显得生动活泼,意趣盎然。

(3) jpg 格式。jpg 格式是日渐流行的一种图像格式,它采用了 jpg 方法进行压缩,因此文件可以非常小,而且可以通过降低压缩比来获得较高质量的图像,或反而行之,即降低图像的质量来获得较高的压缩比。由于 jpg 格式的压缩比很高,因此,可用于存储或传输大容量的图像。但 jpg 是一种有损压缩,因此不适于存储珍贵资料或原始素材。

(4) tif 格式。tif 格式最早用于扫描仪和桌面出版系统,可分为压缩和非压缩两类。非压缩 tif 格式独立于软硬件,具有良好的兼容性;压缩格式的 tif 文件格式相对复杂得多,可以支持多种流行的压缩方法,存储时有很大的选择余地,因此为多种主流的图像软件所支持。

(5) psd 格式。psd 格式是 Adobe 公司开发的图像处理软件 PhotoShop 中自建的标准文件格式。由于 PhotoShop 软件应用越来越广泛,所以这种格式也越来越流行。

2. 矢量图文件及格式

矢量图是由一些基本的图元组成的,这些图元是一些几何图形。这些几何图形均可由数学公式计算后获得。矢量图的文件是绘制图形中各图元的命令。显示矢量图时,需要相应的软件读取这些命令,并将命令转换成为组成图形的各个图元。由于矢量图是采用数学描述方式的图形,所以由它产生的图形文件相对比较小,而且图形颜色的多少与文件大小基本无关。另外,在将它放大、缩小、旋转时不会产生失真。矢量图常用格式有以下几种。

(1) eps 格式。eps 格式是用来阐述矢量图形的 PostScript 语言,由于桌面出版系统大多用 PostScript 方式打印输出,因此无论 Windows 平台还是 Macintosh 平台,绝大部分图像软件都支持 eps 格式。

(2) wmf 格式。wmf 是位图和矢量图的混合体,大部分 ChipArts 图像均以这种格式存储,这种格式在桌面领域应用广泛。

(3) cdr 格式。cdr 格式是 CorelDRAW 绘图软件定义的一种矢量图格式。

三、图像的采集与编辑

位图是多媒体 CAI 课件中应用得较多的图像格式,它的采集方法通常有以下几种。

1. 利用扫描仪扫描输入

使用扫描仪可将照片、印刷图片等扫描到计算机中,变成通用的数字图像。

2. 利用数码相机输入

利用数码相机可得到数字图像,然后通过数据线导入计算机中即可得到数字图像。

3. 利用绘图工具软件创作

在多媒体课件制作过程中,图像编辑工具的选用十分灵活,从 Windows 附带的"画笔"软件、Aldus 公司的 PhotoStyler 到功能非常强大的 PhotoShop 软件都可以。这里不作专门介绍。

4. 对屏幕图像进行截取

可用键盘中的屏幕打印键截取相关软件中的精美图像,也可利用其他专门的屏幕截取软件来截取屏幕图像。

5．从网上下载

将光标放在网页中要保存的图片上，单击右键，在打开的快捷菜单中选择"图片另存为"选项，即出现如图 2-9 所示的对话框。在"保存在"框中确定保存文件的位置，在"文件名"框中输入要保存的文件名称，在"保存类型"列表框中选择文件类型，然后单击"保存"按钮即可。

图 2-9 "保存图片"对话框

对于图像的编辑，可用 PhotoShop 软件对图像进行进一步地加工处理。关于 PhotoShop 将在本章第六节作专门介绍。

▶▶▶ 第四节 动画素材

动画是由一系列的图像画面组成的队列，画面中的内容通常是逐渐演变的，因此当动画播放时给人的感觉是画面中的对象在变化和运动。FLC 和 MMM 是两类常用的动画文件格式。

一、常用的动画文件类型

1．FLC 动画文件

FLC 动画可以由 AutoDesk 公司的 3D Studio 软件和 Animator Pro 软件生成，其文件扩展名为.FLC，它的播放一般要利用 Aaplay 软件和 MCI 驱动，或者是 Windows 中的媒体播放机。尽管 FLC 动画并不是标准的动画文件，但它的应用远比标准动画文件 MMM 要广泛得多。

2．MMM 动画文件

MMM 动画是标准的动画文件，可以由多媒体创作软件 Director 生成，但单独的 MMM 动画文件比较少，一般都集成在完整的应用程序中，并且可播放它的软件的种类也比较少，一般需要通过 MCI 驱动并经媒体播放机来播放。

3．GIF 动画文件

GIF 动画是网页常用的动画格式。GIF 动画只有 256 色，但经过数据压缩，文件比较小。对质量要求不高但容量有限的场合则是很好的选择。

二、常用的动画制作软件

1. 二维动画制作软件 Animator Pro

Animator Pro 是 AutoDesk 公司推出的、能在 PC 机上创作动态高分辨率图像的二维图像制作软件及动画软件包。利用该软件,用户可以在屏幕上进行单个图像的绘画制作,系统设定以 gif 格式存储图像。也可以通过创作多个单独画面,然后把它们组合成动画文件,系统能够以 flc 格式存储大约 4000 个画面的动画数据文件。

2. 三维动画制作软件 3D Studio

3D Studio 也是 AutoDesk 公司推出的一个能在 PC 机上创作动画的超级软件,它具有建立高分辨率 3D 模型、着色投影、材质编辑、动画处理、生成、后期剪接等强大功能。

▶▶▶ 第五节　视 频 素 材

视频素材也称影像素材,它是指在多媒体课件中播放的一种既有活动画面又有声音的文件。视频素材集图像与声音为一体,可以真实地再现真实物体和场景。但由于视频文件一般采用有损压缩存储,这将影响播放时的图像质量。一般说来,视频画面的质量比动画要差一些,因此它不可能完全取代动画素材。

一、常用的视频文件类型

1. MOV 视频文件

MOV 视频文件是 Apple 公司的 QuickTime 软件所使用的数字视频文件,QuickTime 原是 Macintosh 计算机中的一种视频播放软件,Macintosh 计算机在包括数字视频在内的许多专业领域一直比多媒体 PC 机的环境要先进,包括 QuickTime 在内的许多视频软件或视频编辑软件最初都运行于 Macintosh 计算机,后来才被移植到多媒体 PC 机和 Windows 平台上,这也导致了 MOV 文件的流行。

2. MPG 视频文件

MPG 视频文件是多媒体 PC 机上全屏幕活动视频的标准文件,通过 MPEG 方法进行压缩,在 1024×768 分辨率下可以以超过 25 帧/秒的速率同步播放视频图像和 CD 音质的伴音,因此具有极佳的视听效果。但 MPG 文件的播放有较高的硬件要求,一般需配有解压卡或在奔腾计算机上利用软解压进行播放。

3. AVI 视频文件

AVI 视频文件是 Windows 使用的标准视频文件,它将视频和音频信号交错存储在一起,是 Windows 系统的标准组成部分。

4. DAT 视频文件

DAT 是 VCD(俗称小影碟)或 CD 数据文件的扩展名。尽管一般称其为全屏活动视频,但它的分辨率只有 352×240,然而由于它的帧率比 AVI 或 MOV 格式要高得多,而且伴音可达到 CD 音质,因此,整体效果还是不错的。DAT 文件的播放也需要一定的硬件条件,目前流行的 PC 机基本都可适用。常用的播放软件有 XingMPEG、超级解霸等。

在上述视频格式文件中,MPG 和 AVI 都是多媒体课件中常用的文件格式,但是就相同内容的视频数据来说,MPG 文件要比 AVI 文件小得多。

二、视频图像的捕获与编辑

一般说来,视频图像信号处理应完成三项最基本的功能:在原始素材播放过程中捕捉任何视频画面并加以编辑;在同一屏幕中把视频与文字、图形、动画进行连接;在为视频图像配音时,具有提供多轨及其切换功能,用户可以选择立体声音响或多重语言播放。

为了进行视频资料的捕捉和编辑,通常可以采用视频采集卡和相应的软件进行,它们提供了连续捕捉、单帧捕捉和视频图像的数字化播放功能。

▶▶▶ 第六节　图像编辑与处理软件 PhotoShop 简介

一、PhotoShop 7. 01 的界面

单击 Windows 桌面上的"开始"→"程序"→"Adobe"→"PhotoShop 7.01"→"Adobe PhotoShop 7.01"选项,打开如图 2-10 所示的界面。

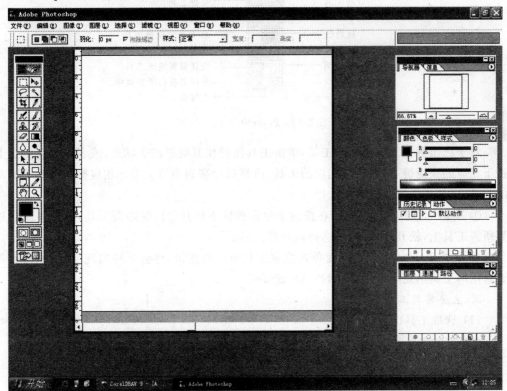

图 2-10　PhotoShop 使用界面

1. 菜单

PhotoShop 的菜单栏位于标题栏之下,由 9 组菜单组成,每组菜单下还有下拉菜单命令,使用这些命令可以完成图像的建立、编辑和修改。当光标移到菜单标题上时,菜单标题就会变成蓝底白字,单击鼠标左键,对应的菜单被打开。再将光标移到菜单中的某条命令上,单击鼠标左键,即可执行这个命令。

2. 工具箱

PhotoShop 工具箱中放置了处理图像的主要工具,可分别用来绘图、编辑图像、选择颜色、观察图像和标注文字。有很多工具在工具箱中共用一个图标,这些图标的右下角有一个三角形的箭头,单击此图标,就会将隐藏的扩展工具显示出来。工具箱包括 55 种工具,如图 2-11 所示。

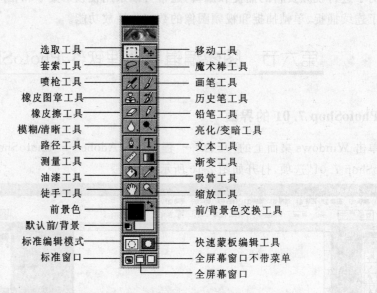

图 2-11　PhotoShop 的工具箱

对于已出现在工具箱中的工具,单击工具按钮使其处于按下状态,或者直接在键盘上按下相应的快捷键,即可选取相应的工具,再将鼠标移到图像上进行相应操作。对于隐藏的工具,可使用以下二种方法选用。

① 将鼠标移到隐藏工具所在按钮上单击按钮不松开会出现隐藏工具,然后将鼠标移到所需工具上,松开鼠标,即可选择该隐藏工具。

② 先按下 Alt 键不放,反复单击隐藏工具所在的按钮,将会循环出现隐藏工具,待需要选用的工具出现时,松开鼠标和 Alt 键即可。

3. 主要常用工具简介

(1) 选取工具(图 2-12)。

(2) 移动工具。将选区内的图像移动到所需要的位置。

(3) 套索工具(图 2-13)。

(4) 魔术棒工具。将图像中与被点击颜色相近的像素设置到一个选区中。

(5) 喷枪工具。在图像上喷上所设定的前景色。

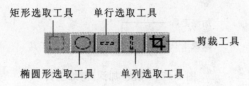

图 2-12 选取工具

矩形选取工具——设置一矩形或正方形选区 单行选取工具——设置一行(一个像素宽)为一个选区
椭圆形选取工具——设置一椭圆形或圆形选区 单列选取工具——设置一列(一个像素宽)为一个选区

图 2-13 套索工具

徒手套索工具——设置任意形状的选区 磁性套索工具——沿物体轮廓设置选区
多边形套索工具——设置多边形选区

(6) 画笔工具 ✏。用前景色绘制任意形状的线条。

(7) 图章工具(图 2-14)。

橡皮图章工具 —— 🖳 🖳 —— 图样图章工具

图 2-14 图章工具

橡皮图章——复制图像 图样图章——复制定义好的图案

(8) 历史笔工具 ✎。以手绘的方式选择性地恢复以前的操作。

(9) 橡皮擦工具 ✐。擦除图像中不需要的部分。

(10) 铅笔/直线工具(图 2-15)。

图 2-15 铅笔/直线工具

铅笔工具——绘制各种粗细的线条,其效果和日常所用的铅笔相似
直线工具——绘制各种粗细、方向的线条,也可以绘制带箭头的线条

(11) 模糊/锐化/手指涂抹工具(图 2-16)。

图 2-16 模糊/锐化/手指涂抹工具

模糊工具——降低图像中的某一区域的清晰度,使该区域变模糊
锐化工具——增加图像中的某一区域的清晰度,使该区域变清晰
手指涂抹工具——将被点击的颜色涂抹到其他位置

(12) 减淡/加深/海绵工具(图 2-17)。

图 2-17　减淡/加深/海绵工具

减淡工具——使图像中被击点的亮度增加　海绵工具——改变图像中某一区域的饱和度

加深工具——使图像中被击点的亮度降低

（13）路径工具（图 2-18）。

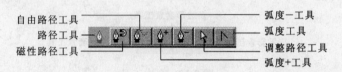

图 2-18　路径工具

路径工具——绘制一条路径

磁性路径工具——沿物体轮廓绘制一条路径

自由路径工具——徒手绘制一条路径

弧度＋工具——增加路径上的固定点

弧度－工具——减少路径上的固定点

调整路径工具——拖动路径上的固定点来编辑路径

弧度工具——改变路径的弧度

（14）文本工具（图 2-19）。

图 2-19　文字工具

水平文字工具——在图像上添加水平方向的文字

水平文字选区工具——在图像上添加水平方向的文字选区

竖直文字工具——在图像上添加竖直方向的文字

竖直文字选区工具——在图像上添加竖直方向的文字选区

（15）测量工具 。测量距离、坐标和角度等数据。

（16）渐变工具（图 2-20）。

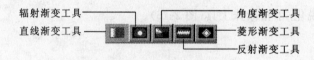

图 2-20　渐变工具

直线渐变工具——产生直线渐变色块

辐射渐变工具——产生圆形渐变色块

角度渐变工具——产生角度渐变色块

反射渐变工具——产生反射渐变色块

菱形渐变工具——产生菱形渐变色块

（17）油漆桶工具 。油漆桶工具用于在图像上填充前景色。

（18）吸管工具（图 2-21）。

（19）徒手工具 。移动图像，以便观察。

吸管工具 ———  ——— 色彩取样工具

图 2-21　吸管工具

吸管工具——吸取图像上光标单击处的颜色作为前景

色彩取样工具——将光标单击处周围四个像素点的颜色平均值作为选定的颜色

(20) 缩放工具 。放大或缩小图像以便于观察和处理。

4．控制调板

控制调板也称浮动调板，它可以停放在屏幕上的任意位置。这些调板主要用来选择颜色、编辑图像、显示信息和给工具设置参数等。默认情况下，控制调板分为 4 组，第一组由信息、导航器和选项三个调板组成，第二组由颜色、色板和画笔三个调板组成，第三组由图层、通道和路径三个调板组成，第四组由动作和历史记录二个调板组成。每个调板都以标签形式旋转，要选择每组调板中的一个，只要单击其标签，此调板就会从背后浮出来。

系统默认将所有调板分成四组，但用户也可将每一组调板中的每一个调板单独分离出来，或者将几个显示出来的调板组合成为一个调板组，以便留给图像有更大的显示空间。其具体操作方法是，将光标放在控制调板上，按住鼠标将要分离的调板拖拽出来，如果将其拖拽到其他组的调板附近，释放鼠标，此调板即可加到该组控制调板中。

每一个调板可以显示或隐藏起来。如果将隐藏起来的图层调板显示出来，只需要在"窗口"菜单中选择"显示图层"命令即可。

用户既可以在"窗口"菜单中选择相应的命令将控制调板隐藏起来，也可以单击控制调板右上角的按钮。

(1) 导航器调板。"导航器"调板显示图像的缩略图，可用来缩放显示比例，迅速移动图像显示内容。如图 2-22 所示。

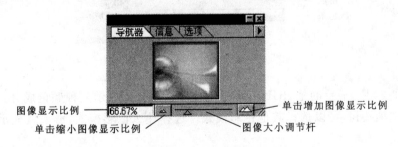

图 2-22　导航器调板

(2) 信息调板。"信息"调板用于显示光标所在位置的坐标值以及当前位置的像素 R、G、B 和 C、M、Y、K 等色彩数值。当在图像中设置了选区时，还可以显示选区的大小和选中的角度等信息。如图 2-23 所示。

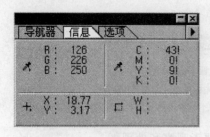
图 2-23 信息调板

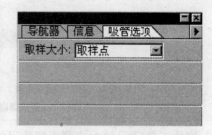
图 2-24 选项调板

（3）选项调板。"选项"调板用来设置各种工具的选项参数。自然，选择不同工具，该调板中的选项是不同的。如图 2-24 所示。

（4）颜色调板。电脑处理的图像是数字化的图像，图像的颜色可以由各种不同的基色合成，这就构成了颜色的多种合成方式，在 PhotoShop 中称为颜色模式（Color Mode）。显示和打印 PhotoShop 文档的色彩效果取决于采用的颜色模式。PhotoShop 的颜色模式以建立好的描述和重现色彩的模型为基础。常见的模型包括 HSB（表示色相、饱和度、亮度）、RGB（表示红、绿、蓝）、CMYK（表示青、洋红、黄、黑）以及 CIE Lab。PhotoShop 也包括为特别颜色输出的模式，如索引颜色和双色调。

RGB 是色光的彩色模式，R 代表红色，G 代表绿色，B 代表蓝色。三种色彩相叠加形成了其他的色彩。根据三色光的不同比例，呈现出不同颜色的光。混合的颜色计算公式是：

某一点的颜色＝R（红色的百分比）＋G（绿色的百分比）＋B（蓝色的百分比）

在"颜色"调板上，可以通过调节滑块或在数值框中输入数值叠加出任意的颜色，如图 2-25 所示。

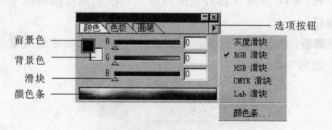
图 2-25 颜色调板

在图 2-24 中，显示的是 RGB 色彩模式，3 个滑块分别表示三种颜色成分。单击调板右上角的选项按钮，可以选择其他色彩模式。选择什么色彩模式，滑块就显示什么颜色成分。

要选择或设定颜色，可通过移动调板中的滑块选择前景色和背景色，也可以在滑杆右边的数字框内输入精确的颜色值。

（5）色板调板。"色板"调板相当于画家所用的调色板，它提供了许多现成的色块，单击需要的色块，就可以设置成不同的前景色和背景色，如图 2-26 所示。此调板和"颜色"调板的功能是相同的，只是它设置的颜色数量没有"颜色"调板多，也没有其精确。

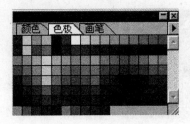
图 2-26　色板调板

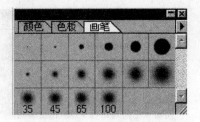
图 2-27　画笔调板

（6）画笔调板。"画笔"调板用于定义绘图和编辑工具的属性,例如用户可以设置画笔的粗细、形状、浓度、压力和模式等,也可以进行定义新画笔、删除画笔等操作。如图2-27所示。

（7）图层调板。通常纸上的图像是一张图一张纸,而一个电脑图像可以画在很多张"纸"上,每一张"纸"上画上图像的一部分,每张"纸"是透明的,将这些"纸"叠加在一起就可以看到综合的图像。每一张"纸"就称为一个"图层"。利用"图层"调板可以建立、删除图层,也可以设置它的透明程度或设置为不可见图层。如图 2-28 所示。

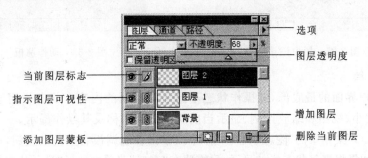
图 2-28　图层调板

（8）通道调板。"通道"调板用于控制图像中的通道,切换显示图像中的通道,以便在各通道之间进行编辑处理。同时,还可以利用通道蒙版将蒙版保存到通道中,然后进行编辑或修改。如图 2-29 所示。

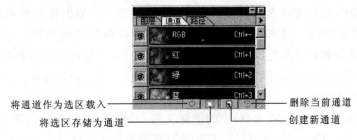
图 2-29　通道调板

（9）路径调板。"路径"调板用于显示图像路径,以便对路径进行填充、描边和转换成选区等操作。如图 2-30 所示。

（10）历史记录调板。"历史记录"调板会把对图像执行的每一步操作都记录下来,用户可以很方便地撤销或重做一步或多步操作。如图 2-31 所示。

图 2-30　路径调板

（11）动作。"动作"调板用来将一连串的编辑操作录制下来，以便日后重复使用。也可以用录制好的动作进行批处理，实现操作自动化。如图 2-32 所示。

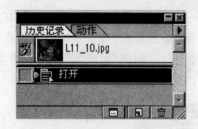

图 2-31　历史记录调板

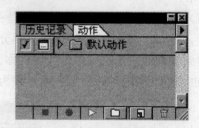

图 2-32　动作调板

5. 状态栏

位于用户界面的最底部，随操作状态不同显示不同的内容。状态栏用于显示图像的状态，文档大小、视图和缩放比例、显示当前所用工具名称及其操作提示。

单击"窗口"菜单中的"隐藏状态栏"命令或单击控制调板右上角的按钮，可以将状态栏隐藏起来。如果想恢复状态栏的显示，只需要在"窗口"菜单中选择"显示状态栏"命令即可。

二、PhotoShop 文件操作

1. 新建图像文件

单击"文件"菜单中的"新建"命令（或按 Ctrl＋N），打开如图 2-33 所示的对话框。在"新建"对话框中，设定文件名、图像的分辨率及模式等。一般图像分辨率可设为每英寸72 线（约 28 像素/厘米），在模式（Mode）项中可以设定色彩模式类型。在"文档背景"项中，设定新建文件的背景颜色。白色即背景颜色为白色；背景色是以色彩控制调板中的背景色作为背景的颜色；透明即无背景色。单击"好"按钮，完成新建操作。

2. 打开图像文件

对于已经保存在磁盘（或光盘）上的图像文件，只要打开它，然后再对图像进行查看、编辑处理等操作。PhotoShop 可以打开几乎所有图像格式文件，如 bmp、gif、eps、jpg、jef、pcd、psd、pdd、pcx、pdf、pct、pic、pxr、png、tif 等。因此，使用PhotoShop时一般不用考虑文件格式的问题，只要是图像文件，一般都可以被 PhotoShop 使用。

在"文件"菜单中单击"打开"命令（或按 Ctrl＋O），出现如图 2-34 所示的对话框。在"搜寻"列表框中找到图像文件所在的文件夹。在文件列表栏中选择需要打开的文件，单击"打开"按钮或双击鼠标左键，即可打开该图片。

图 2-33　选择要显示的文件信息内容

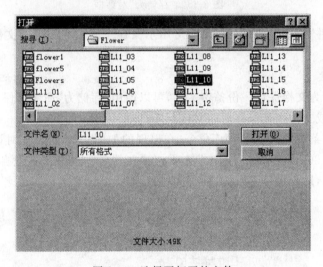

图 2-34　选择要打开的文件

注意　若要限制图片的格式类型,可在"文件类型"列表框中,通过指定扩展名来限制文件的类型。

3. 保存图像文件

在给一个新建文件命名前,PhotoShop 暂时按缺省的文件名加序号给文件命名,如未标题-1、未标题-2 等。

在文件菜单中选择"存储"或"存储为"命令,打开如图 2-35 所示的对话框。在"保存在"列表框中选择保存文件的目录,在"文件名"方框中输入文件名。如果要在不同的驱动器和目录下保存文件,请先设置好驱动器和目录。在"存储为"列表框中选择文件的保存类型,PhotoShop 默认的文件类型为 psd。最后单击"保存"按钮即可保存。

图 2-35 "存储为"对话框

注意 "文件"菜单中的"存储"命令可用于保存当前正在编辑的文件,文件名及其位置保持不变。

4. 备份存盘

用户若需要为文档保存一份备份文件,可以使用"存储为"命令来保存文件,即用不同的文件名、位置或文件格式保存活动文件。

单击"文件"菜单中的"存储为"命令,在出现的如图 2-35 所示的对话框的下方有"存储选项"(见图 2-36),勾选"作为副本"选项,在"文件名"方框中,系统自动为此文件名后加上"拷贝"二字,用户也可以根据自己的需要重新设置文件名和扩展名。设置好后,单击"保存"按钮即可。

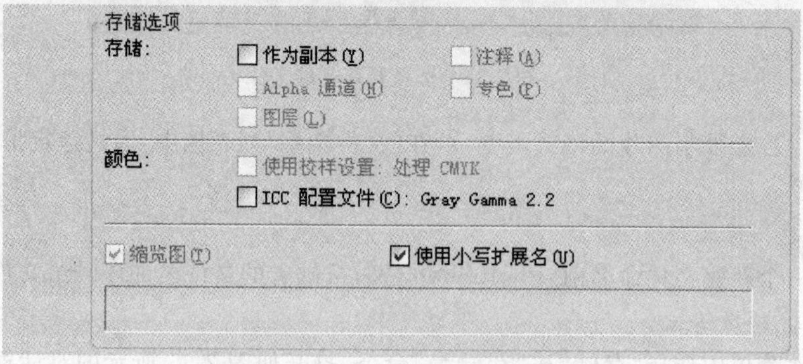

图 2-36 "存储副本"对话框

5. 关闭图像文件

当打开多个图像文件工作时,对于不再使用的图像文件可以将其关闭,以扩大内存工作空间,加快运行速度。

　　单击"文件"菜单中的"关闭"命令或单击图像右上角的 ☒ 按钮,即可关闭文件。

　　注意　如果文件在上一次存盘后作了修改,关闭文件时 PhotoShop 将询问是否存盘。若需存盘,按"是"按钮,否则按"否"按钮。

三、PhotoShop 常用操作

　　若需对已有的图像在大小、清晰度、色彩亮度、对比度、饱和度等方面进行调整,可以通过 PhotoShop 的"图像"菜单及其"调整"子菜单中的许多选项,以及各种"滤镜"来进行调整。下面介绍如何调整图像的大小以及两个使用比较简单的图像色彩和色调的调整命令。

　　1. 使用"历史记录调板"恢复操作

　　利用 PhotoShop 处理图片,是非常精细和复杂的工作。在操作过程中,出现失误也是难免的。因此我们必须学会如何撤销一个操作或回到过去的某一状态。使用"还原"命令虽然简单,但只能取消一系列操作中的最后一步,无法撤销前面的多步操作。

　　PhotoShop 处理图像时,历史记录会把每次操作作为一个状态记录在调板上,"历史记录"调板能够记录最近 20 次操作(这个次数的多少是可以改变的,参见下文介绍的"历史记录选项")。单击历史记录调板中的一个记录,图像就能恢复到这个状态,再从这一状态重新开始工作。如在图 2-37 中选择的是"画笔"这个状态。

　　默认情况下,选择一个状态会使它下面的记录变成不可用的灰色。如果从该状态继续工作,这一状态后面的所有记录就被丢弃。用户如果只想改变某一状态,而不想丢掉以后的记录,只要单击"历史记录"调板的右上端的选项按钮,在弹出的菜单中选择"历史记录选项"命令,弹出如图 2-38 所示的对话框。选中"允许非线性历史记录"选项,单击"好"按钮,返回"历史记录"调板,用鼠标右键单击某一个状态记录,在弹出的快捷菜单中选择"删除"命令,这一状态即被删除,但是不会删除以后的各个状态。

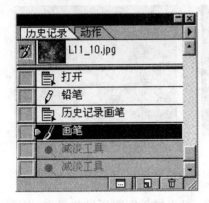
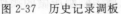
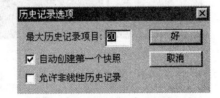

图 2-37　历史记录调板　　　　图 2-38　"历史记录选项"对话框

　　如果觉得某一状态很重要,可以建立这一状态的"快照"。建立新快照的方法是选择某一状态记录,单击"快捷菜单"中的"新快照"命令。以后单击这一快照,就可将这一状态显示出来。

　　2. 使用橡皮擦工具恢复操作

　　橡皮擦除了能用来擦除局部图像以外,还可以用它来局部性地取消前面的操作结果。

双击橡皮擦工具,打开如图 2-39 所示的对话框,选中"抹到历史记录"选项。在"画笔"调板中选择一支软硬、粗细适中的画笔。将光标放在图像中需要撤销操作的地方,按住鼠标左键并来回拖动就可以了,该动作如同使用真的橡皮擦。图像中擦到的地方,以前操作的结果统统被取消,图像被恢复到上次存盘的状态。

 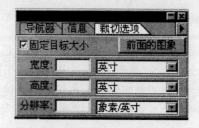

图 2-39　设置橡皮擦选项　　　　　图 2-40　裁切选项调板

3. 裁切图像

裁切图像就是把图像选区以外的图像全部裁掉,裁切的图像选区必须为矩形。请注意,这不同于下面讲述的改变图像的大小的操作。

使用"裁切"工具来裁切图像比较灵活,用户可以事先确定图像的大小,还可以将图像进行旋转,再进行裁切。

在工具箱中双击"裁切"工具██,出现如图 2-40 所示的对话框。选中"固定目标大小"选项以后,可以设置剪切以后图像的宽度、高度及分辨率。单击"前面的图像"按钮,就会显示原图的大小,以供参考。将光标移到图像上,按住鼠标左键不放拖动,出现裁切图像的矩形选区。在选区的周围分布着 8 个句柄,用户可以利用这 8 个句柄,对图像进行缩放、移动和旋转操作。确定了选区的范围和大小之后,单击鼠标右键,弹出一个快捷菜单,选择"裁切"命令。这时,选区以外的区域就会被裁切掉,结果如图 2-41 所示。

裁切前的图像　　　　　　　　　　　裁切后并放大的图像

图 2-41　裁切图像

注意　单击"编辑"菜单中的"还原…"命令,可以撤销刚刚所做的操作,也可以使用快捷键 Ctrl+Z。

4. 调整图像大小

若图像大小不合适,可利用 PhotoShop 对其进行精确的调整。图像文件的大小是由图像的尺寸和图像的分辨率决定的。图像的尺寸越大、分辨率越高,图像文件就越大。分辨率较高的图像每单位区域使用的像素较多。

改变图像文件的大小有两种方式。一是在不改变图像分辨率的前提下,改变图像的尺寸;二是图像尺寸不变,改变图像的分辨率。下面仅介绍常用的第一种方式。

单击"图像"菜单中的"图像大小"命令,打开如图 2-42 所示的对话框。在"打印尺寸"栏中输入图像的"宽度"和"高度"值,也可以在"像素大小"栏中的"宽度"和"高度"方框中输入宽度方向和高度方向的像素数值。选中"约束比例"复选框以后,长宽之比将保持不变。设置完毕,单击"好"按钮,图像尺寸即变为设置后的大小。

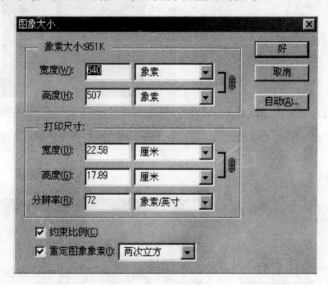

图 2-42　改变图像尺寸

5. 改变画布的尺寸

画布可以理解为图像背后的一块空白布,一般情况下,画布和图像大小是一致的,因而看不到画布。在改变画布尺寸时,新建图像的尺寸可以大于原图像的尺寸,也可以小于原图像的尺寸。如果新建的图像尺寸大于原图,就会在原图的边上露出空白的画布,如果新建的图像小于原图的尺寸,就会将原图剪下一块。

另外,改变画布尺寸和改变图像尺寸是不同的,改变图像尺寸可以改变图像的分辨率,但改变画布尺寸,不改变图像的分辨率。

选择"图像"菜单中"画布大小"命令,打开如图 2-43 所示对话框。在图中,显示着当前画布的大小,用户可以在"新建大小"栏中的"宽度"和"高度"方框内,输入宽度方向和高度方向的像素数值。使用"定位"按钮设置原图像在画布中的位置。假如设置原图在画布中间,增加的画布就会出现在原图四周,并用背景色填充。设置完毕,单击"好"按钮,结果如图 2-44 所示。

6. 改变画布的方向

若要将图像倒置或旋转,可以用改变画布的方向来进行处理。

选择"图像"菜单中的"旋转画布"命令,出现如图 2-45 所示的子菜单。在子菜单中选择一种旋转方式。如果选择"任意角度"命令,会弹出如图 2-46 所示的对话框。输入旋转角度的值,并选择是顺时针旋转,还是逆时针旋转,单击"好"按钮。旋转画布以后,图像可能会有所扩大,这时在原图像周围的空白处会填上背景色,如图 2-47 所示。

注意　选择"水平翻转"命令和"垂直翻转"命令,可以将整个图像水平翻转或垂直翻转,从而形成水平或垂直的镜像效果。

图 2-43　"画布大小"对话框

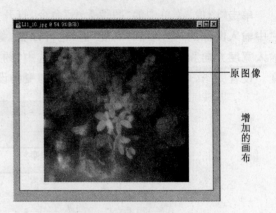

图 2-44　增大了画布高度和宽度

图 2-45　旋转画布子菜单

图 2-46　"旋转画布"对话框

图 2-47　任意角度旋转画布

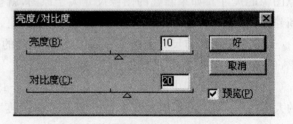

图 2-48　"亮度/对比度"对话框

7. 调整图像的色彩和色调

我们可用 PhotoShop 调整图像在色彩和饱和度上的偏差。

(1) 使用"亮度/对比度"命令。

此命令可以改变图像的亮度和对比度。选择一个需要调整的区域,如果不选择则表示对整个图像进行调整。单击"图像"→"调整"→"亮度/对比度"命令,出现如图2-48所示的对话框。拖动"亮度"和"对比度"滑杆上的滑块,很方便地改变图像的亮度和对比度。

滑块向左是效果减弱，向右是加强效果，也可以直接在对话框右边的文本框中键入数值（-100～+100）。

（2）使用"变化"命令。该命令以图像菜单形式让用户调整图像的高亮度、中色调以及阴影区等不同亮度范围的亮度、色彩和饱和度。

选择一个需要调整的区域，如果不选择则表示对整个图像进行调整。单击"图像"→"调整"→"变化"命令，出现如图 2-49 所示的对话框。在对话框中有暗调、中间色调、高光及饱和度四个可供调整的项目。精细/粗糙滑杆用于控制调整色彩时的幅度，滑块往"精细"端移动，则每次调整时的变化越细微，反之，往"粗糙"端移动，则每次调整时的变化越明显。

对话框下方左边有 7 个缩略图，其中的 6 个缩略图分别用来改变图像的某种颜色，单击其中任意一个缩略图（相当于按钮），均可增加与之相对应的颜色。缩略图下方的文字说明了它的作用。如果要调整图像的亮度，单击对话框下方右边的 3 个缩略图。对话框左上角的两个缩略图分别表示原始图像和调整后的图像，在调整过程中，可以很直观地对比调整前和调整后的图像。调整结束后，单击"好"按钮。

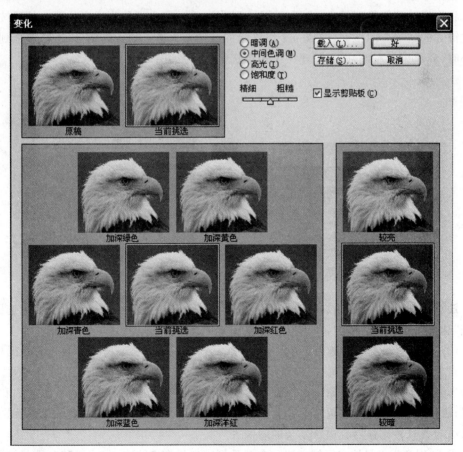

图 2-49 "变化"对话框

注意 如果对调整后的图像不满意，单击左上方"原稿"缩略图，可以恢复为与原图像一样的效果。

四、常用图像编辑操作

图像的合成在制作课件所需的图像过程中是一个最常见的操作,如需要将一幅图像中的某部分或全部进行复制,然后粘贴到另一幅图像中,并调整它们的位置关系和层次关系,这就需要下面介绍的一系列操作。

1. 选区操作

图像处理软件也遵循"先选取,后操作"的原则。熟练掌握选取工具的使用非常重要。

(1)制作一个规则的选区。在 PhotoShop 中,选框工具可以制作规则的选区,它包括矩形选择工具█、椭圆形选择工具○、单行选择工具█、单列选择工具█、裁切工具█。这些工具都有各自对应的调板。前 4 种工具都在"选框选项"调板中,裁切工具比较特殊,它对应着"裁切选项"调板。以制作矩形选区为例,其操作过程如下。

双击工具箱中的"矩形选取"工具图标█,出现如图 2-50 所示的对话框。根据需要设置其相关参数。

将光标移到图像区域中,光标变成"＋"形状,将"＋"光标移到适当位置。然后按住鼠标左键并向适当方向拖动,形成一个以光标的起始点为左上顶点的矩形,当矩形拖到适当大小时,释放鼠标左键,即可创建一个矩形选区,结果如图 2-51 所示。

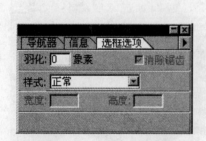

图 2-50　矩形选框选项调板

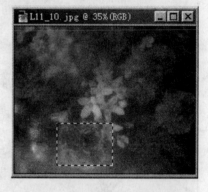

图 2-51　正常选取矩形选区

注意　如果要取消已设置好的选区,将光标放到选区外任意处单击即可取消选区,也可在"选择"菜单中选择"取消选择"命令或按 Ctrl＋D 键。

(2)利用套索类工具选定不规则的区域。若要在图像中选取一个不规则的区域,可用套索类工具来创建任意形状的选择区域。在 PhotoShop 中,套索类工具有套索工具、多边形套索工具和磁性套索工具三种。多边形套索工具可以绘制选区边框的直边和手画线段;磁性套索工具,选区边框会贴紧图像中已定义区域的边缘。磁性套索工具特别适用于边缘与背景对比强烈且边缘复杂的图像。

① 利用套索工具选定区域方法。在工具箱中选择套索工具,将光标移到图像区域中,光标变成套索形状。将套索的绳头移到要选择的区域边界上,按下鼠标左键并沿着边界路径移动光标。当光标移动的路径闭合时,释放鼠标。由于操作误差,开始点和结束点不可能完全重合,但系统会自动将开始和结束的两点用一直线连接起来的,如图 5-52 所示。

注意　多边形套索工具也可以选定不规则区域,它常用来创建要选择的图像边界以直线段为主的复杂图像。

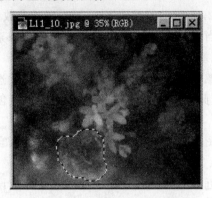

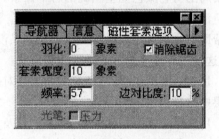

图 2-52　用套索创建不规则选区　　　　　图 2-53　磁性磁索的参数调板

②利用磁性套索工具选定区域方法。在工具箱中双击磁性套索工具,出现如图2-53所示的对话框。图中,套索宽度是指像素探测量度,为 1～40 之间的一个值,磁性套索工具只探测从指针开始指定宽度以内的某对象边缘;频率是指套索以什么速率设置紧固点,频率是 0～100 之间的一个值,较高的值会更快地将选区边框固定在那里;边对比度是指探测时套索对图像中边缘的灵敏度,边对比度是 1%～100% 之间的一个值,较高的值只探测与周围强烈对比的边缘,较低的值探测低对比度的边缘。

将光标移到要选择的图像区域边界上,光标变成形状。在适当的位置单击鼠标左键作为起始点,然后拖动光标沿着要选择的图像边界移动光标,当光标接近起始点时,即将结束点尽量接近起始点,当光标的右下角显示一个小圆圈时单击鼠标,系统会自动将开始点和结束点用一条线段连接起来,形成封闭选区,也可以双击鼠标或直接按回车键,则系统将自动用一条磁性的线段将起点和终点连接起来。如图 2-54 所示。

注意　在套索的运动过程中,如果套索明显地偏离了要选择的图像边缘,此时可以按 delete 键,删除当前的紧固点。按一次 delete 键,可以删除一个紧固点。

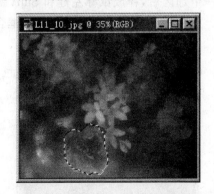

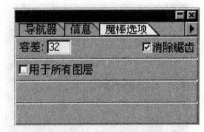

图 2-54　磁性套索设置的选区　　　　　图 2-55　魔棒工具选项调板

(3)利用魔棒工具选取特定的选区。魔棒工具,顾名思义,是它具有魔术般的奇妙作用。它能根据一定的颜色范围来创建选区,所以用魔棒工具可以选取一个色彩一致的区域,不需像套索类工具那样要跟踪对象的轮廓。我们还可以指定魔棒工具选区的色彩范围或容差。要注意的是,魔棒工具不能在位图模式的图像上使用。

双击工具箱中"魔棒工具"图标,显示如图 2-55 所示的对话框,需要设置的参数如下。

容差:此值越大,选择颜色的范围也越大,当容差为 0 时,选取图像中的单个像素及该像素周围与它颜色完全相同的若干像素。当容差值为 255 将选取整个图像。

消除锯齿:即定义一个平滑的边缘。当图像中没有明确的颜色边界时,利用此选项可以帮助用户选出比较平滑的选框。如果没有选此项,则系统完全以设置的颜色值创建选区,这就很容易使选区的边界为锯齿状。

用于所有图层:设置的参数和选区对所有图层都有效,否则,摩棒工具只会从当前的图层中选择颜色。

用光标单击要选择的物体,单击处及其附近颜色值在容差范围内的像素即被设置到选区中。如图 2-56 所示,容差分别设置为 40 和 80 时所选中的范围,高容差可选到大部分,低容差只选到一小部分。

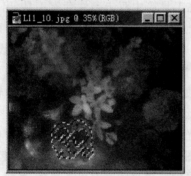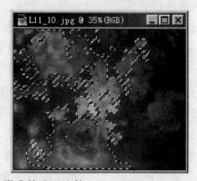

图 2-56　不同容差形成的选区比较

（4）扩展和缩小选区。若想在已制作完成的一个选区上再扩大,可以利用 Shift 键来达到目的。

在图像中先创建一个选区,按住 Shift 键,在工具箱中选择一种选取工具,将光标移到图像,则出现一个带加号的光标。再创建一个选区后,释放鼠标左健和 Shift 键。如果这两个选框是分离的,则两个选框同时存在。如这两个选框相交,则这两个选框合并成一个大选区,如图 2-57 所示。

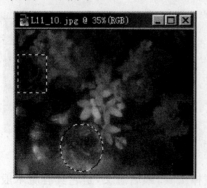

图 2-57　扩大选区的两种情况

注意 扩大选区还可以通过"选择"菜单的"扩大选区"命令来实现,但它只是在原选区基础上的扩大。

按住 Alt 键,结合选框工具可将与原选区中相交的部分删除,从而达到删除多余的部分选区的目的。

(5) 保存选区。建立一个复杂的选区很费时间,如果别的图层要再次用到这个选区,可以把这个选区保存下来,以节省时间。一个图像可以保存多个选区。其方法如下。

在图像中设置好要保存的选区。单击"选择"菜单中"存储选区"命令,出现如图 2-58 所示的对话框。在对话框中选择是否将选区保存在当前图像中、还是保存在另外一个图像中或新建一个图像窗口进行保存,系统默认为当前图像。在对话框中选择是新建一个通道进行保存还是要覆盖原有的通道。如果要保存到新通道,输入新通道名称。单击"好"按钮,即可保存选区。用户可以在通道调板中看到所保存的选区,如图 2-59 所示。

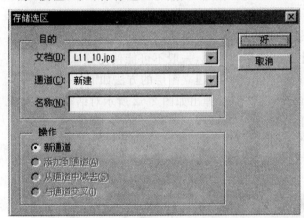

图 2-58 "存储选区对"话框

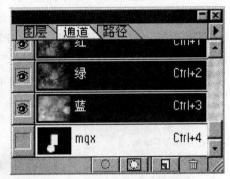

图 2-59 保存了选区的通道调板

(6) 调用保存的选区。选择"选择"菜单中的"载入选区"命令,出现如图 2-60 所示的对话框。键入或单击下拉式列表框选择文件名称与通道名称。选择是新建立选区还是与已设置的选区进行交并。如果想反相调用选区,则选择"反相"。单击"好"按钮,则在目标文档中建立一个存储选区。

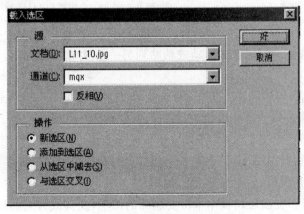

图 2-60 载入选区对话框

注意 所谓反相选择,就是将选区之外的图像变成选区,原来的选区变成非选区。

2. 图层操作

图层是 PhotoShop 软件中极具特色的概念。我们可以将图层理解为透明胶片(如幻灯片),在每一张透明胶片上绘制一幅图像的一部分,然后将多张胶片叠放在一起,就可以观察到整幅图像。图层可以建立、删除,也可以设置它的透明程度或是否可见。可以对每一个图层中的图像内容进行各种绘图、修改、编辑等操作,而丝毫不会影响其他图层中的图像内容,这给复杂图像的编辑提供了极大的方便。

新建一个图像文件时,系统自动为之建立一个背景层,这个图层(背景层)相当于一块画布。如果一个图像有多个图层,则每个图层都具有相同的像素,相同的通道数以及相同的格式等。

利用"图层"菜单,可以对图层进行创建、复制、合并、删除等操作,还可以隐藏或显示单独的图层。

(1)创建新图层。每个图像文件最多可建立 100 个图层,每个图层都可设置与其他图层的合并方式及透明程度,但由于计算机内存的限制,一般不可能使用这么多的图层。包含了图层的图像文件只能保存为 PhotoShop 格式。建立图层的方法如下。

单击"图层"→"新建"→"新图层"命令(图 2-61),弹出如图 2-62 所示对话框。在对话框中设置好参数后,单击"好"按钮即可。

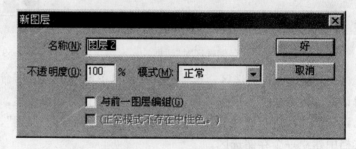

图 2-61 图层菜单   图 2-62 建立"新图层"对话框

注意 按下 Ctrl 键,将光标放在某一图层上,单击鼠标即可设置一个包含有该图层所有图像内容的选区。当把选区拖动或粘贴到另一个文件时,选区会自动地粘贴到一个图层上。

(2)图层复制。可以将图层复制,分别对他们进行处理,可以对比他们不同的效果,或是产生某种特殊效果。其方法如下。

在"图层"调板中单击要复制的图层,使其成为当前层。单击"图层"调板上的按钮,在图层调板菜单中选择"复制图层"命令,打开如图 2-63 所示的对话框。在"为"框内填入新层的名称,或者采用其默认值,单击"好"按钮。

(3)删除图层。在图层调板中单击要删除的图层,使其成为当前层,选择下列操作方法进行删除。

图 2-63 "复制图层"对话框

① 单击"图层"菜单中的"删除图层"命令。

② 单击"图层"调板中的"删除当前图层"按钮,在出现的对话框中单击"是"按钮。

③ 直接将当前层拖放到"删除当前图层"按钮上。

(4) 移动图层。有时需要移动图像的某个层的位置,而不影响到其他层,可进行如下操作。

在"图层"调板中,选择一个要移动的图层。如果要同时移动多个图层,可在"图层"调板上单击其他需要同时移动图层的图层链接标志,当出现链接图标,则将多个图层链接成一个图层组,如图 2-64 所示。在工具箱中选择"移动"工具,将光标移到图像中,按住鼠标,向适当方向拖动。

(5) 设置图层的可见性。我们可以分别编辑图像的某一层,将被编辑图层设为可见的,或将其他的图层隐藏起来。当图层为可见时,在"图层"调板中的左边会出现一个 图标。再次单击此图标,则消失,表明该图层被隐藏。

(6) 链接图层。链接图层的目的是将多个图层链接成一个图层组,这时所作的任何编辑操作将对所有链接到一起的图层起作用。其方法如下。

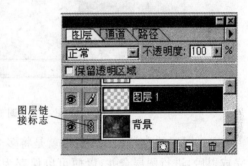

图 2-64 图层调板

在"图层"调板中选择参与链接的第一个图层。在"图层"调板的第二列处,单击要链接的图层,使其出现链接图标。根据需要依次链接其他图层,所有具有图层链接图标的图层和当前图层成为一个图层组。

(7) 将背景图层转化为普通图层。每幅图像都包含有一个背景图层,背景图层一般在新建图像时自动产生,它决定了整个图像的尺寸,因此放在背景层的图像应该是所有图层中尺寸最大的,否则,新增图层的图像内容就会被剪裁掉。

背景图层不可以进行普通图层的常规操作。如果需要,用户可将背景图层转化为普通图层,以便在"图层"调板中改变它的位置或改变混合模式或透明程度,也可以给没有背景的图像增加图层。

双击"图层"调板的"背景图层",出现如图 2-65 所示的对话框。输入新建图层名称,单击"好"按钮,即可将背景图层转换为新图层。

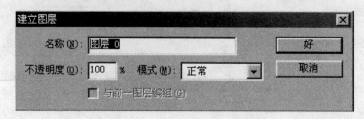

图 2-65 "建立图层"对话框

注意   单击"图层"→"新建图层"→"背景"选项,可新建一个背景层。

(8)调整图层的排列顺序。调整图层的排列顺序就是改变各图层在图像中的叠放次序。但不可调节背景层排列顺序,它永远在图像的最底层。

在"图层"调板中,选择要改变排列顺序的图层。按住鼠标不放,将其拖到其他层的上方或下方释放鼠标,层的关系即被改变,见图 2-66 所示。

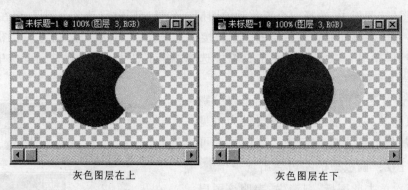

图 2-66 调整图层的排列顺序

(9)图层的合并。合并图层就是将多个图层合并成一个图层。通常在图像处理工作完成以后,进行图层合并,以便可以保存为压缩的图像文件格式,如 jpg 等。这样做一方面可以减小图像的磁盘占用空间,另一方面加快调用该图片文件速度,以减少等待时间。其方法如下。

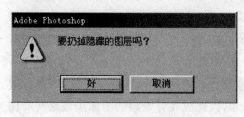

图 2-67 合并图层

将所有图层设定为可见的,因为合并所有图层的操作将删除所有不可见的图层。选择"图层"菜单或"图层调板菜单"中"拼合图层"命令。如果图像中有"隐藏图层",则出现如图 2-67 所示的警告对话框。单击"好"按钮,就会在图层调板中发现,所有的图层合并为一个不包括隐藏层的背景层。

注意   如果只想合并可见的图层(不合并隐藏的图层),可以打开"图层"菜单或"图层调板"的菜单,单击其中的"合并可见层"命令。

3. 路径操作

（1）路径的概念和作用。路径是由用户使用路径工具在图像上绘制的，它可能是一个点、一条直线或是一条曲线，大多数情况下是由许多直线或曲线组成的。路径可以修改、保存，并且一个图像可以有多个路径。路径的作用如下。

制作选区。对于比较复杂的选区，使用其他选取工具都比较困难，使用路径可以比较简单地将选区轮廓描绘出来，然后再将路径所包围的区域变成一个选区。

工作路径。用户可以使用某种工具，沿"路径"来对图像进行修改、处理等操作，这种方法更加准确和快捷。

填色和描边。使用路径可以很容易地在路径所包围的区域内填上所需要的颜色或图案。也可以使用路径描绘物体轮廓。

（2）路径的构成。路径就是由贝塞尔曲线构成的线条或图形。贝塞尔曲线是由 3 点的组合定义的，其中一个点在曲线上，另外 2 个点在控制手柄上，拖动这 3 个点可以改变曲线弧度和方向。如图 2-68 所示。

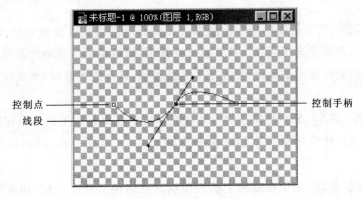

图 2-68　贝塞尔曲线

平滑点是一个线段与另一个线段以弧线方式连接的控制点，当移动平滑点的一条方向线时，该点两侧的曲线段会同时调整。要使一个点变为平滑点，只要按住 Alt 键，单击并拖动该点即可使该点变为带两个控制手柄的平滑点。

角点是一个路径中两条线段的交点，按住 Alt 键，同时拖动控制手柄的一端，则只调整与控制柄同一侧的曲线，并使控制点变为角点，如图 2-69 所示。

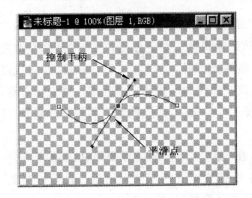
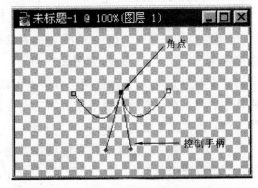

图 2-69　平滑点和角点

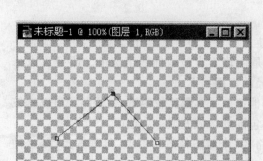

图 2-70　拐点

按住 Alt 键，单击平滑点或角点，可把平滑点或角点转换成拐点，如图 2-70 所示。拐点使两边的曲线以直线段方式相连。再次按住 Alt 键，单击并拖动拐点，又可将拐点变为带独立手柄的平滑点。

（3）路径制作工具。路径制作工具总共有以下 7 种。

钢笔工具：用于绘制路径。在绘图区每单击鼠标一次，即可产生一锚点（也称控制点），松开鼠标，在另外一点再单击鼠标一次，又产生一个锚点，PhotoShop 自动将两个点用直线连起来。使用这一个工具，可以产生多个锚点和多条线段，这些锚点和线段就构成了路径。

磁性钢笔：用于绘制路径。绘制方法和前面所讲的磁性套索相似，所不同的是它创建的是路径，而不是选择区域。从某些方面来说，磁性钢笔工具的功能要比磁性套索强一些，因为使用磁性套索工具，一旦完成了选择操作，就不能再修改，而磁性钢笔工具可以反复修改。

自由钢笔工具：是一种以手绘方式在图像中创建路径的工具。当在图像中创建一个锚点后，就可以任意用鼠标来创建极不规则的路径，释放鼠标，路径的创建过程就完成了。

增加锚点工具：用于在路径上插入锚点。在路径上单击鼠标，即可在路径上增加一个锚点。

删除锚点工具：在路径上的锚点处再次单击，即可将其从路径上删除。

箭头工具：用于对路径进行调整、编辑。将光标放在路径上，拖动鼠标移动，可将许多线条移到另一位置；拖动控制手柄，可改变与之相连的两条线的位置。

角路径工具：单击或拖动角点可将它转换成拐点或平滑点，拖动点上的控制手柄可以改变线段的弧度。

（4）创建一个正弦路径。在工具箱中选择钢笔工具，将光标移到图像中，单击鼠标左键，确定路径的开始点。按住 Shift 键向右移动光标到第二个定位点位置，按鼠标左键并拖拽鼠标，绘制出一段曲线，如图 2-71 所示。拖拽光标时，会产生一个方向线，方向线两端的定位点为方向点，拖拽这两个方向点可以改变曲线的形状和平滑程度。将光标右移，使其与上两点在一直线上成等距的第三点位置上单击鼠标，拖拽控制手柄调整好路径，使其大致如正弦函数图像。如图 2-72 所示。

（5）填充路径。设置好前景色或背景色，在"路径"调板中选择要填充的路径，选择"路径"调板选项菜单中"填充子路径"命令，打开如图 2-73 所示的对话框。设置好参数，单击"好"按钮，再按 Ctrl＋Shift＋H 组合键，将路径隐藏，如图 2-74 所示。

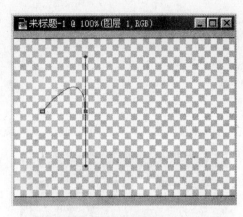

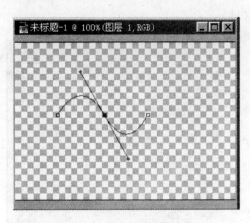

图 2-71 创建正弦路径(一)　　　　　　图 2-72 创建正弦路径(二)

注意 单击"路径"调板中的按钮 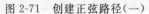 ，也可对当前路径所选范围用前景色立即进行填充。

(6) 沿路径勾边。单击"路径"调板中的 ⬭ 按钮，系统将对路径进行勾划。如果按住 Alt 键再单击它，将调出如图 2-75 所示的对话框。单击对话框中的下拉列表框，其中共有 13 种工具可供选择用来勾画路径。

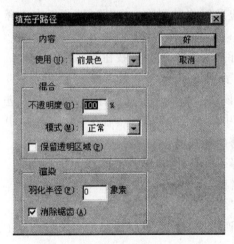

图 2-73 "填充子路径"对话框

图 2-74 填充路径例

(7) 从路径建立一个选区。路径的一个最重要的功能就是将其转换为选区,因此利用路径可以制作出许多形状很复杂的选区来。

在"路径"调板中选择已制作好的路径,在"路径"调板选项菜单中选择"建立选区"命令,

图 2-75 "描边子路径"对话框

打开如图 2-76 所示的对话框。在对话框中设置好参数,单击"好"按钮,图像中原路径的位置出现一个选区。

注意 单击"路径"调板上的 ⬭ 按钮,将把当前路径所选的范围转换成为选择

区域。

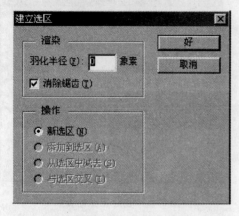

图 2-76 "建立选区"对话框　　　　　图 2-77 "建立工作路径"对话框

（8）从选区建立一个路径。单击"路径"调板中的 ![按钮] 按钮，该工具将把当前的选择"区域"转换成"路径"。按住 Alt 键，则可调出如图 2-77 所示的对话框，该对话框只有一个"容差"选项，这是一个误差设置项，用于设定当选择区域转换成路径时的允许误差范围。

（9）删除路径。对于图像中没有用的路径，应及时将其删除。在"路径"调板中选择要删除的路径，选择下列操作方法进行删除。

① 按住鼠标，将选定的路径拖拽到路径调板底部的"删除路径"按钮上。

② 在"路径"调板选项菜单中选择"删除路径"命令。

（10）路径的关闭和打开。建好一个路径后，该路径始终出现在图像中，当对图像进行某些编辑处理时，将影响到路径。例如，在图像中设置一个选区，然后在"编辑"菜单中选择"剪切"命令，将会删除路径，因此，最好事先将路径关闭。

在"路径"调板中选择要关闭的路径名称，选择下列操作方法进行关闭。

① 按住 Shift 键，单击"路径"调板中的路径名称。

② 在"路径"调板选项菜单中选择"关闭路径"命令。

在关闭路径后，图像将不再显示路径，"路径"调板中该路径也将由蓝色变成白色。在"路径"调板中单击已关闭的路径即可显示该路径。

注意　关闭路径后，用户将不能使用路径来编辑图像，如填充和描边等。

4. 通道操作

（1）通道简介。通道（channel）是独立的原色平面，例如在 RGB 模式中，就包含 3 种通道，即红色通道、绿色通道和蓝色通道；CMYK 模式中将包含 4 种通道，即青色通道、洋红色通道、黄色通道、黑色通道。为了理解上的方便，可以把通道看成存储色彩信息的特殊的层。

如图 2-78 所示的是打开 PhotoShop 自带的 Guitar.psd 图像文件后，显示的通道控制调板。此时图像的色彩模式为 RGB 模式，因此在通道控制调板中就显示出了 4 个通道，严格地说还是 3 个通道，而最上面的 RGB 通道只是起综合作用，并不是一个单独的通道。如果图像的色彩模式是 CMYK 模式的，则通道控制调板中就会显示出相应的 CMYK 通道。想看一下单色通道中显示的图像是什么样的，可单击红通道旁边的眼睛，则关闭红通道，用同样方法关闭 RGB 通道、关闭绿通道。此时这幅图像就只能通过蓝通道显示出来了。

利用通道可以创作出一些特殊的效果，此处的通道就不再局限于系统的原色通道了。在 PhotoShop 中还有一种通道——Alpha 通道，在进行图像编辑时，单独创建的新通道都称之为 Alpha 通道。可以利用 Alpha 通道来产生渐隐的

图 2-78　Guitar.psd 图像文件的通道调板

效果，也可以用于创建有阴影的文字，三维效果的图像等。

PhotoShop 在两种情况下使用通道：一是分别存储图像的色彩信息；二是保存一个选区。当打开一个图像时，色彩信息通道就自动根据其图像类型创建好了。例如，对于 RGB 模式的图像，系统将自动建立 R 通道、G 通道、B 通道和 RGB 通道，其中 RGB 通道是一个混合通道，它保存并显示所有颜色的信息。

（2）利用通道处理图像的实例。下面通过一个实例来体会一下通道的含义和应用。试做一幅高耸入云的吉他图像，其效果主要在于使用通道做吉他顶端的渐隐效果。

首先在 PhotoShop 中打开背景图 Bigsky.tif 文件和吉他图片 Guitar.psd 文件。在 Guitar.psd 图像中用魔棒工具（先选背景，然后再反选）或磁性套索工具（在其控制调板中设定套索宽度为 3，频率项为 60，边对比度为 80%）选取吉他。

在完成了选取后，打开"编辑"菜单中的"拷贝"命令将选中的区域进行拷贝。激活 Bigsky.tif 图片，将拷贝的吉他粘贴到背景图片中，系统将自动创建一个新图层用于存放粘贴的吉他，如图 2-79 所示。可以使用移动工具将这个吉他拖动到图上合适的位置处。

图 2-79　粘贴后的图像

图 2-80　"载入选区"对话框

单击"选择"菜单中的"载入选区"命令，出现如图 2-80 所示的对话框。单击"好"按钮，将原先放置吉他的选区载入。若要改变吉他的大小和形状，应打开"编辑"菜单中的"自由变换"命令进行所需变换，调整后的大小和位置如图 2-81 所示。

图 2-81　自由变换

图 2-82　"存储选区"对话框

　　选择"选择"菜单中的"存储选区"命令,出现如图 2-82 所示的对话框。单击"好"按钮,系统将自动创建一个新的存放吉他图形的 Alpha 通道,新通道的缺省名称为 Alpha 1 通道,当然可以将其改名。

　　使用鼠标在"通道"调板中选择 Alpha 1 通道,此时图像效果如图 2-83 所示。选择渐变工具,在渐变工具调板中设定不透明度为 80％,渐变项为前景色到背景色,正常模式,利用渐变工具在吉他图像上制作出渐隐的效果。由吉他的顶端向下画出如图 2-84 所示的渐变区域来,颜色越黑的地方透明度越高;颜色越浅的地方越不透明。

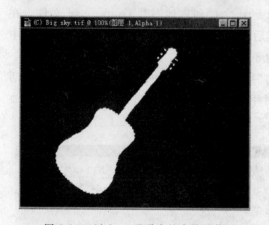

图 2-83　Alpha 1 通道内的吉他图像

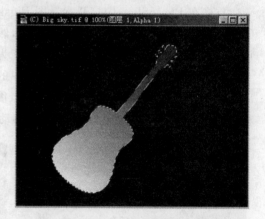

图 2-84　对 Alpha 1 通道内的吉他应用渐变

　　在"通道"调板中单击 RGB 通道回到 RGB 模式,此时图像又将显示成彩色,单击"选择"菜单中的"载入选区"命令,出现如图 2-85 所示的对话框。在调出的对话框中设定调入的通道为"Alpha 1"通道,单击"好"按钮。调入 Alpha 1 通道后,将在吉他上显示新的选择区域。

　　单击"编辑"菜单中的"拷贝"命令,将选择的区域进行拷贝。再次单击"编辑"菜单中的"粘贴"命令将拷贝的图像再次粘贴回图像中,系统将自动创建一个新图层来存放粘贴的图像,默认名称为"Layer 2"。在层控制调板中将 Layer 1 层删除,就可以看到吉他的渐隐效果了,结果如图 2-86 所示。

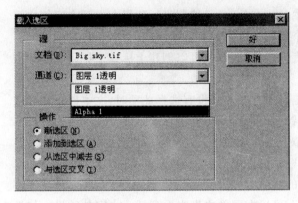

图 2-85　选择载入的对象是 Alpha 1 通道　　　　图 2-86　结果图像

5. 文字操作

在图像上加上文字,也是制作课件中常用的操作。PhotoShop 中文版的工具箱中有 4 个"文字"工具 T T T T ,利用它们可以在图像中添加文字或设置文字模式。

在默认的情况下,以前景色作为添加文字的颜色。文字被添加到图像中以后,就被当成是图像的一部分(实际上新建了一个文字层)来对待,可以像处理图像一样处理文字,当对文字应用了层效果后,就不能再用文字处理的方法来处理文字了。

(1) 添加文字。在工具箱中选择"文字"工具 T 。将光标放在图像中要插入文字的位置,光标变成"I"形时,单击鼠标左键,出现如图 2-87 所示的对话框。根据需要,设置文字的有关参数。

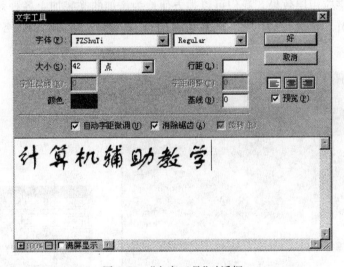

图 2-87　"文字工具"对话框

字体:选择安装在 Windows 系统中的字体。

大小:定义文字的大小,以像素或点为单位,缺省为点。

行距:即行间距,指相邻两行文字之间的距离。

字距微调和字距调整:用于控制字间距,正值使字符远离,负值使字符紧排。"字距微调"只有在"自动字距微调"选项没有选中时才有效,且只控制光标位置左右两个字符之间的字间距;"字距调整"选项可以控制两个或两个以上的字符的字间距。

基线:用于控制文本在当前行的垂直位置,用此选项可以创建上标或下标。

消除锯齿:使文字的边缘更光滑。

旋转:此选项只对垂直排列的文本工具才有效。当没有选择此项时,文本以正常方式垂直排列;当选中此项时,则文本以顺时针90°的方向排列文本。

颜色:单击颜色框,可打开"拾色器"对话框,从中可设定文本的颜色。

满屏显示:选中此项后,可使此对话框中的文本内容以最适合的显示比例显示在文本输入框中;不选中此选项,则用用户设定的比例来显示输入的文字。

在上述对话框中,如果选择了"预览",可以在图像中事先看到插入文字的效果。如果觉得效果不好的话,还可以修改。如果对效果满意,单击"好"按钮。这时文字就被插入到图像中。

在工具箱中,选用移动工具,把光标移动到文字上,当光标变成形时,按住鼠标左键,拖动文字到图像中合适的位置,结果如图2-88所示。

(2)文字修改。如果已输入的文本内容有错误,或者对文本格式不满意,可以用下面的方法进行修改和编辑。

将光标放在"图层"调板的文本层的名称上,如图2-89所示,双击鼠标左键,屏幕上出现"文字工具"对话框。在文字框中选定文字,然后根据需要重新设置字体、大小、行距等参数。设置好后,单击"好"按钮即可。

(3)对文字应用层效果。我们可以很方便地为添加的文字加上各种效果,如阴影、发光、浮雕等,制作出满意的美术字。需要说明的是,层效果也可以对其他各种层起作用,操作方法都相同。

图2-88 在图像中添加文字

图2-89 光标放置的位置

将光标放在"图层"调板"文字"图层的"T"符号上激活文字,打开"图层"菜单,选择"效果"菜单下的命令(如"斜面和浮雕",同组的其他命令也可以),出现如图2-90所示的对话框。此时还可从"应用"下拉列表框中选择其他效果,设置并调整参数,选中"预览"复选框可以立即预览其效果。设置完成后,单击"好"按钮,形成的效果如图 2-91 所示。

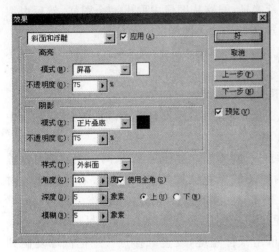

图 2-90 "效果"对话框   图 2-91 对文字应用层效果实例

注意 添加的文字放置在一个专门的"文字"图层中,在该图层中很多工具和命令都不能使用,如滤镜。此时可将光标放在"图层"调板"文字"图层的"T"符号上,单击右键,从快捷菜单中选择"转换图层"命令,即可将"文字"图层换成普通图层。

五、图像基本编辑

1. 图像的复制

复制图像就是将整个图像或图像中的一部分复制到剪贴板上,再用粘贴的办法,将剪贴板中的图像粘贴到图像的其他部分或另一幅图像中。

(1)使用菜单命令。选定要复制的图像,或用选取工具选取图像中的一部分。单击"编辑"菜单中的"拷贝"命令,这时选定的图像就会被复制到剪贴板。单击"编辑"菜单中的"粘贴"命令,这时 PhotoShop 会自动新建一个图层,并把剪贴板上的图像粘贴到这个新的图层上,结果如图 2-92 所示。

图 2-92 复制的图像   图 2-93 复制到另一幅图像中

若要复制所有图层中的图像,应单击"编辑"菜单中的"合并拷贝"命令。打开另一幅图像,使之处于活动状态,可以将复制的图像粘贴到另一幅图像中,结果如图 2-93 所示。

(2) 使用橡皮图章工具。使用橡皮图章工具,能够从图像中取出一个图样,然后以取来的这个图样为样本,印制到其他图像中,或印制到同一图像的其他位置。

在工具箱中选取一种橡皮图章,如 。在其选项调板中设置必要的参数,也可以不加设置,而使用默认值。各参数含义如下。

不透明度:设置橡皮图章使用颜色的不透明程度。

用于所有图层:指取样时,从所有可见图层中取样;如果没有选择,则只从当前图层中取样。

对齐的:在将一幅图像中的图案复制到另一幅图像的过程中,如果两幅图的相对位置被改变,可以通过设置"对齐的"方式,使两幅图的相对位置不变。下次接着再操作的时候,就像位置未变动一样,接下来画出的图案和以前画的图案联成一个整体。

在"画笔"调板中,选择某一规格的画笔。将光标放置在图像中,光标呈 形,移到某处,例如图 2-94 中的汽球上,按住 Alt 键,单击鼠标左键,设置取样点。想把汽球复制到哪儿,就将光标移到哪儿。例如汽球的左边。按住鼠标左键,这时取样点有一个"十"字形光标,新的位置有一个图章形的光标。在新的位置来回反复移动光标,结果在原来汽球的左边又画出一个同样的汽球。请注意,图像中的"十"字形光标和橡皮图案图章的位置相对应,如图 2-95 所示。

如果需要,可以同时打开两幅图像,并将其并列在屏幕上,用上面介绍的方法也可以将其复制到另外一幅图像中,结果如图 2-96 所示。

(3) 使用图案图章工具。图案图章工具可定义图像中的一部分作为图案,然后把这部分图案复制到用选框工具选定的选区中,具体操作如下。

图 2-94 设置取样点　　　　　图 2-95 用橡皮图章复制图像

选取工具箱中的矩形选框工具 ,选取图像中的图案,如图 2-97 所示选取的是一心形图形。单击"编辑"菜单中的"定义图案"命令,将选区中的图像定义为一个图案。打开另一幅图像,再次选用矩形选框工具,在需复制图案的新图像中画出一个方框。如果不设定一个区域,将在整幅图像中复制图案。

在"画笔"调板中选择一种规格的画笔。选取工具箱中的图案图章工具 。将光标

图 2-96　用橡皮图章把图像复制到另一图像中

放在新图像的选定区域,即方框中,光标呈 🖾 形,按住鼠标左键,在方框内来回移动,被定义的图案就被复制到新图中了,如图 2-98 所示。

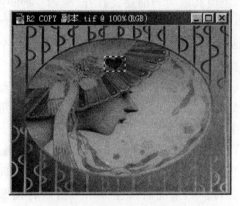

图 2-97　选择图案(心形)

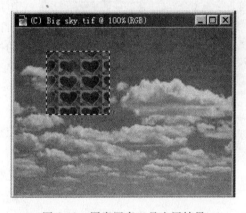

图 2-98　图案图章工具应用结果

注意　定义了图案以后,也可以执行"编辑"菜单下的"填充"命令,在出现的"填充"对话框中,选择"图案"也可实现对选区内全部图案的填充。

2. 图像的移动

(1) 使用工具箱中的移动工具。用选框工具选取将要被移动的图像,在工具箱中选取"移动"工具 🔀。将光标移动到选取的图像上,光标变成箭头加剪刀的形状。按住鼠标左键不放,并拖动鼠标,被选取的图像也将随之移动,拖到合适的位置后,松开鼠标即可,图像移走后,留下的空白由背景色填上,如图 2-99 所示。

注意　选取被移动的图像后,第一次使用移动工具时就按住 Ctrl 键,选区内的图像将被复制到新的位置,而不是剪切移动到新的位置。

(2) 使用菜单命令。用选框工具选取图像中要移动的部分,选择"编辑"菜单的"剪切"命令,将图像中的这部分剪切下来放在剪贴板上。选择"编辑"菜单的"粘贴"命令,PhotoShop 会将剪切下来的选区作为一个新图层粘贴到图像的另一部分,在图层调板中可以看到新增加了一个图层。用移动工具拖着图层移动,将刚刚粘贴的内容移动到适当的位置。

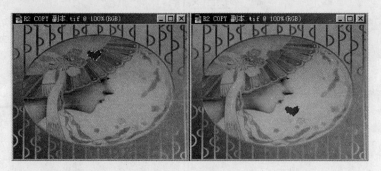

图 2-99　移动图像实例

3. 图像的变换

对于粘贴过来的或选取的图像,如果其位置或大小不合适的话,则需要进一步调整,PhotoShop 提供了丰富的调整工具来完成这些操作。

图 2-100　变形的图像出现控制框

选取要变换的部分图像,如果是粘贴过来的图像,需使其成为当前层。打开"编辑"菜单中的"自由变换"命令,选区边框会出现带 8 个控制点的控制框,如图 2-100 所示。可选择下列一个或多个操作变换图像。

(1) 缩放图像。将光标放在控制点上拖动光标。如果按住 Shift 键同时将光标放在 4 个角的控点上拖动,则将等比例地改变图像的大小。

(2) 旋转图像。将光标放在选区的外侧,使光标呈形。按住光标移动,选区中的图像即可随之旋转。如果同时按住 Shift 键,则将按照间隔 15°旋转所选图像,如图 2-101 所示。

(3) 拉伸图像。先按住 Ctrl 键,将光标放在控制点上,按住鼠标左键,将其拖到适当位置即可,如图 2-102 所示。

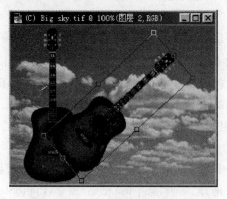

图 2-101　旋转图像

图 2-102　拉伸图像

（4）对称变形图像。先按住 Alt 键，将光标放在控制点上，按住鼠标左键，将其拖到适当位置即可。

（5）倾斜变形图像。先按住 Ctrl＋Shift 键，将光标放在中间控制点上，按住鼠标左键上下或左右施动至适当位置即可。

（6）透视变形图像。按住 Ctrl＋Alt＋Shift 键，将光标放在 4 个角的控制点上，按住鼠标左键拖到适当位置即可。

调整满意以后，在控制框内双击，确认调整效果，同时控制框消失；否则在控制框外单击，在出现的对话框中单击"否"按钮，取消调整效果。

▶▶▶ 第七节　图形、艺术字、公式、结构图制作

一、绘制图形

Office 2000 中提供的"绘图"工具栏，可以让用户在文档中绘制各种图形。"绘图"工具栏的"自选图形"菜单中提供了许多能够任意改变形状的自选图形，可以重新调整图形的大小，也可以对其进行旋转、翻转、添加颜色，并与其他图形组合为更复杂的图形。

1. 插入基本图形

在"常用"工具栏中单击"绘图"图标按钮，使"绘图"工具栏处于显示状态，如图2-103所示。工具栏中的工具及其说明如表 2-1 所示。

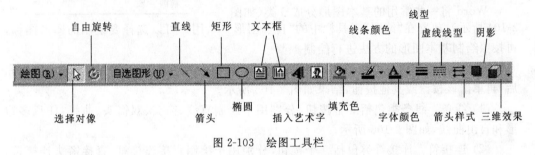

图 2-103　绘图工具栏

表 2-1　"绘图"工具栏的按钮及其说明

按　钮	名　　称	说　　明
绘图	绘图	由组合与取消组合、发改叠放次序、对齐与分布、旋转或翻转等命令组成
▸	选择对象	将指针改为选定箭头，以便激活活动文档中的对象
⟳	自由旋转	将所选对象旋转任意角度
自选图形	自选图形	插入线条、基本形状、箭头、流程图、星与旗帜以及标注等自选图形
＼	绘制直线	在文档中绘制直线
↘	绘制箭头	在文档中绘制带箭头的直线
□	绘制矩形	在文档中绘制矩形
○	绘制椭圆	在文档中绘制椭圆形
🗎	横排文本框	在文档中绘制文本框，用于对图片或图形添加文字（如题注和标注）

续表

按钮	名称	说明
	竖排文本框	在文档中绘制文本框,并使文本框中的文字竖排
	插入艺术字	在文档中插入艺术字
	填充色	对选定的封闭区域填充指定颜色
	线条颜色	将选定的线条的颜色设为选定的颜色
	字体颜色	将所选定文字的字体颜色设为选定的颜色
	线型更改	选定对象的线型和线宽
	虚线线型	更改所选图形或边框的虚线或虚点线类型
	箭头样式	更改所选线条的箭头形状
	阴影	更改所选对象的阴影效果
	三维效果	更改所选对象的三维效果

绘制直线、箭头、矩形、椭圆。拖动鼠标,在起始点和当前鼠标光标位置之间出现一个大小变化的图形,在适当位置处放开鼠标,绘出图形。若绘制图形对象时按住 Shift,可以画出如表 2-2 所示的图形。若按住 Ctrl 键,可以绘制以被击点为中心的图形。

表 2-2 按住 Shift 键画出图形

工具	按 Shift 键画出的图形
直线	45 斜线或水平、垂直线
矩形	正方形
箭头	45 斜线或水平、垂直线
椭圆	圆

2. 插入自选图形

Word 将一些常用的基本图形分成 6 类(如图 2-104 所示),放置在"绘图"工具栏中的"自选图形"中,用户可以选择要绘制的图形图标,再按照绘制基本图形的方法进行绘制。

如果要连续使用一种绘图工具,可在"绘图"工具栏中双击该工具图标按钮,使用完后,再单击该按钮或其他按钮,结果如图 2-105 所示。

(1)线条。线条类包括 6 个按钮,分别用于绘制直线、箭头、双箭头、曲线、任意多边形和自由曲线,如图 2-106 所示。

(2)连接符。连接符类包括 9 个按钮,分别用于绘制直接连接符、直接箭头连接符、直接双箭头连接符、肘形连接符、肘形箭头连接符、肘形双箭头连接符、曲线连接符、曲线箭头连接符和曲线双箭头连接符,如图2-107所示。

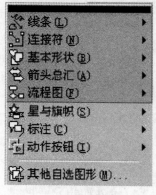

图 2-104 自选图形

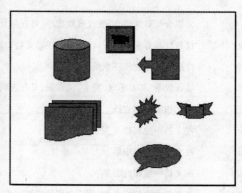

图 2-105 插入自选图形例

图 2-106 线条类

（3）基本形状。基本形状类包括 32 个基本图形的绘制按钮，如图 2-108 所示。这 32 个基本图形是矩形、平行四边形、梯形、菱形、圆角矩形、八边行、等腰三角形、右三角形、椭圆、六边形、十字形、正五边形、圆柱形、立方体、棱台、折角形、笑脸、同心圆、禁止符号、空心弧、心形、闪电形、太阳形、新月形、弧形、双括号、双大括号、缺角矩形、左小括号、右小括号、左大括号、右大括号。

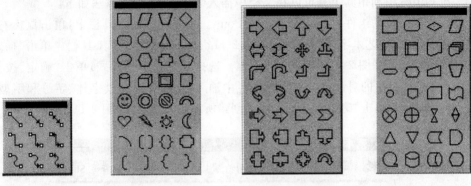

图 2-107 连接符类　　图 2-108 基本形状　　图 2-109 箭头总汇　　图 2-110 流程图

（4）箭头总汇。箭头总汇中提供了多达 28 种形状的箭头，如图 2-109 所示。这些箭头分别是右箭头、左箭头、上箭头、下箭头、左右箭头、上下箭头、十字箭头、丁字箭头、圆角右箭头、手杖箭头、直角双向箭头、直角上箭头、左弧形箭头、右弧形箭头、上弧形箭头、下弧形箭头、虚尾箭头、燕尾形箭头、五边形、燕尾形、右箭头标注、左箭头标注、上箭头标注、下箭头标注、左右箭头标注、上下箭头标注、上下十字箭头标注、环形箭头。

（5）流程图。流程图中提供了绘制流程图和方框图的各种功能模块，如图 2-110 所示。他们分别是过程、可选过程、决策、数据、预定义过程、内部存储、文档、多文档、终止、准备、手动输入、手动操作、联系、离页连接符、卡片、资料带、汇总连接、或者、对照、排序、摘录、合并、库存数据、延期、顺序访问存储器、磁盘、直接访问存储器、显示等模块。

（6）星和旗帜。星和旗帜中提供了爆炸形（1）、爆炸形（2）、十字星、五角星、八角星、16 角星、24 角星、32 角星 8 种星形，4 种凸带形和竖卷形、横卷形、波形、双波形共 8 种旗帜形状，如图 2-111 所示。

（7）标注。标注类中包括 20 种形状的标注图形，用于给图形标注文字，这些形状分为非线形标注和线形标注两大类。其中线形标注是指带引出线的标注，它又可分为有边框、无边框、带强调线的、带边框和强调线的 4 类。如图 2-112 所示。

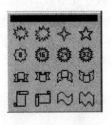 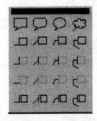 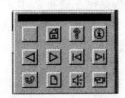

图 2-111 星和旗　　　　图 2-112 标注　　　　图 2-113 动作按钮

（8）动作按钮。动作按钮类包括 12 个按钮，如图 2-113 所示，分别是用于绘制自定义、第一张、帮助、信息、后退或前一项、前进或下一项、开始、结束、上一张、文档、声音和影片等按钮。

二、制作艺术字

1. 制作艺术字的方法

在 Office 中利用其工具可以在文档中插入装饰性的文字,方法如下。

打开 Office 的组件,如 Word、PowerPoint。把光标放在工具栏上,单击鼠标右键,从快捷菜单中选择"艺术字"命令,出现如图 2-114 所示的"艺术字"工具栏。单击"插入艺术字"按钮▲,打开如图 2-115 所示的对话框。选择其中的一种样式,单击"确定"按钮。出现如图 2-116 所示的对话框。在"文字"栏中输入内容,并设置其字体、字号和字型等,如图 2-117 所示。单击"确定"按钮后,即可创建所需的艺术字,如图 2-118 所示。

图 2-114 "艺术字"工具栏

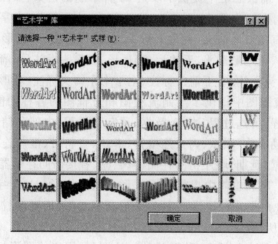

图 2-115 "艺术字库"对话框

2. 艺术字的应用

创建完毕的艺术字体就是一个图形对象,它可以像图形一样缩放、移动。将光标放在艺术字上,按鼠标左键将艺术字拖曳到文档中的任意位置;光标放在其周围控制点上拖曳,可以缩小或放大艺术字;将光标放在选定的艺术字外任意一处,单击鼠标,可以取消对艺术字的选定。

三、艺术字的编辑和设置

1. 艺术字的编辑

单击"视图"菜单中的"工具"命令,出现如图 2-114 所示的对话框。双击要编辑

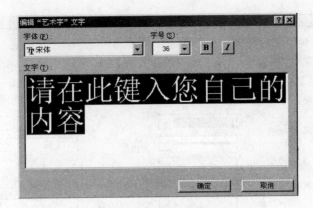

图 2-116　"编辑艺术字"对话框

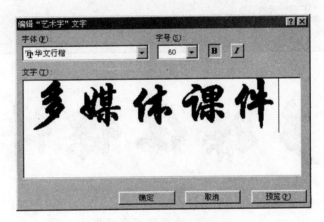

图 2-117　输入艺术字内容

图 2-118　创建艺术字实例

的艺术字或单击"编辑文字"按钮,打开"编辑'艺术字'文字"对话框(见图 2-116)。根据需要,重新输入需要的文字,并设置其字体、字号和字型等,然后单击"确定"按钮即可。

　　2. 修改艺术字格式

　　艺术字的格式包括艺术字的填充颜色、对像、位置和文字环绕方式,我们可以根据需要对艺术字的格式作任意修改。

　　选定要修改格式的艺术字,在"艺术字"工具栏中单击"设置艺术字格式"按钮,出现如图 2-119 所示"设置艺术字格式"对话框。根据需要,设置好艺术字的各种格式后,单击"确定"按钮即可,结果如图 2-120 所示。

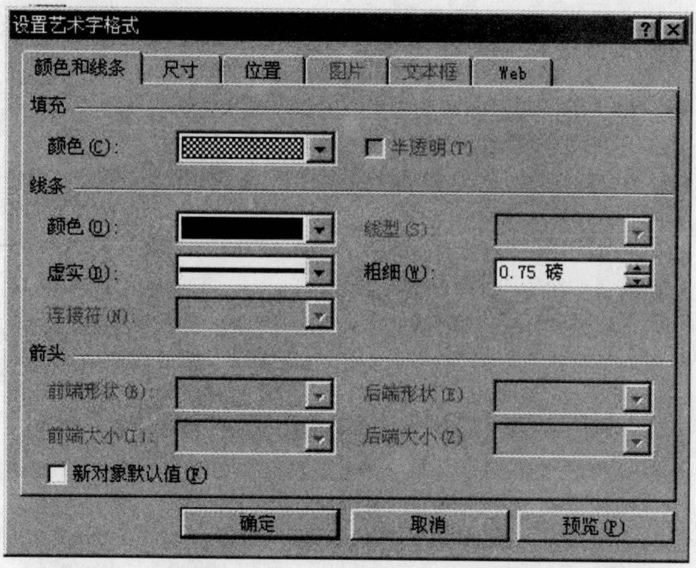

图 2-119 "设置艺术字格式"对话框

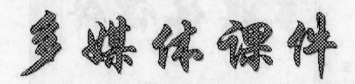

图 2-120 修改格式后的艺术字

3. 修改艺术字的形状

在制作艺术字时,用 Word 2003 提供的工具能很简单地改变其排列形状。

选定要改变形状的艺术字,在"艺术字"工具栏中,单击"艺术字形状"工具按钮 ,如图 2-121 所示。从屏幕上出现的多种形状中选取所需的一种即可,如图 2-121 中选择"波形",可得到如图 2-122 所示结果。

4. 旋转艺术字

选定要旋转的艺术字,假设选取如图 2-122 所示的艺术字,在"艺术字"工具栏中,单击"自由旋转"工具按钮

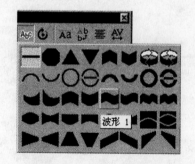

图 2-121 选取艺术字的形状

图 2-122 改变后的艺术字形状

,艺术字四周出现四个绿色的控制点,如图 2-123 所示。将光标放在其中一个控制点上,按住鼠标左键向适当方向旋转,可得到如图 2-124 所示的效果。

图 2-123　选择旋转点

图 2-124　旋转后的艺术字

5．其他调整

还可以使用"艺术字"工具栏中其他工具来调整艺术字字母高度、使艺术字竖设置、艺术字对齐方式和调整艺术字字符间距。由于其使用方法比较简单,在此不作详细介绍。

四、制作公式

1．安装公式编辑器

安装 Office 时,如果选用了"典型安装"方式进行安装,则其中不包括公式编辑器,在使用时,需要用户自行添加安装。下面我们以 Office 2003 为例来介绍添加公式编辑器的操作步骤。

将 Office 2003 光盘放入光驱,运行其安装程序,进入到补充安装窗口。单击"添加和删除功能"左边的大图标,然后单击"Office 工具"左边的＋号,接着单击"公式编辑器",在打开的菜单中选择"从本机运行全部程序"选项,单击"开始更新"按钮,稍等片刻,系统出现一个对话框,报告安装成功。

2．制作数学、物理公式

数学、物理公式可以利用 Office 中文版提供的公式编辑器来制作,下面就以如图 2-125 所示的数学公式为例来作介绍。

$$x_{1,2} = \frac{-b \pm \sqrt{b^2 - 4ac}}{2a}$$

图 2-125　准备创建的公式

① 在 Office 中文版的组件如 Word、Excel、PowerPoint 中,打开要插入公式的文档。

② 单击"视图"→"工具栏"→"自定义"选项,出现如图 2-126 所示的"自定义"对话框。

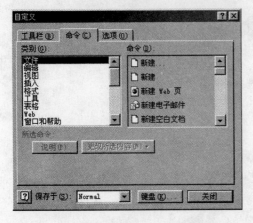

图 2-126 "自定义"对话框   图 2-127 "命令"选项卡对话框

③ 单击"命令"选项卡,在其"类别"下拉列表框中选择"插入"选项,然后在对应的"命令"下拉列表框中找到"公式编辑器"选项,如图 2-127 所示。

④ 将鼠标移到公式编辑器选项上,按住鼠标左键不放,拖动鼠标到工具栏的适当位置后松开鼠标,工具栏上即出现公式编辑器按钮,如图 2-128。以后要插入公式,只要在工具栏上直接单击该按钮即出现如图 2-129 所示的公式编辑窗口。窗口内文档区中出现的一个矩形虚框,是供用户在其中输入公式的,屏幕还出现一个"公式"工具栏。

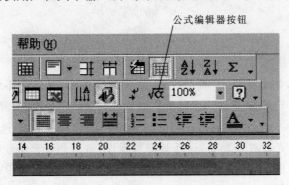

图 2-128 工具栏中的公式编辑器按钮

⑤ 将光标放入矩形虚框中,输入"x"。

⑥ 在"公式"工具栏中的"上下标"类符号样式中,选择所需的符号样式,单击所选中的符号,如图 2-130 所示。

⑦ 将光标移到下标框中输入下标,按光标上移键回到基本位,输入等号。然后在"公式"工具栏中选择"分式"样式,如图 2-131 所示。

⑧ 将光标放在分子位置处的方框中,输入"-b",接下来是特殊符号,选择符号样式,

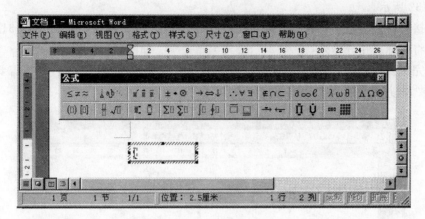

图 2-129 公式编辑窗口

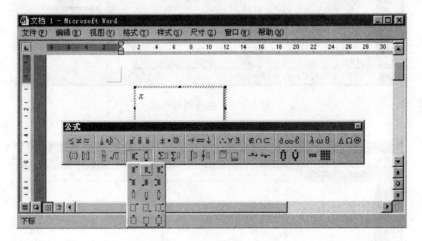

图 2-130 选择上下标样式

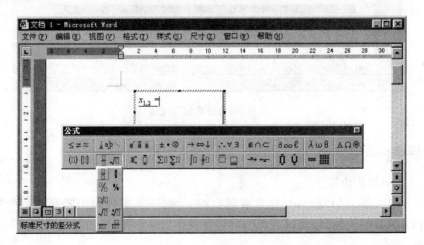

图 2-131 选择公式样式

如图 2-132 所示。

⑨ 接着后面是根式,需在"公式"工具栏中选择"分式/根式"样式,见图 2-131 所示。

⑩ 将光标放在分母处,键入"2a",公式编辑完毕。如图 2-133 所示。

⑪ 完成公式创建后,单击公式方框以外的任何位置,即可返回文档,根据需要将公式缩小或放大,并可插入到文档中任意位置。

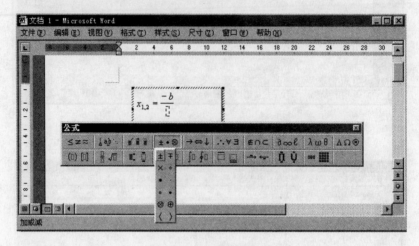

图 2-132　选择符号样式

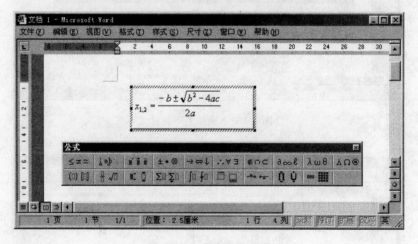

图 2-133　公式编辑完成

五、制作结构图

1. 制作知识结构图

在制作复习课 CAI 课件时,经常要遇到将一章、一本书的知识罗列成一个知识结构图,利用 Office 中的公式编辑器可以很容易地制作出来,下面我们就以图 2-134 来介绍其操作过程。

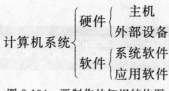

$$\text{计算机系统}\begin{cases}\text{硬件}\begin{cases}\text{主机}\\\text{外部设备}\end{cases}\\\text{软件}\begin{cases}\text{系统软件}\\\text{应用软件}\end{cases}\end{cases}$$

图 2-134　要制作的知识结构图

（1）在 Office 中文版的组件如 Word、Excel、PowerPoint 中，打开要插入知识结构图的文档。按照前面介绍的方法进入到"公式编辑器"窗口。

（2）在虚线框中输入文字"计算机系统"。然后在"公式"工具栏中单击"围栏模板"模式，在屏幕显示的工具中单击大括号图标，"计算机系统"后面即出现了一个大括号。如图 2-135。

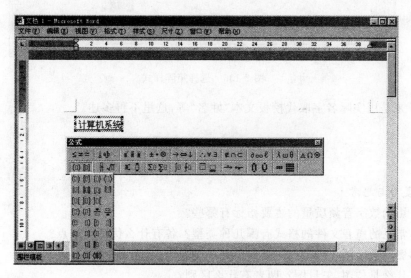

图 2-135　选择围栏样式

（3）再选择两行一列矩阵样式，如图 2-136 所示。

（4）将光标放在上面框中，输入"硬件"两字，再将光标放在下框中，输入"软件"。然后将光标放在"硬件"后面，按（2）、（3）输入第二级内容。

（5）全部输入完毕，单击虚框以外的任何位置，即可返回文档，根据需要将其缩小或放大，并可插入到文档中任意位置。

2. 制作组织结构图

组织结构图由一系列图框和连线组成，它显示一个机构的等级、层次。组织结构图用途广泛，它可以描述一个公司的结构、公司或政府内部各个部门的划分等。但组织结构图的用途远不只如此，任何具有层次特征的事物都可用组织结构图描述，如一本书、一个学科就可用组织结构图表达其基本结构。

在 Office 中文版的组件，如 Word、Excel、PowerPoint 中，打开要插入组织结构图的文档。选择"插入"菜单中的"对象"命令，打开所示的"插入对像"对话框。在"对像类型"列表框中选择"MS 组织结构图 2.0"。单击"确定"按钮，即可进入组织结构图创建界面。

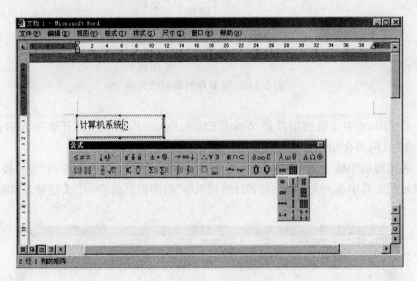

图 2-136　选择矩阵样式

接下来是用实际名字取代模板文本"姓名"等，这里不再多述。

习　题

1．复习与思考

（1）影响数字音频质量的主要指标有哪些？

（2）常见的声音文件的格式有哪几种类型？各有什么优点与缺点？

（3）影响数字图像质量的主要参数有哪些？

（4）什么是位图、矢量图？两者有什么区别？

（5）常见的位图文件格式有哪些？各有什么特色？

（6）常用的视频文件的类型有哪些？各有什么特点？

（7）PhotoShop 中选区方式有哪些？各适用于什么情境？

（8）PhotoShop 中通道有哪几种类型？

2．建议活动

（1）在第一章中选择一个课时的教学内容做制作脚本的设计后，对其需要的各种素材进行设计与制作活动，包括文本的录入、声音的采集、图形图像的获取与制作、动画的设计与制作、视频的编辑等。

（2）用 Word 制作简单的图形设计。

（3）选取一幅图像，用 PhotoShop 进行各种处理。

第三章 PowerPoint 与多媒体示教型课件的制作

内容提要

本章介绍 PowerPoint 简介；创建演示文稿；创建自己风格的母版；录入课件内容；幻灯片的管理；课件的使用；课件设计制作的案例；课件的后期制作；课件制作的技巧。

学习目标

（1）掌握 PowerPoint 的基本知识，包括启动界面、视图和演示文稿的组成，幻灯片显示比例设置等内容。

（2）熟练掌握创建演示文稿的方法和幻灯片管理的各项操作。

（3）熟练掌握课件内容的录入方法，包括添加文字、音乐、声音、图像、图形、影片等方法。

（4）熟练课件在不同环境下放映和控制的方法。

（5）熟练掌握课件制作的基本方法。

（6）熟练掌握课件后期制作的方法，包括幻灯片的编辑、片面图文的编辑、背景图案与色彩的修改、图文展现方式的动画设计、幻灯片切换方式的动画设计、幻灯片放映方式的设置等方法。

（7）熟练掌握 PowerPoint 制作课件的技巧，包括信息的显示与隐藏、覆盖、动画制作、对象显现等技巧，并能融会贯通。

（8）能综合应用上述知识制作示教型课件。

▶▶▶ 第一节　PowerPoint 简介

制作多媒体课件的工具软件很多，之所以首先介绍 PowerPoint，是因为它具有两大特点：一是它能与 Windows、Word、Excel 密切配合，二是它最简单易学。在提倡教师自己制作课件的背景下，对于非专业性的软件制作者的教师来说，制作示教型课件，PowerPoint 应当是最佳选择之一。

PowerPoint 是微软公司的办公套件 Office 中的三大核心组件之一（另两大核心组件是 Word 和 Excel）。本章将以中文版 Office 2003 中的 PowerPoint 2003 为准。

一、启动菜单与选择

1. 启动

单击"开始"→"程序"→"Office 2003"→"PowerPoint 2003"选项（见图 3-1），即可启

动 PowerPoint。系统启动后,将出现如图 3-2 所示对话框。

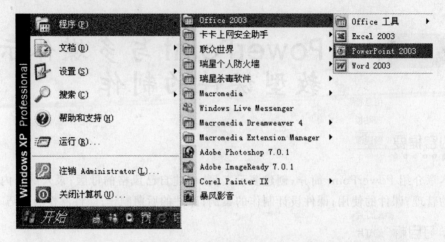

图 3-1 启动 PowerPoint

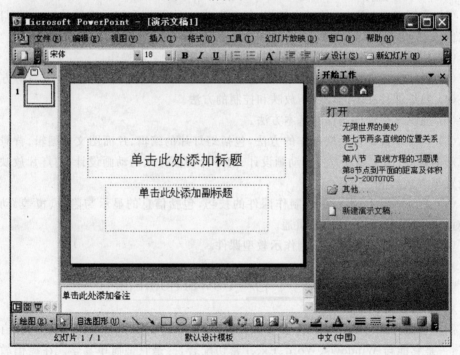

图 3-2 PowerPoint 2003 主界面

2. 新建演示文稿的选择

PowerPoint 提供了多种创建演示文稿的方法,用户可以根据需要选择不同的制作方式,从而方便、快捷地创建新的演示文稿。

单击主界面窗口右侧的任务窗口中"开始工作"右侧的"▼"按钮,出现如图 3-3(a)所示的快捷菜单,单击其中的"新建演示文稿"选项,任务窗口中出现四种新建演示文稿的方式,如图 3-3(b)所示。

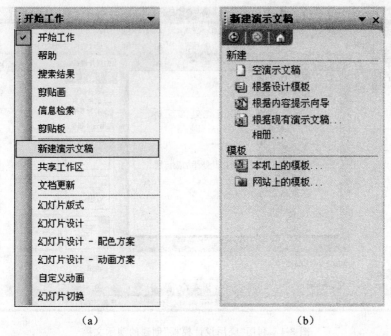

（a）　　　　　　　　　　　　（b）

图 3-3　新建演示文稿方式

（1）"根据内容提示向导"选项。此选项中，系统提供了 29 种供选用的电子幻灯类型，每一类型都包含着成套的半成品性质的幻灯片。在这些半成品上，标注着关于内容和结构的说明及建议，在此不专门介绍。

（2）"根据设计模板"选项。"模板"是用来定义幻灯片的底纹图案、图文格式、配色方案及动画方案的。单击该选项，任务窗口就转换成"幻灯片设计"任务窗口，如图 3-4 所示。

①"设计模板"命令。此命令提供了多种样式的模板，此外，还可单击任务窗口下方的"浏览"按钮查找使用计算机中的其他模板。

在"幻灯片设计"任务窗口中单击"应用设计模板"中的样式，即可创建一个具有底纹图案和图文混排格式的"空演示文稿"（见图 3-4），可在此基础上进行编辑。

②"配色方案"命令。此命令是用来对幻灯片中的文本、线条、背景等配置色彩。

在"幻灯片设计"任务窗口中单击"配色方案"命令，在任务窗口的下方即出现"应用配色方案"样式示例，单击其中的某一样式，即可创建一个按此样式配色的"空演示文稿"，如图 3-5（a）所示。也可以单击任务窗口下方的"编辑配色方案"按钮，打开"编辑配色方案"对话框，如图 3-5（b）所示，然后根据对话框中的项目进行逐项定义，完成后单击"应用"按钮即可。

③"动画方案"命令。此命令是用来对幻灯片的动画进行统一的定义。单击此命令，在"幻灯片设计"任务窗口中的"应用于所选幻灯片"中列举出了动画方式。单击某种动画方式后，此动画方式对当前幻灯片有效；若选择一种动画方式后，单击"应用于所有幻灯片"按钮，则此动画方式对演示文稿中所有幻灯片有效。如图 3-6 所示。

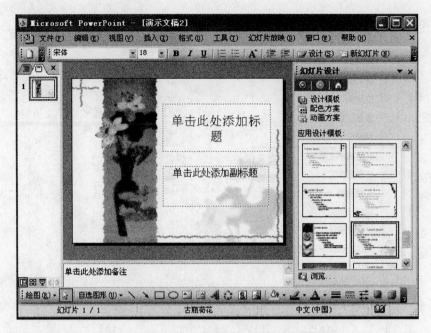

图 3-4　利用"应用设计模板"创建的演示文稿

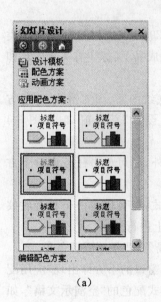

(a)

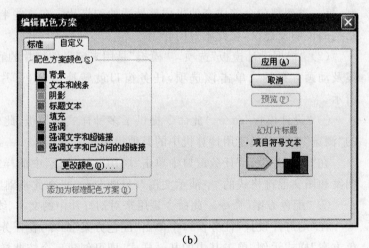

(b)

图 3-5　"编辑配色方案"命令的应用

(3)"空演示文稿"选项。该选项只提供了定义文字版式和内容版式。若选择此方式,右侧的任务窗口即为"幻灯片版式"窗口,其中列举了"文字版式"、"内容版式"、"文字和内容版式"及"其他版式"四类版式供选择,如图 3-7 所示。

(4)"根据现有演示文稿"选项。若选择此项,系统在"查找范围"下拉列表中,系统列出 C 盘根目录的"My Documents"子目录内所有扩展名为 ppt 的演示文件(即演示文稿)。"ppt"是 PowerPoint 的缩写,表示该文件是用 PowerPoint 编制的软件。单击左边框内的一文件名,右边样式框内会出现该文件内的第一幅幻灯片,以鉴别所选择的是不是要找的文件。

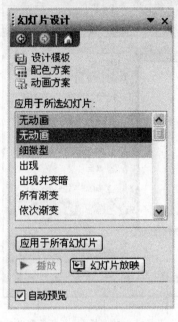

图 3-6 "动画方案"命令　　　　　　图 3-7 "空演示文稿"方式

显然,"根据现有演示文稿"选项,是为修改或播放已有演示文件而打开的以前所编文件,如果要编制一个全新的演示软件,是不能采用这一选项的。

二、PowerPoint 使用界面

PowerPoint 的操作界面如图 3-8 所示。

1. 标题栏

标题栏位于屏幕的最顶端,用于显示当前程序是 PowerPoint,并显示当前演示文稿的名字,如果是新的演示文稿文件,看到的文件名就是"演示文稿 1",它是由 PowerPoin 自动建立的文件名。

2. 菜单栏

菜单栏位于标题栏之下。菜单栏由 9 组菜单组成,每组菜单又有下拉菜单,在每组下拉菜单中包含了一组相关操作或命令,可以根据需要选取菜单中的项,完成相关操作。

3. 工具栏

工具栏是一些图标按钮,每一个按钮都代表了一个菜单中相关的命令,单击图标按钮就可以完成某项工作,使用工具栏会使操作更加简便。一般情况下,只显示"常用"和"格式"工具栏,绘图工具栏显示在下方。其他工具栏被隐藏起来了,但如果需要,也可以在"视图"菜单中选择"工具栏"命令,将任意一个工具栏显示或隐藏起来。

将光标移到工具栏中按钮上,按钮就会凸起,稍停一会儿,按钮旁边就会出现一个黄色小方框,方框中的文字为该按钮的名称或其作用。

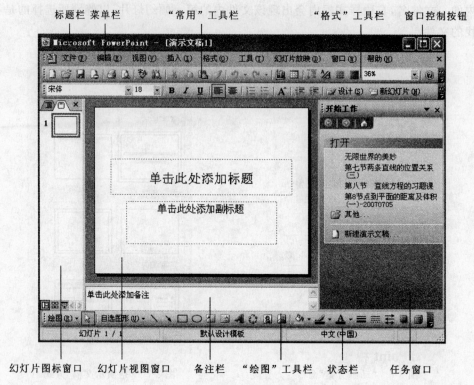

图 3-8   PowerPoint 界面

4. 窗口控制按钮

窗口控制按钮可以让用户很方便地控制窗口的大小，它们分布在标题栏最右端，分别是："最小化"按钮 ，"最大化"按钮 ，"还原"按钮 ，"关闭"按钮 。

5. 幻灯片图标窗口

PowerPoint 界面的左边一个窗格即为"幻灯片图标窗口"，用来显示该演示文稿所有幻灯片图标，单击这些图标，可以很方便地切换到所需要的幻灯片中。

6. 幻灯片视图窗口

PowerPoint 界面中间的一个最大窗格即是"幻灯片视图窗口"，用来显示当前一张幻灯片上的全部内容，也是编辑演示文稿的工作区域。其大小可以使用"文件"菜单中的"页面设置"命令进行设置。

7. 备注栏

备注栏位于幻灯片视图窗口的下端，用于输入一些备注文字，此内容只供制作者参考，在放映时不会被显示出来。

8. 状态栏

在屏幕窗口的最底端，状态栏中显示有关执行过程中的选定命令或操作的信息。当选定命令时，状态栏左边便会出现该命令的简单描述。

9. 任务窗口

PowerPoint 界面的最右边的一个窗格即为"任务窗口"，主要提供一些便利的操作和帮助,这些功能与菜单中的相关命令完全一致,只是这里操作更方便。

10. 标尺

标尺有水平标尺和垂直标尺两种,分别位于工作区的上方和左方。标尺的作用是查看幻灯片的宽度和高度。标尺其实与普通的尺子没有什么区别,利用标尺可以查看图形、图片、表格、文本框以及页面的宽度和高度。

11. 幻灯片视图切换按钮与选单

幻灯片视图切换按钮分布在"幻灯片图标窗口"的下方,由"普通视图"、"浏览视图"和"放映视图"三个按钮组成,如图3-9(a)所示,利用它们可以非常快捷地在各种视图之间切换和进行演示文稿的放映。

另外,在"普通视图"状态时,"幻灯片图标窗口"的上方,有幻灯片视图切换的两个选单,如图3-9(b)所示,一个是"大纲视图"选单,一个是"普通视图"选单。

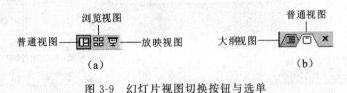

图 3-9　幻灯片视图切换按钮与选单

三、PowerPoint 视图

视图是 PowerPoint 的人机交互工作环境。每种视图都包含特定的工作区、工具栏和按钮等组成部分。不同视图按不同方式显示和加工演示文稿。在一种视图中对演示文稿所做的修改,会自动反映到其他视图中。PowerPoint 依次提供了普通视图、大纲视图、幻灯片视图、幻灯片浏览视图、备注页视图和幻灯片放映视图 6 种视图模式,其切换按钮如图 3-9 所示。

1. 普通视图

在屏幕底部单击"普通视图"按钮或在"视图"菜单中选择"普通"选项切换到普通视图,如图 3-8 所示。

2. 大纲视图

大纲视图中只显示演示文稿的文本内容,不显示图形对象和色彩。在该视图中,按序号由小到大的顺序和幻灯片内容的层次关系,显示演示文稿中全部幻灯片的编号、标题和层次标题。在此视图中可编辑演示文稿文本,改变演示文稿中幻灯片的顺序,改变幻灯片中内容的层次关系,可将某个幻灯片中的内容移到其他幻灯片中。在此视图中,双击幻灯片图标或幻灯片编号可即刻进入幻灯片视图显示该幻灯片。在"幻灯片图标窗口"的上方,单击"大纲视图"命令可切换到此视图,如图 3-10 所示。

3. 幻灯片视图

幻灯片视图用于显示详细设计和装饰演示文稿的单个幻灯片。如键入和编辑幻灯片标题和主体部分的层次标题,在幻灯片上插图等。单击"幻灯片图标窗口"上方的 ▧ 按钮可切换到此视图,如图 3-11 所示。

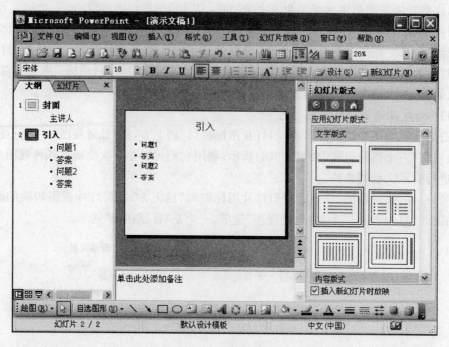

图 3-10 大纲视图

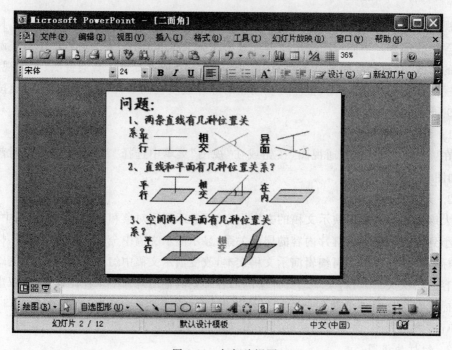

图 3-11 幻灯片视图

4. 幻灯片浏览视图

　　幻灯片浏览视图中按编号由小到大的顺序显示演示文稿中全部幻灯片的缩像。在该视图中可以清楚地看到演示文稿内容连续变化的过程。在该视图中,不能改变个别幻灯片的内容,但可以删除多余幻灯片、复制幻灯片、调整各幻灯片的次序或向其他演示文稿或应用程序传送幻灯片。

在该视图中可设置幻灯片的演示特征,如定时播放、切换方式和切换效果。

在该视图中,双击指定的幻灯片缩像则进入幻灯片视图显示该幻灯片。在屏幕底部单击"幻灯片浏览视图"按钮或在"视图"菜单中选择"幻灯片浏览"命令切换到此视图,如图 3-12 所示。

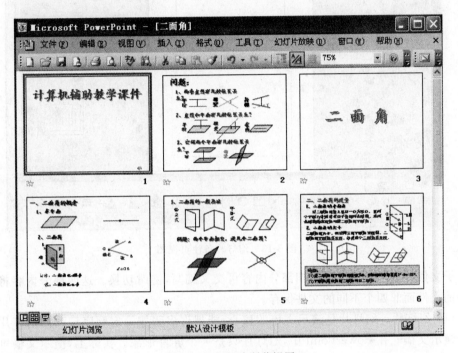

图 3-12　幻灯片浏览视图

5. 备注页视图

备注页视图用于显示、建立和编辑备注。在该视图中可移动幻灯片缩像的位置、放缩幻灯片缩像的大小、编辑备注的内容。在屏幕底部单击"备注页视图"按钮或在"视图"菜单中选择"备注页"命令切换到此视图,如图 3-13 所示。

6. 幻灯片放映视图

幻灯片放映视图不是单个静止的画面,而是像播放真实的 35mm 幻灯片那样,一幅一幅动态地显示演示文稿的幻灯片。在屏幕底部单击"幻灯片放映"按钮或在"视图"菜单中选择"幻灯片放映"命令切换到此视图。

四、演示文稿组成

1. 演示文稿组成

用 PowerPoint 编制的文档称为演示文稿,用 PowerPoint 编制的演示文稿可制成 35mm 幻灯片,也可制成投影片,还可通过网络会议的形式进行交流,但更多的是作为电子文稿用微机和大屏幕投影仪直接演示。演示文稿是一个由四部分相互关联的内容组成

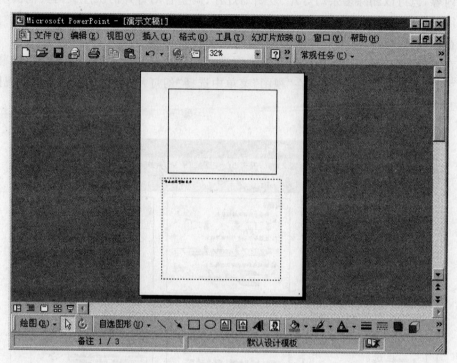

图 3-13 幻灯片备注页视图

的电子文件,编写演示文稿时,四部分内容可交叉编写,随时切换。这四部分内容将作为统一的文件而非四个不同的文件保存。

(1) 幻灯片。幻灯片是演示文稿的核心,能把许多张按一定顺序排列的幻灯片组成一个演示文稿。在 PowerPoint 中,幻灯片只是一个屏幕形象。实际上,演示文稿可能只需要在计算机屏幕上演示,也可能打印在纸上或透明胶片上,而并不需要制成实际的幻灯片。每张幻灯片可展示内容的标题和详细内容的文本,此外为配合内容还可插入各种各样的图形、图片、艺术字等对象。

(2) 备注页。每个幻灯片对应一个备注页。备注页上方为幻灯片缩像,下方是对该幻灯片所加的说明,称为演讲者备注。演讲者备注供报告人演示文稿时对各幻灯片作附加说明用,是供报告人自己查阅的。

(3) 讲义。一套缩小了的幻灯片打印件,供听众观看演示文稿时参考,它可帮助听众事先了解演示的进度和顺序。

(4) 演示文稿大纲。分层次列出的演示文稿的文本内容,可帮助演示文稿的编写人掌握演示文稿的全貌,可供放映演示文稿时参考。

2. 幻灯片的组成内容

(1) 文字。幻灯片上的文字一般包括标题和详细内容的文本。文字都被放置在文本框中,可以根据需要将其作为一个整体移动,文本框中可以按照一般方法进行排版。

(2) 图像。为了更好地配合主题,可以在幻灯片中添加图像,这些图像包括剪辑库中的剪贴画、来自文件中的图像、用户自己绘制的图形等。用户可以对图像作各种处理,以便更好地满足自己的需要。

（3）声音。在幻灯片上加入声音有几个方面的作用，第一是用来提示观众注意某一个问题，第二是加入背景音乐使观众观看更轻松，第三是自动解说（旁白）。加入的声音可以是剪辑库中的声音文件，也可以是保存为"＊．wav"、"＊．mid"等音乐文件，还可以是现行录制的解说。

（4）视频。视频可以将连续发生的现象放大展示出来，它能帮助受众理解。

（5）表格。表格能够很简洁、直观地说明问题，它被经常应用到幻灯片上。PowerPoint 2003 已带有最常用的表格处理功能，用户不再需要到 Word 中去创建、处理表格。当然，也可以把 Word、Excel 中已有的表格放置到幻灯片上。

（6）图表。应用图表能让观众很容易地从很多的数据中得出发展趋势、横向比较等方面的结论。图表是由 Office 共有程序 Graph 制作的，然后嵌入到幻灯片中。如果需要，双击图表即可返回到 Graph 界面对其进行修改、编辑。

（7）组织结构图。为了说明某一组织的组成机构关系、某一事件的发展分支关系，我们经常要在幻灯片上应用组织结构图。它也是可嵌入对象，可以很方便地对其进行修改、编辑。

五、设置幻灯片显示比例

1. 用工具栏选择比例

在"常用"工具栏上单击"显示比例"框 32% 旁边的向下箭头。选择缩放比例或者输入所需要的显示比例。

2. 用菜单命令定义

选择"视图"菜单中"显示比例"命令，出现如图 3-14 所示的"显示比例"对话框。根据需要选择显示比例，也可在"百分比"下边的方框中键入指定的显示百分比。缩放比例必须控制在 10％～400％之间。设置好后，单击"确定"按钮，屏幕即按指定比例来显示。

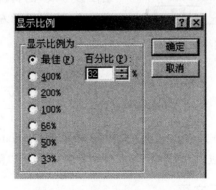

图 3-14 "显示比例"对话框

3. 用户界面的调整

（1）显示标尺。为使工作区域尽可能地大，默认的情况下，标尺是被隐藏的，但在需要的情况下，也可以选择"视图"菜单中的"标尺"命令，将标尺显示出来，如果再执行该命令又可以隐藏标尺。如图 3-15 所示。

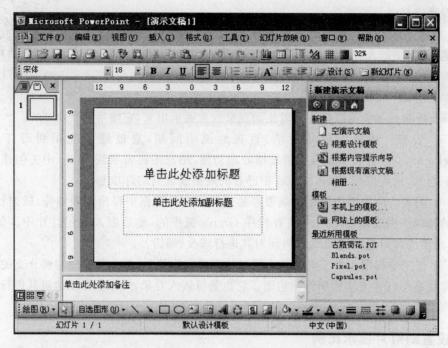

图 3-15　显示标尺

图 3-16　显示和调整绘图参考线

（2）网格和参考线。显示网格和参考线主要是便于表格、图像等对象在幻灯上的对齐。在"视图"菜单中选择"网格和参考线"命令即可显示出"网格和参考线"对话框，如图 3-16 所示。用户可对"对齐"方式、"网格设置"及"参考线设置"进行定义。在勾选了"屏幕上显示绘图参考线"的情况下，将光标放在网格和参考线上，按住鼠标左键拖拽，可以将其移动到所需的位置。

▶▶▶ 第二节　创建演示文稿

PowerPoint 提供多种方法创建演示文稿，在启动 PowerPoint 时，系统提供"内容提示向导"以帮助用户创建文稿，进入到 PowerPoint 使用界面后，也可以随时创建新的演示文稿。

一、创建有内容的演示文稿

1. 使用内容提示向导

PowerPoint 的"内容提示向导"可以快速创建一份适合用户需要的演示文稿。"内容提示向导"可按用户的意愿创建 8～12 个幻灯片。

（1）选择"文件"→"新建"命令，或者直接单击 PowerPoint 主界面窗口右边"开始工作"任务窗格中的"新建演示文稿",即可进入以"新建演示文稿"任务窗格为主的主界面窗口,如图 3-3(b)所示。

(2)在"新建演示文稿"任务栏中单击"根据内容提示向导"选项,出现如图 3-17 所示的"内容提示向导"的第一个对话框。

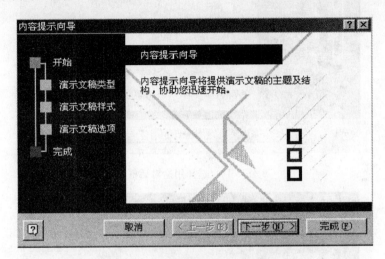

图 3-17 内容提示向导开始对话框

(3)单击"下一步"按钮,进入如图 3-18 所示的对话框。

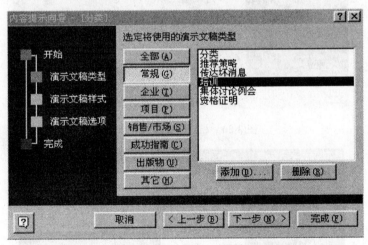

图 3-18 选择类型对话框

(4)PowerPoint 将演示文稿分成常规、企业、项目等类型,单击所需类型,在右边方框中列出该类型中可选取的演示文稿,单击"下一步"按钮,进入如图 3-19 所示的对话框。

(5)根据演示文稿的使用环境,选择一种输出类型,单击"下一步"按钮,进入如图 3-20所示的对话框。

(6)根据需要,输入相关信息,PowerPoint 将输入的信息用在演示文稿的幻灯片标题页上,单击"下一步"按钮,进入如图 3-21 所示的对话框。

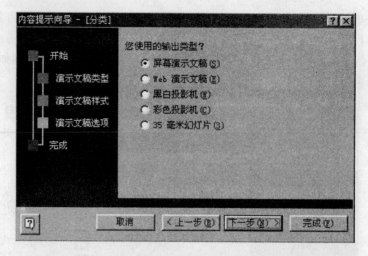

图 3-19　选择用途对话框

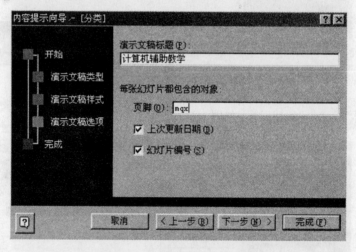

图 3-20　相关信息输入对话框

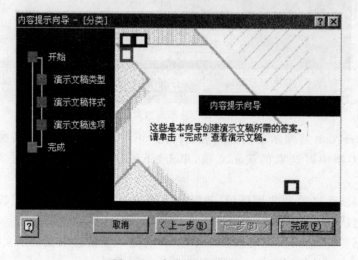

图 3-21　完成设置对话框

如果需要修改,可以单击"上一步"按钮,否则单击"完成"按钮,完成演示文稿的创建,结果如图 3-22 所示。

图 3-22 用内容向导创建的演示文稿示意图

图 3-23 底图模板选择对话框

2. 使用模版

(1) 在 PowerPoint 主界面右边"开始工作"任务窗格中单击"幻灯片设计"命令,或选择"文件"菜单中的"新建"命令,然后单击任务窗格中的"根据设计模板"选项,都可进入

"幻灯片设计"任务窗格。

（2）在任务窗格下的"应用设计模板"中列举了"在此演示文稿中使用"和"最近使用过的"模板样式，可通过单击某一样式进行选择。也可以单击下方的"浏览"按钮，在出现的"应用设计模板"对话框中选择"Presentation Designs"文件夹，即可打开各模板。如图3-23所示。也可根据模板所属类型，单击相应标签，选择所需模板，右边的"预览"窗口中显示其效果。如果效果满意，单击"应用"按钮，出现如图3-24所示的新幻片图文模板对话框。对于制作课件，建议选择空白图文模板为佳。

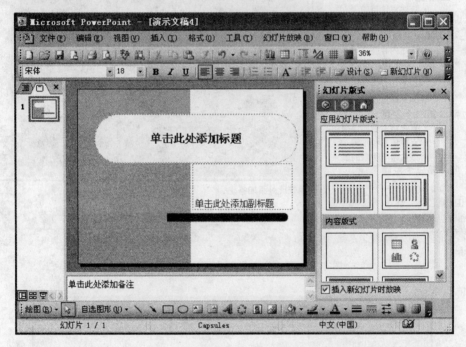

图 3-24　新幻灯片图文模板对话框

（3）根据需要选择一种幻灯片版式，即可创建一个如图3-25所示的空白演示文稿。

二、创建空白演示文稿

1. 用键盘快捷键

按 Ctrl＋N 键（新建快捷键），出现"新幻灯片"对话框，按照前面介绍方法继续后面的操作。

2. 用工具按钮

单击"常用"工具栏上的"新建"图标按钮，屏幕上出现"新幻灯片"对话框，然后同前进行操作。

3. 用菜单命令

在"文件"菜单中选择"新建"命令，或按 Alt＋F＋N 键，打开"新建演示文稿"对话框。在对话框中选择"空演示文稿"选项，并在"内容版式"中单击空白样式，即可创建一个如图3-26所示的演示文稿。

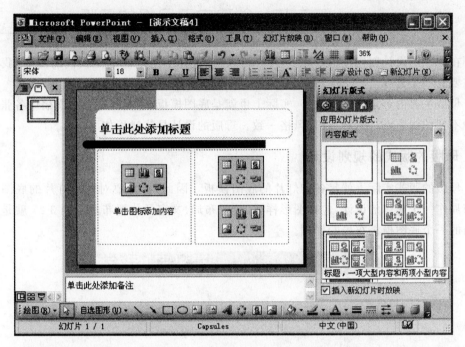

图 3-25　新创建的空白演示文稿

图 3-26　空白样式的演示文稿

▶▶▶ 第三节　创建自己风格的母版

在课件的设计制作过程中，PowerPoint 的母版并不一定能满足我们的需要，我们往往需要有一个具有自己个性特色的母版。

母版主要内容是图形和文字，实际上也就是底图模板，它构成了演示文稿中各张幻灯片中不变的内容，以使各幻灯片风格一致。母版的设计具体过程如下。

一、母版的版式的规划设计

母版的版式实际上就是各幻灯片的底图模板。因此，首先要对各幻灯片的底图模板的布局作一个整体的设计，包括图形样式、位置布局、文字及位置布局。图 3-27 就是我们给出的一个底图模板布局的样例。

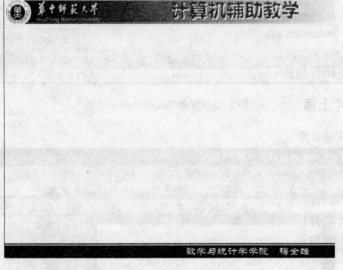

图 3-27　母版版式样例

二、准备必要的图形素材

根据母版的版式规划，可通过网上下载、扫描、数码相机等获取相关图形素材，也可用 PhotoShop 等软件创作必要的图形素材。例如，图 3-27 中的校徽可在网上下载相关图片，然后用 PhotoShop 选区功能，将校徽裁剪出来并保存即可。

对于文字，由于不同计算机字体文件不一样，文字部分也可以用图形素材来代替，这样做的好处是不会因计算机的不同而使文字样式发生改变。

三、创建母版

新建一个空演示文稿。单击"视图"→"母版"→"幻灯片母版"命令，出现"幻灯片母版视图"界面。先删除幻灯片上的所有对象（在幻灯片区域的空白处单击，然后按 Ctrl＋A 键选中幻灯片中所有对象，再按 Delete 键即可删除所有对象）。然后单击"插入"→"图片"→"来自文件"命令,选取相关图片后单击"插入"按钮。图片插入后,再调整图片的位置与大小。最后用文本框进行文字的插入。

母版创建好后,再单击"文件"菜单中的"另存为"命令,打开"另存为"对话框。在"保存位置"中设置存储路径,在"文件名"中输入文件名,在"保存类型"下拉列表框中选择"演示文稿设计模板(* . pot)",最后单击"保存"按钮。

四、使用模板

在 PowerPoint 中使用已设计好的模板的方法如下:直接双击设计好的模板文件(注意其扩展名为 pot),即可打开该文件;然后单击"幻灯片母版视图"对话框中的"关闭母版视图"即可。要注意的是,保存的时候要单击"文件"菜单中的"另存为"命令,将文件保存为演示文稿(扩展名为 ppt)。

▶▶▶ 第四节　录入课件内容

多媒体 CAI 课件包含的信息是多种多样的,它包括文字、图片、声音、动画、视频等内容,这些内容应当恰当地安排在相关的幻灯片中。

一、在幻灯片上添加文字

在 PowerPoint 中,为了便于控制幻灯片的版面,幻灯片上的文字都被放置在文本框中,文本框可以作为一个整体来移动。文本框不随输入文字的多少自动改变其大小,但用户可以手动改变文本框的大小。

如果用户是利用自动版式创建的幻灯片,幻灯片上一般已有文本框,其中还有一些文字(称为文本占位符),只要按照这些文字提示,单击此文本框,即可在其中输入文字。对于空白的幻灯片,用户也可以根据需要在其中插入文本框,然后在文本框中输入文字。

1. 在占位符中输入文字

此法适用于在"新幻灯片"对话框中选择一种包含文本占位符的自动版式创建的新幻灯片的情形(图 3-28),此时可以单击虚线围成的文本框,当光标出现在文本占位符位置时,可以输入文本,如图 3-29 所示。用此方法继续在其他文本占位符的位置输入文本。

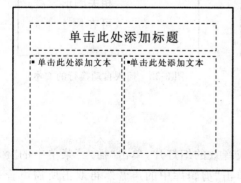

图 3-28　新幻灯片

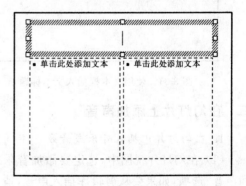

图 3-29　点击文本框后的样式

2. 用文本框输入文本

用这种方法可以随时在幻灯片的任何位置插入文本内容。

创建文本框有两种方法：一种是在"绘图"工具栏中单击"文本框"按钮或"竖排文本框"按钮；另一种是在"插入"菜单中选择"文本框"中的选项，如图 3-30 所示。

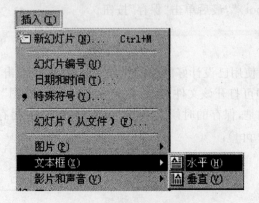

图 3-30　选择文本框类型选项

将鼠标指针移到在幻灯片中要添加文本框的位置，鼠标指针变成"I"形状。若要添加的是不自动换行的标题文本，可在要添加文本的位置单击并键入文本，结果如图 3-31 所示；若要添加的是自动换行的文本，在要添加文本的位置单击，按住鼠标左键，向适当方向拖动，当文本框大小合适时，释放鼠标，再在文本框中输入适当文本，当文字超过文本框的宽度时会自动换行，而不用按回车，结果如图 3-32 所示。

注意　当用户在文本框中输入的文字超过文本框高度时，系统会自动调整文本框的高度，使之适合文本框内文字的高度。

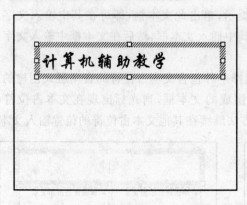

图 3-31　使用文本框插入文本标题

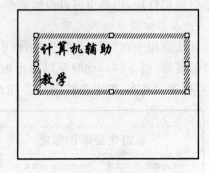

图 3-32　插入自动换行的文本

二、在幻灯片上添加声音

1. 在幻灯片中插入音乐或音效

（1）在幻灯片视图中，选定要添加音乐或音效的幻灯片，单击"插入"菜单中的"影片和声音"选项，如果要从剪辑库插入声音，请单击"剪辑库中的声音"，再双击所需声音；如果要插入其他声音，请单击"文件中的声音"，出现如图 3-33 所示的"输入声音"对话框。

图 3-33　"插入声音"对话框

（2）找到包含此声音的文件夹，再双击所需声音文件。

（3）此时出现如图 3-34 所示的信息框，询问是自动播放声音，还是单击鼠标时播音。

图 3-34　播放选择提示对话框

（4）完成后，在幻灯片上会出现一个声音图标，如果你在上面选择了"否"，则单击幻灯片上的声音图标时，会播放声音。

注意　默认情况下，在幻灯片放映时，只要单击声音图标就会激活此声音。如果要更改激活声音的方式（例如，将鼠标指针置于图标上而不是单击图标），单击"幻灯片放映"菜单中的"动作设置"，然后进行设置。

2．在课件中添加旁白

做某些课件时，假如要添加一段课文朗诵或说明，就需自己录制。如果要记录旁白，计算机需要声卡和话筒。可以在选定的幻灯片或对象上记录声音或旁白。

如果要更改已记录在旁白中的某些内容，必须先删除整个旁白再重新记录。声音旁白优先于听到的其他声音，所以如果放映包含旁白和其他声音的幻灯片，则只有旁白会被播放。录制旁白的方法如下：

（1）单击"幻灯片放映"菜单中的"录制旁白"命令，出现如图 3-35 所示的"录制旁白"对话框。

（2）对话框中显示磁盘可用空间及可录制的分钟数。如果要作链接对象插入旁白，请选中"链接旁白"复选框；如果要作为嵌入对象在幻灯片上插入旁白可直接开始记录。

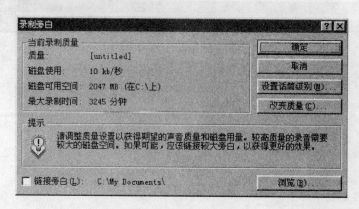

图 3-35　"录制旁白"对话框

（3）设置好录制参数，单击"确定"按钮，幻灯片立刻被放映，用户即可利用话筒等设备添加旁白。

（4）在幻灯片放映结束时，会出现一个信息框，如图 3-36 所示。

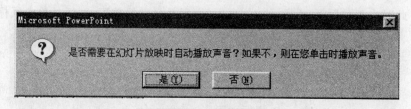

图 3-36　信息框

（5）如果要保存排练时间及旁白，请单击"是"。如果只需保存旁白，请单击"否"。每张具有旁白的幻灯片右下角会出现一个声音图标。

注意　运行幻灯片放映时，旁白随之自动播放。如果要运行没有旁白的幻灯片，请单击"幻灯片放映"菜单中的"设置放映方式"选项，再选中"放映时不加旁白"复选框。

三、在课件中添加图像

1. 插入剪贴画

在 Office 目录中的子目录 Clipart 中存有大量的扩展名为 WMF 剪贴画文件，用户可以随意挑选、使用和修改。剪贴画是用计算机软件绘制的，而图片是用照片扫描进去的。PowerPoint 的剪辑图库提供了 1000 种以上各种各样的剪贴画。这些剪贴画实际上是矢量图形，也就是说可以任意放大或缩小而不会导致失真。插入剪贴画的步骤如下：

（1）将插入点移到要插入图片的位置。

（2）选择"插入"菜单中的"图片"命令，其中包括多个选项，如图 3-37 所示。

（3）选择"剪贴画"选项后，出现如图 3-38 所示的"插入剪贴画"窗口。

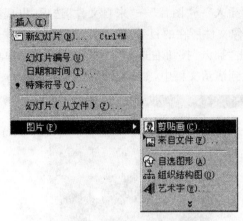

图 3-37 插入图片菜单选项

图 3-38 "插入剪贴画"对话框

（4）单击某一类别，打开图片列表，如图 3-39 所示。

（5）单击某一图片，将出现 4 个工具按钮，单击"插入剪辑"按钮，即可将该剪贴画插入到演示文稿中。

（6）如果该类别图片较多，可单击"继续查找"按钮，将其他剪贴画显示在平面屏幕上；如果要进入到其他类别，可以单击左上角的后退按钮。

（7）选中适当剪贴画后可双击该剪贴画或按 Alt＋F4 键，将剪贴画插入幻灯片中，并关闭"插入剪贴画"对话框。

（8）对于幻灯片上插入的剪贴画，将光标放在图片上，按住鼠标拖拽到适当位置释放，可以将图片放置到需要的位置上。将光标放在图片四周 8 个尺寸句柄上，按住鼠标拖拽到适当位置释放，可以改变图片的大小，如图 3-40 所示。

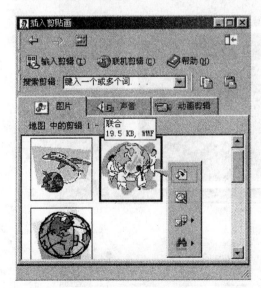

图 3-39 剪贴画列表

图 3-40 插入剪贴画效果

2. 插入图像文件

将插入点移到要插入图像的位置。选择"插入"→"图片"→"来自文件"选项,出现如图 3-41 所示的"插入图片"对话框。设置好图像文件所在的目录,将光标移到图像文件名上,在右边的窗格预览此图像。如果合适,单击"插入"按钮右边的下拉按钮,从其菜单中选择一种方式(插入或链接文件),将图像插入到演示文稿中,如图 3-42 所示。

图 3-41 "插入图片"对话框

图 3-42 插入图片的效果

四、在课件中添加图形

由于 PowerPoint 是 Office 的组件之一，因此使用 Office 中的绘图工具在 PowerPoint 中可以绘制各种图形，其方法在第二章中已述及，这里不再重复。

五、在课件中插入影片

1. 插入剪辑库中的影片

单击"插入"菜单中"影片和声音"命令，选择"剪辑库中的影片"选项。在打开的"插入影片"对话框中选择相应的类别，然后选择要插入的影片。单击"插入剪辑"按钮，屏幕上出现如图 3-43 所示的提示对话框。如果需要自动播放，单击"是"按钮，幻灯片中即出现如图 3-44 所示的影片图标，用户可以根据需要，调整该图标的大小。

图 3-43　播放选择提示对话框

图 3-44　插入到幻灯片中的影片

2．插入视频文件

用户可以将保存为 avi 或 mpg 格式的视频文件中的影片插入到课件中。其方法如下：

（1）在幻灯片视图中，选定要插入视频文件的幻灯片。

（2）单击"插入"菜单中的"影片和声音"命令，选择"文件中的影片"，打开如图 3-45 所示的"插入影片"对话框。

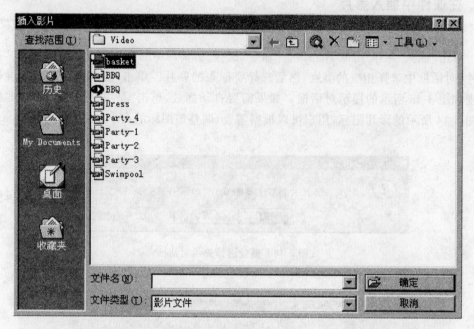

图 3-45　"插入影片"对话框

（3）选择包含此影片的文件夹，在文件列表中双击所需影片，如"basket"，屏幕上出现如图 3-43 所示的信息框。

（4）单击"确定"按钮，幻灯片上即出现所插入的影片，如图 3-46 所示。

图 3-46　插入影片后的幻灯片

注意　默认情况下,在幻灯片放映时,只要单击影片就会激活它。如果要更改激活影片的方式(例如,将鼠标指针置于图标上而不是单击图标),单击"幻灯片放映"菜单中的"动作设置",然后进行设置即可。

3. 改变影片播放窗口的大小

由于影片播放效果受计算机硬件的限制,故需调整影片播放效果,一般需要按计算机配置来调整影片播放窗口的大小。用户可以拖动调整尺寸控制点调整影片播放窗口的大小,像调整 PowerPoint 中其他对象一样。不过,如果要达到幻灯片放映时最佳的效果,可在幻灯片视图中选择要调整大小的影片,然后单击"格式"菜单中的"图片"选项,在打开的如图 3-47 所示的对话框中单击"尺寸"选项卡,选中"幻灯放映最佳比例"复选框,再单击"重新设置"按钮,关闭此对话框即可。

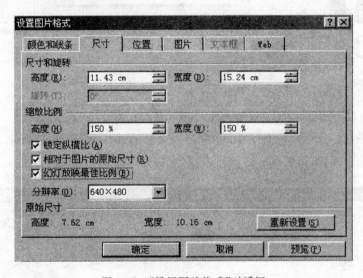

图 3-47　"设置图片格式"对话框

▶▶▶　第五节　幻灯片管理

一、添加和删除幻灯片

1. 添加幻灯片

将光标放在要添加幻灯片的位置。例如,要在第 2 个幻灯片后添加幻灯片,则选定第2 幻灯片,如图 3-48 所示。单击"常用"工具栏中的"新幻灯片"按钮,就在第二张幻灯片后添加一张新幻灯片。在如图 3-49 所示的"幻灯片版式"任务栏中的"应用幻灯片版式"下单击某一样式,即可选择一种幻灯片版式。添加新幻灯片后,后面的幻灯片序号随之递增。

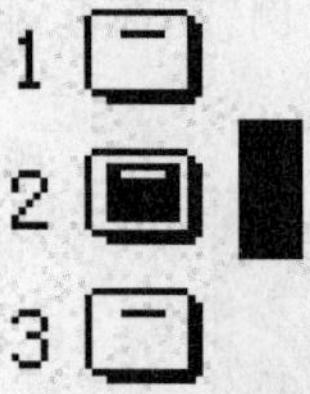

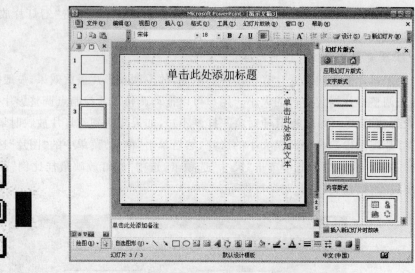

图 3-48

图 3-49　新幻灯片对话框

2．删除幻灯片

切换到"幻灯片浏览"视图模式，选定要删除的幻灯片，如图 3-50 所示。按 Del 键即可完成删除操作，后面幻灯片的序号随之减少，结果如图 3-51 所示。

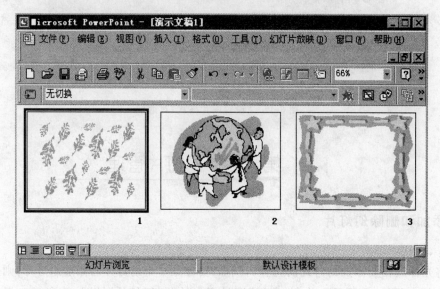

图 3-50　选定要删除的幻灯片

二、复制和移动幻灯片

1．复制幻灯片

（1）在同一演示文稿中复制幻灯片。切换到"幻灯片浏览"视图中，选中要复制的幻灯片，先按下 Ctrl 键不放，再按住鼠标左键，将其拖拽到目标位置，如图 3-52 所示。先释放

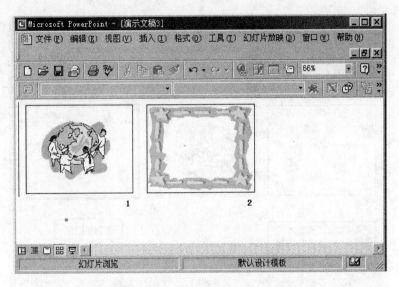

图 3-51　删除之后

图 3-52　目标位置

鼠标左键,再释放 Ctrl 键,即可完成幻灯片的复制,结果如图 3-53 所示。

　　(2) 在不同演示文稿中复制幻灯片。单击复制后的目标位置,确定插入点,在"插入"菜单中选择"幻灯片(从文件)"命令,打开如图 3-54 所示的"幻灯片搜索器"对话框。单击"浏览"按钮,找到所需要的演示文稿。在"选定幻灯片"栏中选定要复制的幻灯片,单击"插入"按钮,即可将所需幻灯片复制到当前幻灯片中。

　　2. 移动幻灯片

　　移动幻灯片是将一个幻灯片从一个位置换到另外一个位置,也就是要改变幻灯片的顺序,方法为:切换到"普通"视图模式下,选定要移动的幻灯片图标。按住鼠标左键,将其

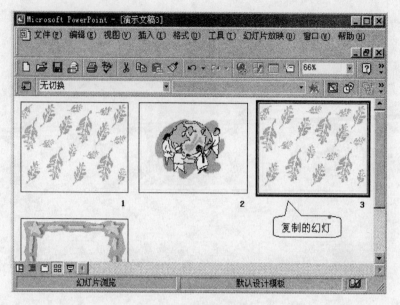

图 3-53 复制后的位置

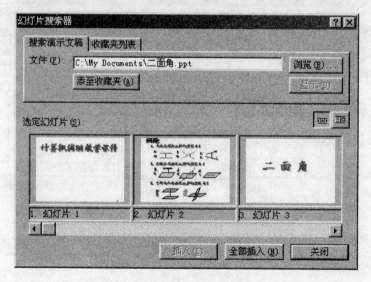

图 3-54 "幻灯片搜索器"对话框

拖拽到目标位置。例如,要将第 9 个幻灯片移到第 5、第 6 个幻灯片之间,即变成第 6 个幻灯片,此时,出现一条黑线,如图 3-55 所示。释放鼠标即可完成幻灯片移动操作。

注意 在"幻灯片预览"模式下,也可以用这种方法进行移动。

三、幻灯片大小和方向设置

1. 设置幻灯片的大小

在"文件"菜单中选择"页面设置"命令,打开"页面设置"对话框。在如图 3-56 所示的"幻灯片大小"列表框中选择一种大小,也可以在自定义选项中输入"宽度"和"高度"值。

设置好后,单击"确定"按钮。

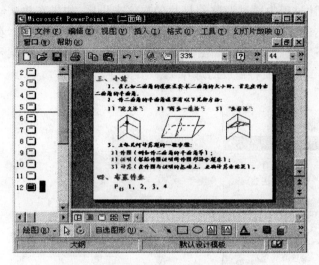

图 3-55 确定移动幻灯片的目标位置　　　　图 3-56 选择幻灯片大小

2. 设置幻灯片方向

在"文件"菜单中选择"页面设置"命令,打开"页面设置"对话框。在"方向"栏中选择纵向或横向。设置好后,单击"确定"按钮。

▶▶▶ 第六节　课件的使用

PowerPoint 课件的使用,也就是演示文稿放映。本节介绍演示文稿的放映方法和控制方法。

一、在自己计算机上使用

1. 放映课件

其放映方法如下:

(1) 打开要使用的课件,选择下列之一方法进行放映。

· 在窗口的左下角"视图按钮"选择板中,选择"放映"按钮。

· 用"幻灯片放映"菜单的"观看放映"命令。

· 直接按功能键 F5。

(2) 在幻灯片的放映过程中,一张幻灯片放完,可以单击鼠标或按空格键进入下一张幻灯片的放映。

(3) 全部放完再单击鼠标就回到编辑窗口。

2. 结束放映

如果想中途结束放映,单击幻灯片左下角的三角形按钮,或在幻灯片上单击鼠标右键,打开如图 3-57 所示的快捷菜单,然后在菜单中选择"结束放映"命令即可。

3. 放映中临时改变放映的顺序

放映顺序可以在幻灯片的设计过程中通过调整幻灯片的次序来设定,如果在放映的中途需要改变放映的次序,则单击幻灯片左下角的按钮,或在幻灯片上单击鼠标右键,在弹出的快捷菜单中,单击"定位"→"按标题"选项,如图 3-58 所示,然后选择要播放的某张幻灯片,这里我们选择了"幻灯片 1",则下面将播放幻灯片 1。

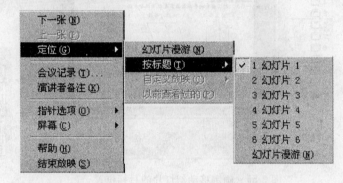

图 3-57 放映快捷菜单   图 3-58 幻灯片的定位

4. 暂停放映

在放映课件时,为了让学生仔细观察,或向其作讲解,需要将画面暂时定格。这种情况下,可以使用"暂停"功能。其方法是:在放映状态下,单击鼠标右键,在弹出的快捷菜单中,选择"屏幕"→"暂停"命令,此时放映过程强行停止,再单击鼠标后可继续放映。

5. 黑屏

在放映的状态下单击鼠标右键,打开快捷菜单,选择"屏幕"子菜单中的"黑屏"命令,屏幕即变成黑色。单击鼠标,屏幕恢复正常显示,幻灯片将从中止的地方继续放映。

在放映幻灯片时,按一下键盘上的 B 键,这时屏幕马上会变成黑屏。如需要继续演示幻灯片时,可再按一下 B。如果按 W 键,屏幕会变成白屏。

二、在别的计算机上使用

一般情况下,在制作演示文稿的计算机上放映演示文稿自然是最方便的,但在实际工作中,用户创作的演示文稿却要经常拿到别的计算机上播放。演示文稿可以使用 U 盘带走,当演示文稿太大时,可以使用 PowerPoint 中的打包程序将演示文件打包,然后再到需放映的计算机上解包即可。

1. 课件打包

打包程序其实就是将整个演示文稿进行压缩。

虽然 PowerPoint 可以嵌入任何 Windows 提供的 TrueType,但对中国人来说,嵌入庞大的中文字体是不合适的,故在设计需要转移播放的中文演示文稿时,不要使用不常见的字体。当然,转移演示文稿的最好的办法是使用"打包"向导对演示课件进行打包。

打包的方法是:单击"文件"菜单中的"打包"项,即出现如图 3-59 所示的打包向导对

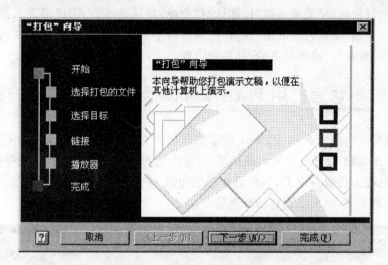

话框。按向导的提示一步步操作,直到完成即可。需注意的是,在不知道用于演示的计算机是否已安装了 PowerPoint 时,应将 PowerPoint 播放器一同打包。打包完成后,会产生 pngsetup. exe 和扩展名为 ppz 的文件。使用时,只要在目标机上运行 pngsetup. exe,把演示文稿复制到目标机硬盘上即可。

图 3-59　打包向导对话框

2. 解开打包文件

在"我的电脑"或"资源管理器"中找到打包文件所在的驱动器,然后双击 pngsetup. exe,打开"'打包'安装程序"对话框。在"目标文件夹"后面输入解压后的存放文件的文件夹,单击"确定"按钮,屏幕上显示一个提示对话框,提示会改写原有的同名文件。单击"是"按钮,系统开始解压缩,解压缩完成后,屏幕出现是否马上放映的提示对话框。单击"是"按钮,放映幻灯片。

三、控制课件播放时间

在幻灯片放映时可以通过下述两种方法设置每张幻灯片在屏幕上显示时间的长短,自动进行幻灯片的换片。

1. 人工设置幻灯片放映时间间距

(1) 在幻灯片或者幻灯片浏览视图中,选择要设置时间的幻灯片。

(2) 在"幻灯片放映"菜单中选择"幻灯片切换"命令,打开"幻灯片切换"对话框。

(3) 在"换页方式"栏中选取"每隔"选项,然后在其下面的方框中输入希望幻灯片在屏幕上出现的秒数。

(4) 如果要将此时间应用到选择的幻灯片上,请单击"应用"按钮;如果要将此时间应用到所有的幻灯片上,请单击"全部应用"按钮。

(5) 对要设置时间的其他幻灯片按照上述步骤分别设置时间间距。

说明:如果希望在单击鼠标和经过预定时间后都能换页,请同时选中"单击鼠标换页"和"每隔"复选框。至于哪个起作用,则以较早发生者为准。

2. 排练时设置幻灯片放映时间间隔

所谓排练设置放映时间间隔,就是先人工放一遍,人工控制换片时间,软件把你的安排记录下来,以后就按照这个时间进行放映了。需要说明的是,采用这种方式放映后,动画效果的引入方式就不能用单击鼠标控制,因为整个放映过程将自动持续进行。

单击"幻灯片放映"菜单中的"排练计时"命令,激活排练方式,屏幕进入到放映状态,并出现一个"预演"工具栏。利用"预演"控制窗口中的图标按钮控制演示文稿的放映(包括前进、暂停、重复)。放映结束后,屏幕会出现一个询问对话框。

▶▶▶ **第七节　用 PowerPoint 制作多媒体课件的案例**

假设编写一个如图 3-60、图 3-61 所示演示软件方案:图 3-60 为封面,图 3-61 为具体教学内容。图 3-61 设计要首先出现标题,接着出现图形。接下来按教学顺序先出现文字"在二面角的棱上任取一点 O,",然后在图上出现 O 点;直到得出∠AOB 的大小与 O 点在棱上的位置无关,引出二面角的标准等。

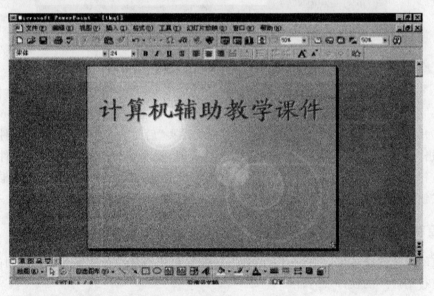

图 3-60　第一张幻灯片,即封面

(1) 启动 PowerPoint。

(2) 在如图 3-3(b)所示的对话框中选择"空演示文稿"选项,在"内容版式"中选择空白样式,即出现如图 3-62 所示的工作界面。

(3) 选择幻灯片视图方式。

(4) 选择幻灯片的背景色。选择背景色的方法,一是如前所述,在"模板"中的"演示文稿设计"或"演示文稿"中选择主题模板。要注意的是,选取主题模板主要目的应当是选其作为底图的图案,而其中有关图文位置及内容的建议,仅供参考;另外通过主题模板设计的幻灯片,其背景色一致,这虽有统一美,却显得呆板。

要使每一张幻灯片的背景色都不相同,就需一幅幅地选择,其方法是对每一幅幻灯

图 3-61　第二张幻灯片

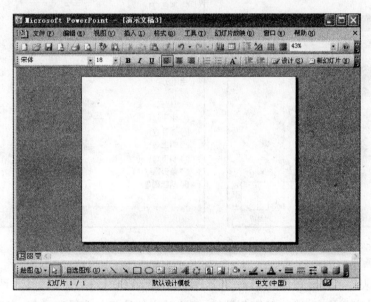

图 3-62　空白演示文稿工作界面

片,先选择颜色色调,再选择颜色深浅变化方案。操作过程为:在"幻灯片浏览视图"界面中双击第一幅幻灯片,使其成为主画面和编辑对象。接着,右击幻灯片的无文字地区,在弹出的如图 3-63 所示的快捷菜单中单击"背景"选项,则出现如图 3-64 所示对话框。框内给出当前幻灯片的背景颜色样式。若要选择或重新设置背景色,单击样式框下方的三角形按钮,选择"其他颜色"后,出现如图 3-65 所示对话框。在众多的颜色中选一合适颜色作为底色,并单击"确定"按钮,再单击"应用"按钮(如果该软件中的所有幻灯片都采用这一底色,则应点击"全部应用")。

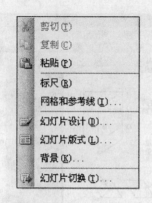

图 3-63 定义背景色 1

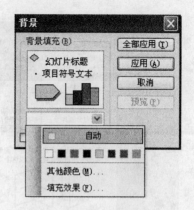

图 3-64 定义背景色 2

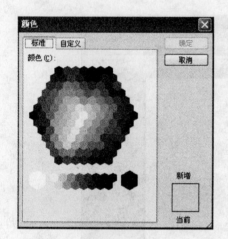

图 3-65 供挑选的标准背景色

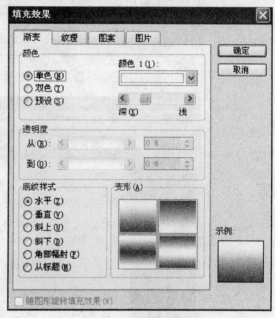

图 3-66 颜色层次

　　为更好表现所要展现的图形与文字,在选择背景色时,还要考虑其与图文色彩的搭配,如黑的对比色是白,绿的对比色是红,黄的对比色是蓝。选择背景色,应使作为幻灯片主体的图文与背景色形成一定的对比关系,让背景色成为图文的衬托;同时,又不能使这种对比过于明显,使刺激过于强烈。

　　选好背景色后,得到的只是呆板的单一色彩。为使颜色具有一定层次感,还要进行色彩效果设计。右击幻灯片的无图文的区域,选择"背景",待出现如图 3-64 所示的对话框后,单击样式框下方的三角形按钮,选择"填充效果",出现如图 3-66 所示的对话框。按需要设置完成后单击"确定"按钮即可。

　　至此,第一幅幻灯片的背景色已设计完毕。可按上述方法设计其他幻灯片的背景色。

　　(5)输入主演示内容。完成各幅幻灯片背景图案和背景色的设计后,接着按照设计方案,输入作为主演示内容的图形和文字。

先编辑第一幅幻灯片。在"幻灯片浏览视图"状态下,双击第一幅幻灯片,使其成为主画面和编辑对象。接着再输入文字"计算机辅助教学课件",方法是单击图 3-67 所示的"插入文本框",移动鼠标至幻灯片中适当位置后,按住鼠标左键并拖曳至适当大小松开,输入上述文字。选中文本框,按住鼠标左键并拖曳可调整其位置,对文本框的大小和形状,文字的字号、字体、字体颜色也可进行调整。

图 3-67　文本框

用同样的方法输入第二幅幻灯片,其中的图形可用图形工具来绘制。

第八节　对 PowerPoint 课件的后期制作

课件的后期制作主要包括幻灯片及其片面图文的编辑、背景图案与色彩的修改、图文展现方式的动画设计、幻灯片切换方式的动画设计、伴音的加入、放映方式的设置、演示软件的打包与运行等等。

一、幻灯片的编辑

1. 幻灯片编号

单击菜单栏中的"视图"→"页眉和页脚"选项,出现如图 3-68 所示对话框,选择"幻灯片编号"复选框,并单击"全部应用"按钮,则在放映时,每幅幻灯片的右下位置就出现编号(一个小小的阿拉伯数字);若要消去所有幻灯片的编号,则在图 3-68 所示对话框中单击"幻灯片编号"选择框,以消去选中符号,最后点击"全部应用"按钮;若要消去部分幻灯片的编号,则应在按住 Shift 键的同时,单击要消去编号的幻灯片,再在图 3-68 所示对话框中点击"幻灯片编号"选择框,消去选中符号,最后点击"全部应用"按钮即可。

2. 幻灯片日期

在图 3-68 所示对话框中的"幻灯片包含内容"下方,有"日期和时间"栏,此栏的下方有"自动更新"、"固定"两个选项。若选中"自动更新",放映时幻灯片将被注上放映时的日期;若选中"固定",将出现白色方框,输入日期(事实上可以在方框内注上任何文字,系统将忠实地将所注文字打到屏幕上)。操作完成后,点击"全部应用"(将对全部幻灯片有效)或"应用"(将只对正在编辑的幻灯片有效)按钮。

若要消去日期,只要点击"日期和时间"前的选择框,消去选中符号即可。

3. 幻灯片播放次序的调整

可在"幻灯片浏览视图"中用鼠标直接拖动幻灯片,以达到调整次序的目的。如要将第 2 幅幻灯片的位置与第 3 幅对调,只需将第 2 幅幻灯片向右拖动,在第 3 幅幻灯片右侧位置出现竖线时松开鼠标即可。

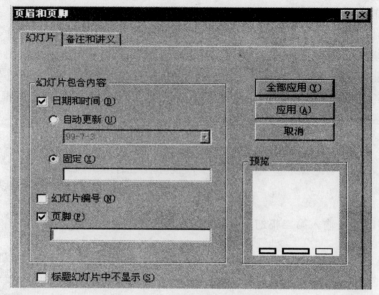

图 3-68 "页眉与页脚"对话框图

二、幻灯片片面图文的编辑

1．编辑对象的选择

一般应先双击有关幻灯片，再单击片面的有关单元，使其方框四周出现 8 个白色小方块即可。此单元即为编辑对象，也表示此单元框被激活。若要同时选择不止一个图文单元，则按住 Shift 键的同时单击要选择的图文单元框即可；若要选择幻灯片片面的所有图文单元，则按 Ctrl＋A 复合键。

2．图文单元的删除

先选择要删除的对象，再按 Delete 键即可，或直接单击上方工具栏中的"剪切"图标。

3．图文单元的添加

若要在幻灯片片面添加文字单元，可直接单击"文本框"图标。若要在幻灯片片面添加图形单元，则单击"插入"菜单中的"图片"命令，在弹出的级联菜单中若选择"剪贴画"，系统将提供剪贴画选择对话框以供选择；如果选择"来自文件"，则表示图片来自用户的某个图片文件，系统将要求指出文件所在目录和文件名；如果选择"自选图形"，系统将弹出对话框以供选择，对话框中共有 8 类自选图形，每一类图形中都有众多的可选图形。选好后，要用鼠标在幻灯片上拖动才能产生图形。图形产生后，可再对其大小和位置进行调整。

4．图文单元框形状、大小、位置的调整

要将图文单元框压扁或拉长，可选中要处理的对象，在框的四周出现八控点的情况下，将鼠标指向上方中间的小方块，等出现上下方向的双向箭头后，按住鼠标左键，向下或向上拖动即可。显然，此操作将改变该框长与宽的比例。

要将图文单元框放大或缩小，请选中要处理的单元，在框的四周出现 8 个白色小方块的情况下，将鼠标指向角上的小方块，等出现斜方向的双向箭头后，按住鼠标左键，向内侧或外侧拖动即可。这一操作只改变框的大小，不改变框长与框宽的比例。

要调整单元框的位置,请先单击要处理的单元,使鼠标符成为指向上、下、左、右四个方向的"十"字形箭头,再按住鼠标左拖动即可。

5. 字体、字号、对齐方式和字体颜色的设置

选中要处理的文字,单击工具栏中的字体、字号选择框或对齐方式按钮,进行有关设置。也可单击"格式"菜单,选择"字体"命令,在弹出的如图 3-69 所示的对话框中,进行字体、字号设置。用此种方法,还可以设置文字的颜色和其他格式。

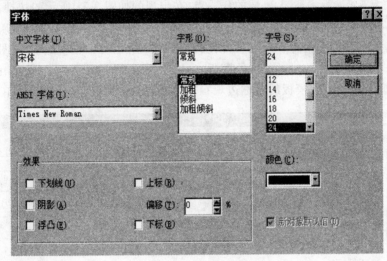

图 3-69　字体格式的选择

6. 图形颜色的设置

可用鼠标激活要处理的图形所在单元框,再单击"格式"菜单中的"颜色和线条",在弹出的如图 3-70 所示对话框中进行选择。但对图片的填充色,在 PowerPoint 中,只能通过单击图 3-70 的"颜色和线条"或"图片",进行有限的修改。如在 PowerPoint 中得不到所需的图片颜色,可用专门的图像处理软件(如 Windows 中的"画图"软件、Office 中的"照片编辑器"、PhotoShop 等)处理后,再用本章第四节中讲述的在课件中添加图像的方法插入。

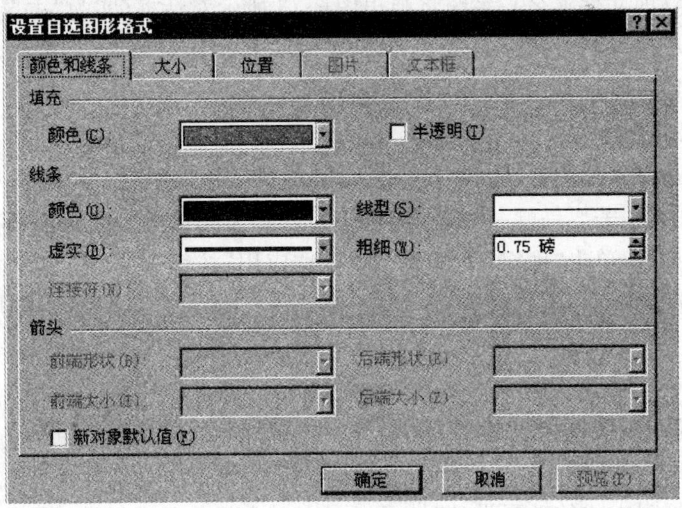

图 3-70　图片格式对话框

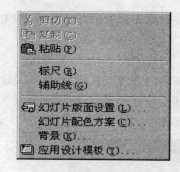

图 3-71　图片格式对话框

三、背景图案与色彩的修改

1. 背景图案的修改

背景图案除可在开始编制演示软件时挑选外,在其他任何时候都可以进行增加或修改。双击要编辑的演示文稿中的任一幅幻灯片,将其激活,再右击幻灯片背景区域的任一点,在出现的如图 3-71 所示的快捷菜单中进行选择。若要修改或增加背景图案,应选"应用设计模板"选项,出现如图 3-72 所示对话框(实为"底图模板"对话框的翻版)。这时,有两种选择:一是直接在弹出的对话框中进行选择,可边单击模板的名称边观看右边框内的效果,找到合适的后单击"应用"按

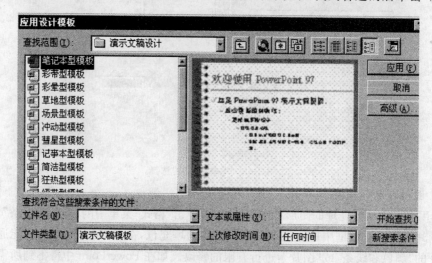

图 3-72　背景设置菜单 1

钮即可;二是将"查找范围"移到父目录(即上一级文件夹),再双击"查找范围"下方的"演示文稿"目录名(即文件夹名),系统将弹出图 3-73 所示对话框(实为"主题模板"对话框的翻版)。采用以上两种方法之一,就可达到增加或修改幻灯片背景图案的目的。上述操作,对一个演示软件中的所有幻灯片有效。

2. 背景色彩的修改

修改幻灯片背景色的方法,与"选择幻灯片的背景色"的方法是完全一致的,这里不再重复。要说明的是,若要一幅一幅地修改,使幻灯片之间的色彩效果各不相同,应在选好颜色和颜色效果后,单击"确定"按钮后,再单击"应用"按钮;若要使所有幻灯片都采用这一底色,则在选好颜色和颜色效果后,单击"确定"按钮后,再单击"全部应用"按钮。

四、图文展现方式的动画设计

若不对图文进行展现方式的动画设计,并不影响软件的顺利演示,但不进行这一设计,将使演示缺少动感,显得呆板而无生气。所以一般说来,图文展现方式的动画设计是必不可少的。

进行图文展现方式的动画设计时,可以一次对全部单元进行设计操作,也可以一个单

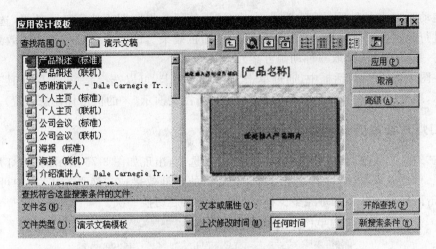

图 3-73 设置背景菜单 2

元一个单元地进行设计操作。方法是：先要选定设计对
象，若要一次选择全部图文单元，在没有激活任何图文单
元的情况下按 Ctrl＋A 复合键，以激活所有图文单元；若
要一个个单元地进行设计，单击其中的一个单元，将其激
活即可。然后右击单元边框，在弹出的如图 3-74 所示的
快捷菜单中，选择"自定义动画"选项，弹出如图 3-75 所示
的对话框，在"动画和声音"的下拉列表框中选择动画方
式。动画种类共有 50 多种，每选一个，可单击右上方的
"预览"按钮，观看所选动画方案的动画效果。选好后，单
击"确定"按钮即可。

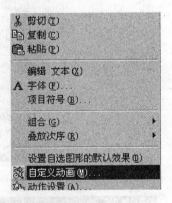

图 3-74 动画定义对话框

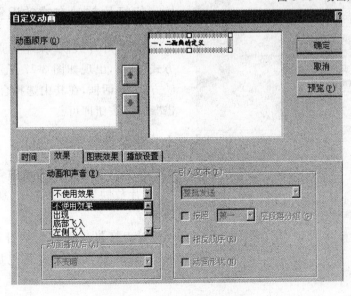

图 3-75 选择动画种类对话框

在动画方式中有两个特殊选项：一个是"不使用效果"，即不使用动画效果，选此项与没有进行动画设计是完全一样的；另一个是"随机效果"，即随意任选一种动画效果（每次演示时，系统都随机抽取一种动画方案）。

在图 3-75 所示对话框中，通过单击"时间"选项卡，可以选择是"单击鼠标时"进行图文演示，还是"在前一事件后×秒"后自动地进行图文演示（×的值由你任意设置）。

五、幻灯片切换方式的动画设计

在"幻灯片放映"菜单中选择"幻灯片切换"选项，出现如图 3-76 所示的"幻灯片切换"对话框。在"效果"栏中可设置前后页面切换时的屏幕效果；在"换页方式"栏中可以选择是"单击鼠标换页"，还是每隔多少秒后页面自动向后切换一次。

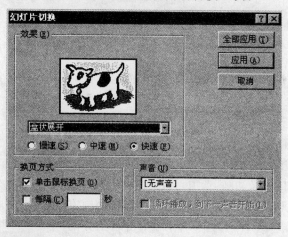

图 3-76　"幻灯片切换"对话框

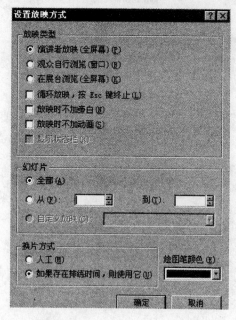

图 3-77　"设置放映方式"对话框

六、幻灯片放映方式的设置

在"幻灯片放映"菜单中选择"设置放映方式"选项，出现如图 3-77 所示的"幻灯片放映方式"对话框，在其中选择合适的方式后单击"确认"按钮即可。

七、演示课件的运行

在 PowerPoint 中打开演示课件，然后在"幻灯片放映"菜单中选择"观看放映"选项即可。

对于打包后再解包到目标机硬盘上的演示课件，则只需双击解包后的文件即可运行。

▶▶▶ 第九节 PowerPoint 制作多媒体课件的几个技巧

下面将结合实例介绍一些灵活运用 PowerPoint 制作的数学多媒体课件的技巧。

一、信息的显示与隐藏

为了教学上的需要,有些对象或信息需要在屏幕上给予显示,但为了屏幕的清晰性,要求这些提示信息在显示一定时间后消失。达到这种效果的设计方法有以下几种。

(1)把提示信息的动画定义为"慢速闪烁",则演示时,提示信息将在屏幕上显示 1 秒钟后自动消失。

(2)把提示信息的动画定义为除闪烁方式以外的其他方式后,在"动画播放后"的下拉列表中选择"播放动画后隐藏"选项,然后单击"确定"按钮,如图3-78所示。演示时,提示信息显示后立即自动隐藏。

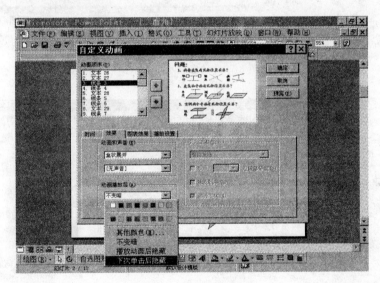

图 3-78　动画设置示例

(3)建立动态提示。(见图 3-79)把提示信息置于幻灯片左边(完全置于幻灯片区域之外),然后定义动画为"从右侧缓慢移入",则演示时,提示信息将从屏幕右端移入,并从左端移出屏幕。据此,读者不难设计出自上至下或自左上至右下等动态显示方式。

二、覆盖

为了不破坏屏幕简洁性以及屏幕内容的完整性,又不频繁地更换幻灯片,课件设计中经常需要设计出如同教师擦除黑板上的非主要板书内容一样抹掉屏幕上的某些信息的效果。达到这一设计效果的方法是采用覆盖手段。插入一个文本框,其大小与要覆盖的区域相适应,填充的颜色可与底色一致,也可用其他颜色,但不可用无色(见图3-80)。

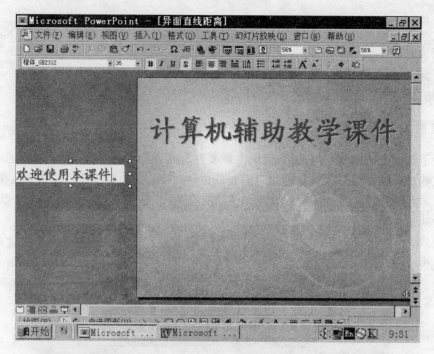

图 3-79　动态提示设置示例

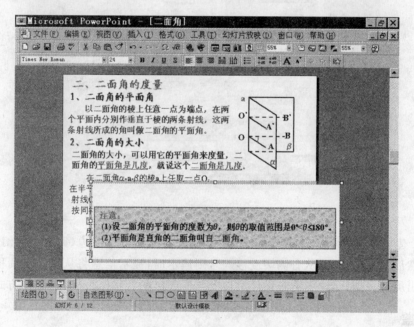

图 3-80　覆盖设计示例

若把覆盖与隐藏结合起来,则可设计出可在屏幕上任意位置显示提示信息,而又不破坏原来的屏幕内容的完整性与效果。

三、动画制作

1. 直接调用 PowerPoint 的动画

例如，要在屏幕上显示从左往右画一条水平线段，可把线段对象的动画定义为"从左侧伸展"；要在屏幕上显示从左下往右上画一斜线段，则把线段对象的动画定义为"阶梯状向右上展开"即可。依此不难设计出其他动画效果。

若要在屏幕上显示连续画出矩形的过程，则绘图时必须用画线工具分别画出矩形的四条边，然后按上述方法依次合理地定义各边的动画效果即可。

2. 自己创作动画

PowerPoint 自身的动画在课件设计中是远远不够的，但可利用 PowerPoint 提供的动画，巧妙地制作旋转、平移等动画效果，而不必调用其他工具软件。设计的关键是运用"快速闪烁"，下面结合实例说明一般制作方法。

如图 3-81 所示，AD 是 $\triangle ABC$ 的高（或中线），欲制作一个使 $\triangle ABD$ 绕 AD 旋转的动画，其制作过程如下。

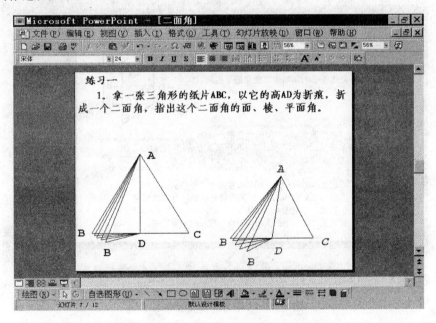

图 3-81　旋转动画设计示例

（1）画出初始状态的 $\triangle ABC$ 和 AD（注意：为了实现动画效果，BC 应由 BD、DC 组成）。

（2）依次画出不同位置状态下的 AB 和 BD，并把同一位置状态下的 AB 和 BD 组合为一个对象（注意：若要旋转得快，则少画几个 AB 与 BD 组，否则多画几个既可以起延时作用，而且动画效果更佳）。

（3）定义动画。按旋转次序依次给上述 AB、BD 组定义动画（参见图 3-75）。其中第一组在"动画和声音"下拉列表框中选择"出现"，在"动画播放后"下拉列表框中选择"下次单击隐藏"，"时间"栏定义为"在上一对象出现后 0 秒"；第二组在"动画和声音"下拉列表框中选择"快速闪烁","时间"栏定义为"单击鼠标";第三组至倒数第二组均在"动画和声音"下拉列表框中选择"快速闪烁","时间"栏定义为"在上一对象出现后 0 秒";最后一组在"动画和声音"下拉列表框中选择"出现","时间"栏定义为"在上一对象出现后 0 秒",如此大功告成。播放时,一开始△ABD 会与△ACD 几乎同时出现(注意:△ABD 的动画顺序应排在△ACD 之后,如此才能达到与△ACD 同时出现,形成△ABC 完整出现的效果),单击鼠标后,第一组自动隐藏,后面各组快速闪烁,形成动画。

清楚了上一动画的设计原理,读者不难设计出各种组合动画,如平移、跳跃等。

四、让对象按教学进程灵活显现

让文字信息与图形信息按自然的教学顺序逐步显现是课件设计的最基本的要求。其制作的基本方法可通过下面的实例来说明。

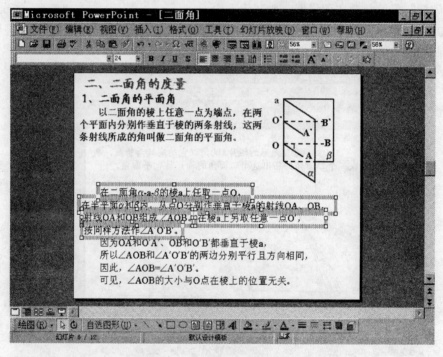

图 3-82　文字与图形交替出现示例

如图 3-82 所示,这一段课件是要求文字与图形信息交互出现。先出现一段文字信息,接着按文字信息显现相应的图形信息。从图中可以看出,要达到如此效果的关键是对不同时间显现的文字信息采用不同的文本框进行定义。有时文字信息较长而一行显示不完需在下一行继续显示时,对下一行也应单独采用一个文本框,这是为了能与上一文本框的内容同时显现,其方法有两个:一是在定义该文本框的动画时,"时间"栏定义应为"在上一对象出现后 0 秒";二是把上下两行需同时显现的文字的文本框组合成一个对象,再定义动画。

对于要求按行逐行显示的文本信息,显然用上述方法则比较麻烦,这时也可用一个文本框。但要注意的是,一行内容录入完毕应按回车键后,再录入下一行的内容。定义动画时，"效果"选项卡中的"引入文本"栏内选"按字"或"按字母"选项，并单击下一选项，使其设置为"按照第一层段落分组"。

习 题

1. 复习与思考

(1) PowerPoint 有什么优点和缺点？它最适合用于哪种课件？

(2) 你在学习或运用 PowerPoint 制作课件的过程中发现了哪些新的技巧？

(3) PowerPoint 在绘图方面与 Word 有什么不同？

2. 建议活动

(1) 设计一个有自己特色的模版。

(2) 对你所选择的一个课时的教学内容，在前章准备的基础上，用 PowerPoint 作一个完整的课件。

第四章 Authorware 与多媒体课件的制作

 内容提要

本章主要内容包括：Authorware 的标题栏、菜单栏和工具栏的具体内容、程序流程设计窗口及知识对象窗口；Authorware 课件的组成；显示图标、等待图标、擦除图标、声音图标、电影图标的作用、用法、操作方法及各项参数的意义及设置；移动图标的作用、各类动画的设计方法及各项参数的意义与设置；群组图标的作用、用法、操作方法；交互图标的用法、操作方法及各项参数的意义与设置；框架图标和导航图标的作用、设计方法及各项参数的意义与设置；程序的跳转与调用；Authorware 动态作图；Authorware 文件的运行及文件属性的设置、文件备份等的方法；文件打包过程中参数的选择及文件打包的方法。

学习目标

（1）了解 Authorware 的启动过程与方法，熟悉 Authorware 的界面；掌握 Authorware 的标题栏、菜单栏和工具栏的具体内容，熟悉 Authorware 的程序流程设计窗口及知识对象窗口；掌握 Authorware 课件的组成。

（2）掌握显示图标、等待图标、擦除图标、声音图标、数字电影图标的作用和操作方法以及各项参数的设置。

（3）掌握移动图标的作用，熟练掌握点到点、点到直线、点到区域上计算点、任意路径到终点、任意路径到指定点等类型动画的操作方法以及各项参数的设置。

（4）掌握交互图标的作用，熟练掌握按钮响应、热区域响应、热对象响应、目标区域响应、菜单响应、条件响应、文本响应等交互类型的作用和操作方法及各项参数的设置。

（5）熟练掌握框架图标和导航图标的作用、设计方法以及各项参数的设置。

（6）熟练掌握 Authorware 程序跳转与调用的方法。

（7）掌握 Authorware 运态作图的基本方法。

（8）熟练掌握 Authorware 文件的运行及文件属性的设置、文件备份等的方法；熟练掌握文件打包过程中参数的选择及文件打包的方法。

（9）能综合应用上述知识制作简单的、较完整的课件。

Authorware 是一个功能强大、操作方便的多媒体课件制作系统。一个好的多媒体应用程序既要有文本资料信息，还要包括声音、图像、动画，同时还要可以实现交互。Authorware 的功能就是把上面说的素材组织起来，并且配上交互，制作出一个程序。本章以 Authorware 7.0 中文版为主，系统介绍制作多媒体课件的方法。

▶▶▶ 第一节 Authorware 的启动和设计窗口简介

一、Authorware 的启动

单击"开始"→"程序"→"Authorware"选项,打开 Authorware。进入 Authorware 时,在屏幕上会显示有关欢迎画面,用鼠标单击画面上的任何一部分,该画面就立刻消失。即进入如图 4-1 所示的画面。单击"取消"按钮,即进入 Authorware 的编辑设计窗口。

图 4-1 为新文件选择工作对象画面

二、Authorware 界面

Authorwarer 主界面如图 4-2 所示。屏幕最上面是标题栏,接下来是菜单栏,第三行是工具栏。左边是图标工具条,Authorware 中绝大部分功能都集中在图标工具条上。中间的窗口就是 Authorware 的主窗口——程序设计窗口,也就是编写程序的地方,当中的一根竖线叫做流程线,所有的元素诸如声音、图像、交互等都在流程线上进行安排。

1. 标题栏

图 4-3 中显示的是 Authorware 窗口中的标题栏。最左边的圆形图形为 Authorware 的标志,单击该标志,弹出下拉菜单来控制 Authorware 软件窗口。其中各选项含义如下。

还原:恢复 Authorware 默认窗口大小。

移动:选择该命令,使用鼠标可以移动该窗口的位置,也可以用鼠标拖动标题栏来移动该窗口。

大小:调整程序窗口的大小。

最大化:将程序窗口变成最大。

Authorware 中文版: [未命名]
文件(F) 编辑(E) 查看(V) 插入(I) 修改(M) 文本(T) 调试(C) 其他(X) 命令(O) 窗口(W) 帮助(H)
[未命名]
层 1
流程线
标题栏
菜单栏
工具栏
程序设计窗口
图标工具条

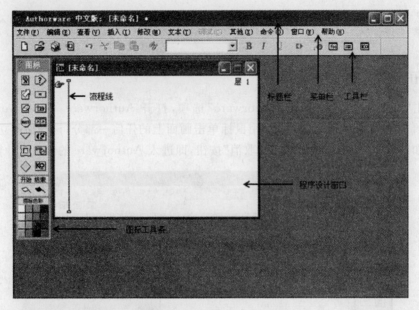

图 4-2　Authorware 主界面

Authorware 中文版: [未命名]
还原(R)
移动(M)
大小(S)
最小化(N)
最大化(X)
关闭(C) Alt+F4
插入(I) 修改(M) 文本(T) 调试(C) 其他(X) 命令(O) 窗口(W) 帮助(H)

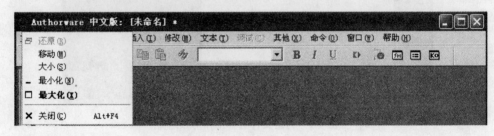

图 4-3　Authorware 标题栏

最小化:将程序窗口最小化,放置到 Windows 的任务栏中。

关闭:选择该选项,退出 Authorware,关闭该应用程序(快捷键为 Alt+F4)。

2. 菜单栏

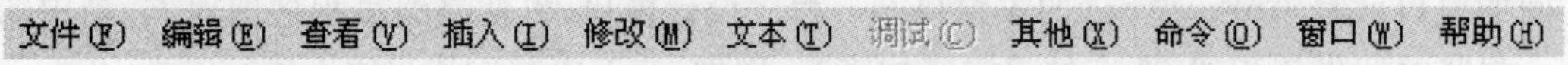

文件(F) 编辑(E) 查看(V) 插入(I) 修改(M) 文本(T) 调试(C) 其他(X) 命令(O) 窗口(W) 帮助(H)

图 4-4　Authorware 菜单栏

(1) 文件菜单。如图 4-5 所示,主要功能为对文件、媒体素材、模型以及打印、打包、发送电子邮件等进行操作。

① 新建:新建一个文件或库。

② 打开:打开一个已知的文件或库。

③ 关闭:关闭文件。

④ 保存:保存文件。

⑤ 保存为:将文件换名保存。

⑥ 压缩保存:对文件压缩保存。

⑦ 全部保存:保存全部内容,包括当前文件和库。

⑧ 导入和导出:引入外部文件;将作品中的媒体素材输出保存。

⑨ 发布:把作品打包成可发布的应用程序。

⑩ 存为模板:将选定的图标保存为模组。

⑪ 转换模型:把以前版本的模组转换为当前版本的模组。

⑫ 参数选择:对外接视频设备等进行设置。

⑬ 页面设置:对页面进行设置。

⑭ 打印:打印 Authorware 文件。

⑮ 发送邮件:向网络发送电子邮件。

⑯ 退出:退出 Authorware 系统。

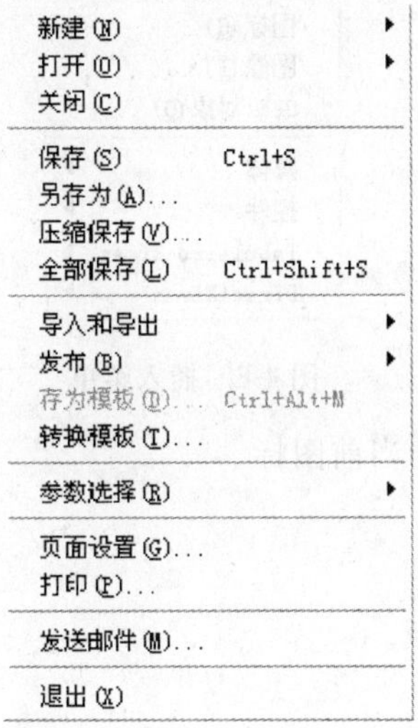

新建 (N)	▶
打开 (O)	▶
关闭 (C)	
保存 (S)	Ctrl+S
另存为 (A)...	
压缩保存 (V)...	
全部保存 (L)	Ctrl+Shift+S
导入和导出	▶
发布 (B)	▶
存为模板 (D)	Ctrl+Alt+M
转换模板 (T)...	
参数选择 (R)	▶
页面设置 (G)...	
打印 (P)...	
发送邮件 (M)...	
退出 (X)	

图 4-5　文件菜单

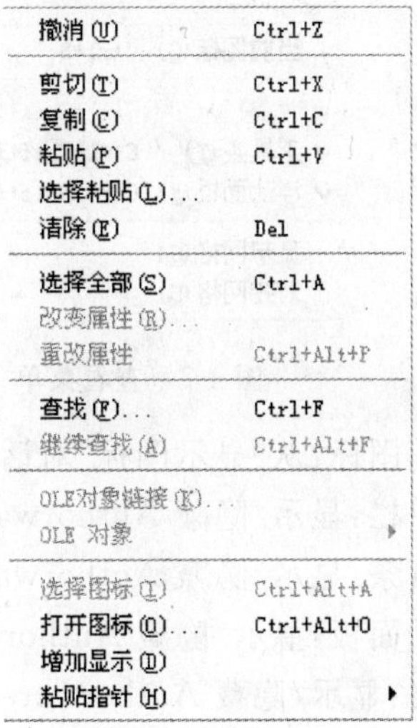

撤消 (U)	Ctrl+Z
剪切 (T)	Ctrl+X
复制 (C)	Ctrl+C
粘贴 (P)	Ctrl+V
选择粘贴 (L)...	
清除 (E)	Del
选择全部 (S)	Ctrl+A
改变属性 (R)...	
重改属性	Ctrl+Alt+P
查找 (F)...	Ctrl+F
继续查找 (A)	Ctrl+Alt+F
OLE对象链接 (K)...	
OLE 对象	▶
选择图标 (I)	Ctrl+Alt+A
打开图标 (O)...	Ctrl+Alt+O
增加显示	
粘贴指针 (H)	▶

图 4-6　编辑菜单

(2) 编辑菜单。如图 4-6 所示,编辑菜单是对流程线上的图标或画面上的对象提供编辑功能。

① 撤销:恢复本次修改之前的操作。

② 剪切:把选定的内容剪切到剪贴板上。

③ 复制:把选定的内容复制到剪贴板上。

④ 粘贴:把剪贴板上的内容粘贴到画面上。

⑤ 选择粘贴:选择一种粘贴格式将剪贴板上内容粘贴到画面上。

⑥ 清除:清除选定的内容。

⑦ 选择全部:选择全部内容或图标。

⑧ 改变属性:对一个或几个图标的属性内容进行批量修改。

⑨ 重改属性:对属性重新修改。

⑩ 查找:对 Authorware 文件、运算图标内语句中的图标名称、变量,图标中的文本和关键字进行查找、替换。

⑪ 继续查找:查找和替换下一个要查找的内容。

⑫ OLE 对象链接:显示当前 OLE 对象有关的信息列表,利用它可以中断 OLE 对象的链接或打开相应的程序进行编辑。

⑬ OLE 对象:对链接和嵌入对象进行编辑。

⑭ 打开图标:打开选定的图标。

⑮ 增加显示:打开显示图标并将其内容加入到先前已打开的显示图标"对话框。

⑯ 选择图标:用来选择流程线左侧指针☞下方的图标。

⑰ 粘贴指针:实际上移动流程线左侧的指针,可使指针从当前位置向上、向下、向左(当左侧有图标时)、向右(当右侧有图标时)移动一个位置。

(3)查看菜单。如图 4-7 所示,它的功能是用来设置操作界面的外观。

图 4-7 查看菜单

图 4-8 插入菜单

① 当前图标:从"显示图标"对话框快速切换到当前图标。

② 菜单栏:显示/隐蔽 Authorware 菜单栏。

③ 工具条:显示/隐藏 Authorware 工具栏。

④ 浮动面板:显示/隐藏 Authorware 浮动面板。

⑤ 网格:显示/隐藏 Authorware 作图网格。

⑥ 对齐网格:确定是否在网络上锁定作图位置。

(4)插入菜单。如图 4-8 所示,它能够在流程或"Display Icon(显示图标)"对话框中插入一些对象或媒体。

① 图标:在流程线上插入知识对象图标。

② 图像:将编辑好的图像插入到 Authorware 设计窗口中。

③ OLE 对象:修改图形、图像属性。

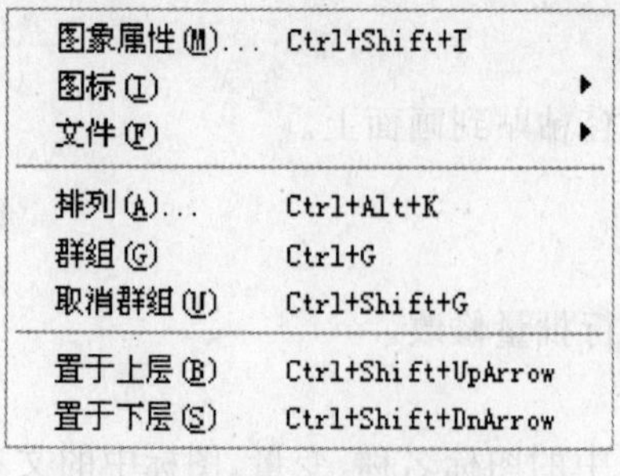

④ 控件:支持调用 ActiveX 控件。

⑤ 媒体:支持调用 Gif 动画、Shockwave Flash Movie 或 Quick Time 的素材。

(5)修改菜单。如图 4-9 所示,主要有一些对图标和文件的属性进行设置、对图标及其内容进行编辑修改的操作命令。

① 图像属性:调整显示图标中的图像属性。

② 图标:包含对图标属性、响应、计算以及链接库等修改命令。

图 4-9 修改菜单

③ 文件:包含对文件属性、字体贴图、调色板和导航设置的命令。

④ 排列:弹出对齐方式对话框,进行对齐方式的设置。

⑤ 群组:把选定图标组合成为一个群组图标。

⑥ 取消群组:把群组图标拆分为原始的独立图标。

⑦ 置于上层:把同一显示图标内被压在后面的对象提到前面。

⑧ 置于下层:把同一显示图标内的前面的对象压到后面。

(6) 文字菜单。如图 4-10 所示,提供对文字进行编辑处理的命令。

图 4-10　文本菜单　　　　　　　　　图 4-11　调试菜单

① 字体:设置字体类型。

② 大小:设置字体大小。

③ 风格:设置字体风格。

④ 对齐:设置字体对齐方式。

⑤ 卷帘文本:将选定的文本变成带滚动条的文本。

⑥ 消除锯齿:设置字体是否进行抗锯齿处理。

⑦ 保护原始分行:防止程序在不同机器上运行,正文被重新格式化为不同的长度。

⑧ 数字格式:设置嵌入到文本的数值型变量的显示方式。

⑨ 导航:导航方式设置。

⑩ 应用样式:选定一段文字,单击该菜单后弹出一个列表框,列出所有已经定义了的文字样式名称,选择其中一个,则设定了选定文字的样式。

⑪ 定义样式:规义字体风格如字体、字号、颜色等,并能定义热字属性等。

(7) 调试菜单。如图 4-11 所示,提供了程序运行控制命令。

① 重新开始:重新从头开始运行程序。

② 停止:停止运行程序,回到流程窗口。

③ 播放:继续运行程序。

④ 复位:清除控制面板窗口中的内容,重新从头开始运行程序。

⑤ 调试窗口:单步跟踪运行过程,记录图标执行情况,进入群组图标跟踪。

⑥ 调试单步:单步跟踪运行过程,记录图标执行情况,但不进入群组图标。

⑦ 从标志旗处运行:从流程起始标志旗开始运行。

⑧ 复位到标志旗:清除控制面板窗口中的内容,重新从流程起始标志旗处开始运行程序。

(8) 其他菜单。如图 4-12 所示,提供了拼写检查、声音转换等命令。

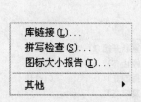

图 4-12 其他菜单   图 4-13 命令菜单

① 库链接:可以显示当前程序文件中与库文件有链接的图标,并可以利用该对话框中断链接。

② 拼写检查:对程序中的图标名、关键字、显示图标的文字(英文)内容进行拼写检查。

③ 图标大小报告:产生一个关于图标大小的文本文件。

④ 其他:包含斜 WAV 格式声音文件转换为 SWA 格式 Shock wave Audio 的声音文件命令。

(9) 命令菜单。如图 4-13 所示。

① Accessibility:可使用的命令,包括"Accessibility kit"(可使用的成套工具)和"Edit hotkeys"(编辑热键)两个子命令。

② Converters:即转换。这是 Authorware7.0 版本新增加的功能,支持导入 Microsoft PowerPoint 文件。

③ LMS:即 Learning Management System 的缩写,这是学习管理系统的知识对象。

④ Online Resources:即网上资源,包括 Macromedia 提供的资源和其他资源。

⑤ 汉化及教育站点:提供汉化的 Authorware 学习与支持的站点。

⑥ 轻松工具箱:一是可以用来编辑快捷键,二是可以通过轻松工具箱中的成套工具来轻松完成程序框架模块的设计。

⑦ 在线资源:即"Online Resources",这是汉化版的一个失误。

⑧ 转换工具:即"Converters",这是汉化版的又一个失误。

⑨ Find Xtras:查找 Xtras 文件。

⑩ RTF Objects Editor:RTF 即 Rich Text Format(丰富的文本格式)。这是一个 RTF 对象编辑器。对不仅可包含传统的文字及其格式信息,还可包含图像、图形等多种媒体信息带有多种媒体信息的这些常用文件格式,Authorware 提供了很好的支持,自带了 RTF 对象编辑器,使用户能够在 Authorware 编辑环境中直接创建、编辑 RTF 文件。

⑪ 查找 Xtras：即"Find Xtras"。

（10）窗口菜单。如图 4-14 所示，确定显示、还是关闭操作界面上的几种窗口。

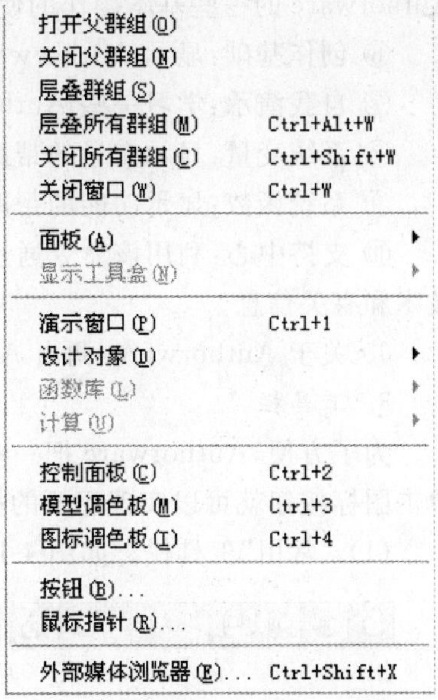

① 打开父群组：打开当前图标所在的上一级群组图标层。当没有上一级群组图标时无效。

② 关闭父群组：关闭已打开的当前图标所在的上一级群组图标层。

③ 层叠群组：层叠当前打开的图标所有上一级群组图标层。

④ 层叠所有群组：层叠当前打开的所有群组图标层。

⑤ 关闭所有群组：关闭当前打开的所有群组图标层。

⑥ 关闭窗口：关闭当前打开的群组图标层及所有下级图标层。

⑦ 面板：用来打开"属性"、"函数"、"变量"、"知识对象"等面板。

打开父群组 (O)	
关闭父群组 (N)	
层叠群组 (S)	
层叠所有群组 (M)	Ctrl+Alt+W
关闭所有群组 (C)	Ctrl+Shift+W
关闭窗口 (W)	Ctrl+W
面板 (A)	▶
显示工具盒 (N)	▶
演示窗口 (P)	Ctrl+1
设计对象 (D)	▶
函数库 (L)	▶
计算 (U)	▶
控制面板 (C)	Ctrl+2
模型调色板 (M)	Ctrl+3
图标调色板 (I)	Ctrl+4
按钮 (B)…	
鼠标指针 (R)…	
外部媒体浏览器 (E)…	Ctrl+Shift+X

图 4-14　窗口菜单

⑧ 显示工具盒：在演示窗口的状态下用来打开"线"、"填充"、"模式"、"颜色"等工具盒。

⑨ 演示窗口：用来打开当前显示图标的演示窗口，作用与双击该显示图标相同。但若当前图标是群组图标时，则打开该群组图标中的第一个显示图标的演示窗口。

⑩ 设计对象：用来关闭当前正在设计的程序。

⑪ 函数库：关闭打开的函数库窗口。

⑫ 计算：选择关闭已打开的计算图标窗口。

⑬ 控制面板：打开或关闭控制面板。

⑭ 模型调色板：打开或关闭模型调色板。

⑮ 图标调色板：打开或关闭图标调色板。

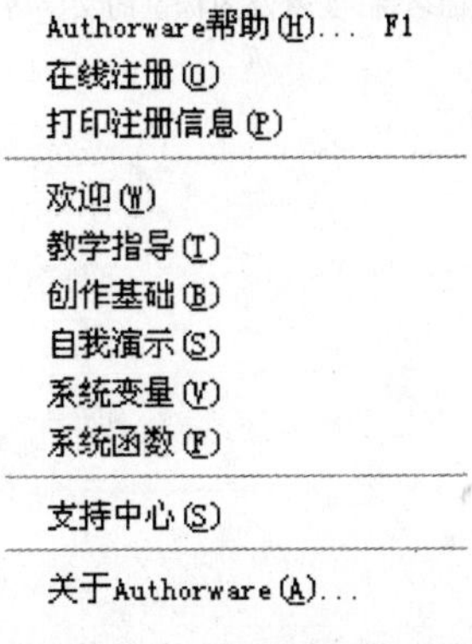

Authorware帮助 (H)… F1
在线注册 (O)
打印注册信息 (P)
欢迎 (W)
教学指导 (T)
创作基础 (B)
自我演示 (S)
系统变量 (V)
系统函数 (F)
支持中心 (S)
关于Authorware (A)…

图 4-15　帮助菜单

⑯ 按钮：打开或关闭按钮对话框窗口。

⑰ 鼠标指针：打开或关闭鼠标对话框窗口。

⑱ 外部媒体浏览器：打开或关闭显示当前程序中调用的外部媒体的浏览器窗口。

（11）帮助菜单。如图 4-15 所示，提供了 Authorware 比较详细的在线帮助内容。

① Authorware 帮助：调出帮助主页。

② 在线注册：提供 Authorware 在线注册功能。

③ 打印注册信息：提供集中打印用户注册的各种信息。

④ 欢迎：主要是提供一个 Flash 动画，对 Authorware 的新功能、新产品以及技术支持等进行简单介绍。

⑤ 教学指导：相当于 Authorware 的一个简单教程，提供用户查找和学习 Authorware 的一些基本操作的使用方法。

⑥ 创作基础：显示 Authorware 的基本操作方法。

⑦ 自我演示：学习一些 Authorware 的应用实例。

⑧ 系统变量：显示变量的帮助信息。

⑨ 系统函数：显示功能的帮助信息。

⑩ 支持中心：利用该命令通过网络到 Authorware 开发中心获得 Authorware 最新的技术和有关信息。

⑪ 关于 Authorware：调出 Authorware 有关信息画面。

3. 工具栏

为了方便，Authorware 把一些常用命令以图标按钮的形式组成工具栏，使用者直接单击图标按钮就可以实现想要的操作。

(1)"常用"工具栏。如图 4-16 所示，其图标按钮的名称和功能如表 4-1 所示。

图 4-16　"常用"工具栏

表 4-1　"常用"工具栏各图标按钮的名称和功能

按　钮	名　称	功　能
	新建按扭	新建一个 Authorware 文件(库)
	打开按钮	打开一个已存在的文件(或库)
	保存按钮	对编辑的文件(或库)进行保存，但不退出编辑状态
	插入按钮	插入对象
	还原铵钮	撤销本次操作
	剪切按钮	把选中的内容(如流程线上的图标或展示窗中的对象)剪切到剪切板上
	复制按钮	把选中的内容拷贝到剪切板上
	粘贴按钮	与剪切按钮、复制按钮配合使用，可以把剪切板上的内容粘在适当的位置
	查找/替换按钮	利用此按钮可以查找/替换 Authorware 文件中的图标名称、变量及图标里的文字等
 [Default Style]	风格列表按钮	可以选择一个文本风格应用于文本
B	粗体按钮	使选中的文字变为粗体
I	斜体按钮	使选中的文字变为斜体
U	下划线按钮	为选中的文字添下划线
	运行按钮	运行正在编辑的 Authorware 程序
	控制面板按钮	调出程序运行控制面板、可以进行跟踪调试
	函数按钮	调出函数窗口
	变量按钮	调出变量窗口
	帮助按钮	单击此按钮，再单击菜单或按钮命令，就可以得到相应的 Authorware 5.1 和帮助信息

（2）"图标"工具栏。Authorware 特有的工具栏,它提供了进行多媒体创作的基本单元——图标,其中每个图标具有丰富而独特的作用,其具体功能如表 4-2 所示。

表 4-2　"图标"工具栏各按钮的名称和功能

按　　钮	名　　称	功　　能
	显示图标	显示文字、图形、静态图像等,这些文字或图形可以从外部引入,也可以直接用 Authorware 提供的文本、绘图工具创建
	移动图标	使选定图标中的内容（文字、图片、数字电影等）实现简单的路径动画,有 5 种运动方式
	擦除图标	用来擦除选定图标中的文字、图片、声音、动画等
	等待图标	可以使程序暂停,直到设计者设定的响应条件得到满足为止
	导航图标	用于建立超级链接,实现超媒体导航
	框架图标	与导航图标相互配合,可以制作翻页结构或超文本文件
	判断图标	按照设定确定流程到底沿着哪个分支执行
	交互图标	提供用户响应,实现人机交互,Authorware 5.1 提供了多达 11 种的交互类型,使人机交互的方式更加多样化
	计算图标	是存放程序的地方,Authorware 的图标能够实现一些基本的功能,但要制作比较专业的多媒体作品,就需要通过程序来辅助进行,这些程序的载体就是运算图标,如在计算图标中可以为变量赋值、执行系统函数等
	群组图标	程序窗口的大小是有限的,太多的图标放在同一条流程线上,有可能不会全部看到他们,通过群组图标可以把流程线上的多个图标上的多个图标组合到一起,形成下一级流程窗口,从而缩短流程线
	数字电影图标	也称为动画图标,利用它可以对播放方式进行控制
	声音图标	控制外接声音播放设备
	视频图标	控制外接视频播放设备
	流程起始图标	用于程序调试。把此标志放在流程上,当用它执行程序时,Authorware 会从标记所在处执行
	流程终止图标	把此标志放在流程线上,当执行程序时遇到这个标志时,会立即停止执行
	调色板	用它来为图标着色,可以让程序开发者方便区分各类图标,它对程序的最后执行没有影响

4. 窗口

（1）程序流程设计窗口。如图 4-17 所示,窗口左侧的一条贯穿上下的直线叫做流程线,对图标的操作必须在流程线上进行。标题栏上有当前程序的文件名,在未给当前程序起名保存之前,系统自动命名为"未命名"。窗口右上角的"层 1"字样,表明当前窗口是第一层,若流程线上有群组图标,双击打开后,其流程窗口会有"层 2"字样,表明该窗口是第二层,是由第一层派生出来的。

（2）知识对象窗口。如图 4-18 所示,其中提供了所有的知识对象,可供程序调用。

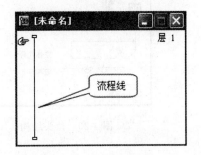

图 4-17　程序设计窗口

三、Authorware 课件的组成

一节课的课件可以由片头、主界面、主要教学内容及结束几部分组成。片头提供的主要是课题、作者姓名、单位等内容；主界面提供的是用户的交互界面，上面有一些主要教学内容的功能模块名称，通过人机交互能进入某一个教学内容，一个教学内容结束后，一般要求回到主界面；结束部分提供的是"再见"等内容。

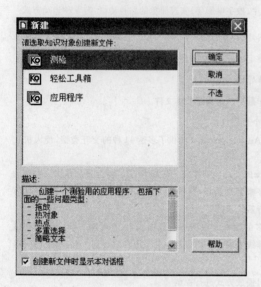

图 4-18　知识对象窗口

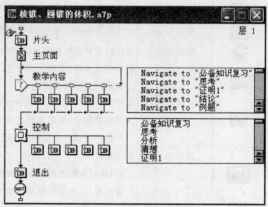

图 4-19　一般课件的结构

如图 4-19 所示为一个数学课件实例，其一级流程线上的程序主要由片头、主页面、教学内容和退出四部分组成。片头主要由封面、动画以及开始音乐等组成，如图 4-20 所示；主页面由课题名称、教学纲要组成；教学内容包括一组热区响应和一个退出按钮；退出包括封底、制作人信息和一个确认退出按钮，如图 4-21 所示。

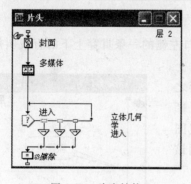

图 4-20　片头结构

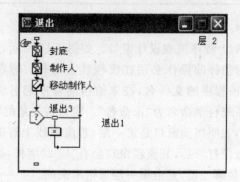

图 4-21　退出结构

▶▶▶ 第二节 显示图标、等待图标、擦除图标

一、显示图标

显示图标是 Authorware 中构建多媒体项目的基本图标。它可用来展现多媒体作品中所有静态对象,包括文字、图形、图像。

显示图标的用法:从"图标"工具条中将显示图标拖动到流程线上,并且命名(要养成给图标命名的好习惯,Authorware 默认的图标名字都是"未命名",一个程序里面有几十个甚至上百个"未命名"的话,会使你不知所措的)。

1. 在演示窗口中导入文本

(1) 在 Authorware 窗口中,选择"文件"中的"新建"子菜单项,建立一个新文件。

(2) 将鼠标指针指向图标工具栏中的"显示图标",按住鼠标左键不放,将它拖到设计窗口的主流线上。

(3) 单击"未命名",键入一个图标名称(如"课题"),然后在设计窗口的其他任意处单击一下,完成对图标的命名。显示图标的属性可在窗口下方的属性对话框中进行修改,如图 4-22 所示。

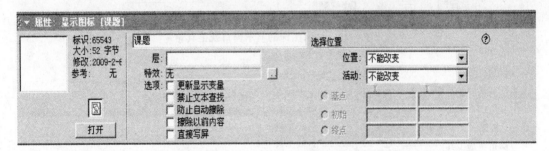

图 4-22 显示图标属性对话框

(4) 双击流程线上的"显示图标",弹出如图 4-23 所示的显示图标的演示窗口对话框和工具箱。其中,工具箱中各工具名称如图 4-24 所示。

(5) 单击绘图工具箱上的"文本"工具,然后单击编辑窗口中央偏左的地方,这时屏幕上出现一个标尺,相当于 Word 中的文本框。

(6) 输入文字"计算机辅助教学"。

(7) 单击"指针"工具,在文字两端出现 6 个小方块构成的控制点,拖动控制点可改变文本框的大小。

(8) 单击"文本"→"字体"→"其他"选项,选择适当的字体,如楷书。

(9) 单击"文本"→"大小"→"其他"选项,在弹出的对话框中选择适当的字体大小,如48 号字。

(10) 单击工具箱中的"文本/线着色工具",弹出如图 4-25 所示的色彩选择对话框,选择合适的字体颜色,如红色。

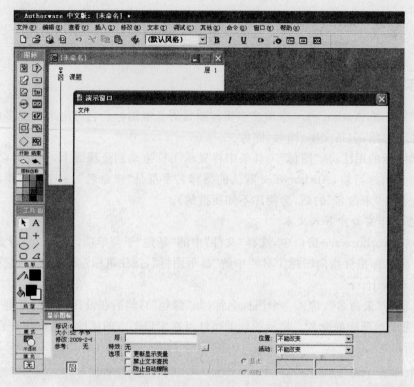

图 4-23　显示图标的演示窗口及工具箱

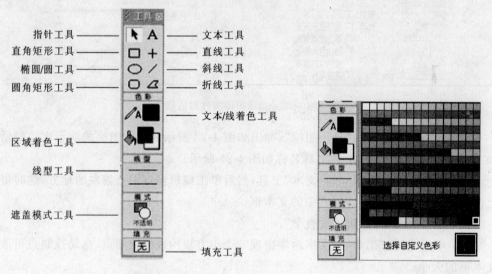

图 4-24　工具箱各工具名称　　　　图 4-25　色彩选择对话框

　　（11）在"文本"菜单中选择"消除锯齿"命令,设置是否要抗锯齿处理（抗锯齿可使字体光滑）。

　　（12）如果要使字体成为粗体、斜体或有下划线,分别单击"常用"工具栏上的按钮。

说明：如果文本过长，一幅显示不下，可选择"文本"→"滚动条"菜单命令，为文本设置滚动条。

我们也可通过"剪贴板"导入其他文字处理软件中的文本，也可以直接导入文本文件中的文本。

2．在演示窗口中绘制图形

图形在课件制作中应用十分广泛，如数学图形、化学装置图等，其制作的方法也很多。我们可以通过 Authorware 提供的工具箱，直接制作一些简单的图形，如图 4-26 所示。

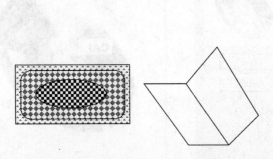 

图 4-26　用工具箱工具作简单图形　　　　图 4-27　填充工具

（1）单击"直角矩形"工具，在演示窗口中，按下鼠标左键并拖动鼠标，屏幕上就会出现一个矩形。调节矩形周围的选择句柄，改变矩形的大小。调出"色彩选择窗口"，设置矩形的边框色和填充色。

（2）单击"圆角矩形"工具，在演示窗口中，按下鼠标左键并拖动，产生一个圆角矩形。调节圆角矩形右上角的选择句柄，可改变圆角的曲率。

（3）双击绘图工具栏中的"直角矩形"、"圆角矩形"、"折线工具"中的任何一个工具，会出现如图 4-27 所示的填充对话框，在其中选择合适的填充形式。

（4）单击"图解"工具栏中的"多边形"工具，在演示窗口画出一个多边形。

（5）单击椭圆工具，同时按住"Shift"键，可画一个圆。

（6）把所有的图形选中，选择"修改"菜单中的"群组"命令，将选中的图形变成一个组。

3．在显示图标中使用外部图片

Authorware 提供的绘图功能非常有限，它不能完全满足我们的要求。我们可以先在其他软件（如 Word 2000、WPS 2000、几何画板等）上绘制，然后粘贴到 Authorware 的"显示图标"对话框，这样在几何画板上就可以绘制非常精确的几何图形。

（1）用鼠标拖动一个"显示"图标到设计窗口的主流线上，并取名"CAI"。

（2）双击 CAI 显示图标，进入"显示图标"对话框。

（3）单击"常用"工具栏上的"导入"按钮 🔳，打开如图 4-28 所示的"Import Which File（输入哪一个文件）"对话框。

（4）在文件列表中选择要导入的图片，如果选中"Show Preview（显示预览）"选项，可以在右侧的小窗口看到所选文件的缩略图。

（5）单击"Import（输入）"按钮（或双击所需文件名），将图片导入"显示图标"对话框。

（6）如果需要，可以通过句柄来调整图像的大小，也可以调整图像位置。

（7）使用"文本"工具，在画面上键入"CAI"，设置好字号、字体、字体颜色、消除锯齿等，结果如图 4-29 所示。

图 4-28　"Import Which File"对话框

图 4-29　遮盖模式下的文字

（8）选中文字"CAI"，双击"指针"工具，打开如图 4-30 所示的对话框，它提供了多个图形互相叠盖时的显示模式。

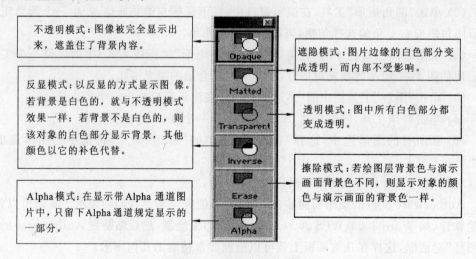

图 4-30　遮盖模式对话框

（9）选择"透明模式"，结果如图 4-31 所示。

4. 显示效果的设置

对显示图标中对象的显示方式可进行过渡效果的设置。为了观察过渡效果的情况，

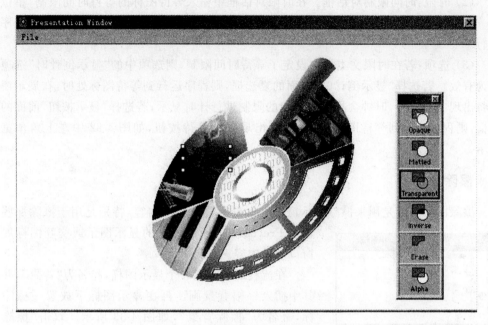

图 4-31 透明模式下的文字显示方式

可以在打开的"特效方式"对话框中单击"应用"按钮,此时将在演示窗口内预览过渡效果,但对话框本身并不关闭,便于用户对当前的过渡效果进行修改。

在"特效方式"对话框内,Duration 用于设置过渡效果的持续时间(以"秒"为单位),Smoothness 用于 yymyml 设置过渡效果的平滑程度,它们是每一种过渡效果的参数,通过它们的调整,可以实现不同的显示特色。单击 Reset 按钮时,将撤销当前的 Duration、Smoothness 设置值,恢复原有的参数设置。

二、等待图标

使用等待图标,可更好地控制程序的运行。在流程线上加上等待图标可设置等待时间、等待结束的触发事件等。图 4-32 是等待图标属性设置对话框。

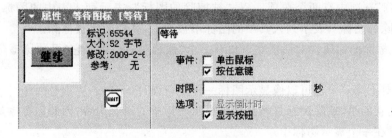

图 4-32 等待图标属性对话框

(1)事件:等待结束触发事件。Authorware 提供了两种结束等待过程的事件,即单击鼠标和按任意键。可通过选择所需项前面的复选框来选取触发等待结束的事件。

（2）时限：时间限制对话框。在时限对话框中输入等待图标的等待时间限制，单位为秒。当等待时间到时，不论等待结束的触发事件是否发生，都将结束等待过程继续程序的执行。

（3）选项：若在时限文本框中设定了等待时间限制，则选项中的"显示倒计时"选项将变为有效。若选择"显示倒计时"前面的复选框，则程序运行到等待图标处时，在展示窗口中将出现一个时钟，时钟会按照时限中的限制进行计时显示；若选择"显示按钮"前面的复选框，则程序运行到等待图标处时，还会出现一个等待按钮，如图 4-32 中左上角预览框所示。

三、擦除图标

擦除图标主要是用来擦除演示窗口中不再需要的显示内容，特别是用于擦除那些设置了 Prevent Auto Erased 的显示图示或交互图标展示窗口中的内容。

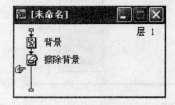

图 4-33　擦除图标示例

在流程线上放置一个显示图标，起名为"背景"，并在其中插入一幅背景画。再在显示图标下放置一擦除图标，命名为"擦除背景"，如图 4-33 所示。双击"擦除背景"图标，即出现擦除图标属性对话框，如图 4-34 所示。

图 4-34　擦除图标属性对话框

（1）单击显示窗口中的内容，为擦除图标擦除的内容。

（2）单击"特效"选项后面的 按钮，弹出 Transition 对话框，通过此对话框中可定义擦除过程的过渡效果。

（3）"列"选项中有两个选项：一是"被擦除的图标"，表示列入表中的图标将被擦除；二是"不擦除的图标"，表示列入其中的图标不被擦除，其他的将被擦除。

（4）在擦除图标属性对话框左下角有一个"预览"按钮，单击它，可预览擦除图标的擦除过程。

另外，对擦除效果也可以像显示图标一样进行设计。

需要注意的是，擦除图标是擦除一个显示图标中的所有内容，因此需要擦除的内容应当单独放置在一个显示图标中。

▶▶▶ 第三节　声音图标和数字电影图标

声音和动画是多媒体作品中的重要组成部分。本节我们将介绍声音和数字电影图标,利用它们可以轻松方便地在课件中加入音乐、声音,调入动画与影视作品。

一、在课件中添加声音

如同影视作品一样,多媒体作品中的声音也可分为配音和音效两种。配音主要是指单纯的语音介绍,如解说词等语音文件;音效是指一些用于烘托画面的背景音乐,当然有时也把两者合起来使用。

Authorware 的声音图标直接支持的声音文件格式主要有 aiff、pcm、swa、vox、wav等,一般常用的就是 wav 文件。另外,还可以通过函数调用的方式来播放 MIDI 音乐。把声音文件导入我们在上面所做的文件程序中的方法如下:

(1)建立一个新文件,在流程线上放置一显示图标,命名为"背景",双击该图标,并插入一背景图片。

(2)在"背景"图标的下面加入一个声音图标,命名为"音乐"。

(3)对于"音乐"声音图标属性,在窗口下方出现如图 4-35 所示的对话框。

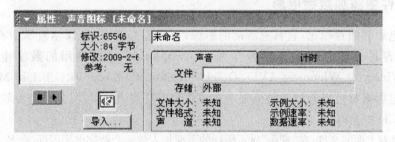

图 4-35 声音图标属性对话框

(4)单击"导入"按钮,打开"输入哪个文件"对话框,选择要输入的声音文件,单击"导入"按钮。

(5)单击"计时"选项卡,如图 4-36 所示。图中参数含义如表 4-3 所示。

图 4-36 "计时"选项卡设置

表 4-3 声音图标属性中"计时"选项卡的选项参数含义

项　目	选　项
执行方式	等待直到完成:将声音文件播完后,才继续执行主流线上的下一个图标 同时:同时执行本声音图标和下一个设计图标 永久:声音图标永久处于被激活的状态,同时监视用户在播放输入框中输入的变量。当变量为真时,开始播放声音

续表

项 目	选 项
播放	播放次数:在输入框中,可以输入变量或表达式来代表播放的次数 直到为真:同时要在"执行方式"选项中选择"永久"选项,然后在下面的输入框中输入变量或表达式,当该表达式变成"真"时,Authorware 开始播放声音文件
速率	声音播放速度,100 为正常速度
开始	决定何时播放声音,可以用变量或条件表达式来控制
等待前一声音完成	选中此选项,则一直等到前一声音播放以后才播放

（6）根据需要设置下列参数：在"执行方式"下拉列表中选择"同时"；在"播放"下拉列表中选择"播放次数"，次数设定为"1"；其余为默认值。

（7）完成对声音图标的设置，并保存文件。

二、在课件中添加数字电影

数字电影和图片相比，它具有活动的影像，有的还有配音，在课堂教学中有时比静止的图像更容易让学生理解课堂教学内容，Authoware 可以调用的数字电影格式有 Director、Video for Windows（AVI）、Quick Timefor Windows、FLC/FlI 和 MPG。课件中的数字电影素材可以通过视频采集卡从录像片中获得，也可以从其他商业软件、各种素材光盘、VCD 中获得。

（1）接着上面的文件，在"音乐"显示图标的下面加入放一个数字电影图标，命名为"蓝球"。

（2）双击"蓝球"数字电影图标，出现如图 4-37 所示的对话框。

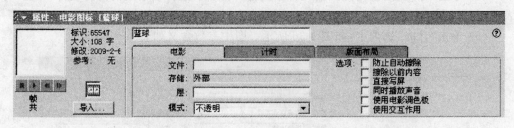

图 4-37 电影图标属性对话框

（3）在"文件"框中导入蓝球数字电影，单击"计时"选项卡，打开如图 4-38 所示的对

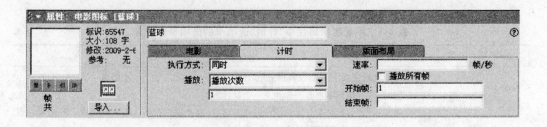

图 4-38 "计时"选项卡设置对话框

话框。图中的参数含义如表 4-4 所示。

表 4-4 电影图标属性中"计时"选项卡的选项参数含义

项　目	选　项
执行方式	等待直到完成：Authorware 将在播放完数字电影后，继续执行下一个图标的内容 同时：Authorware 将在播放数字电影的同时，运行紧接着数字电影图标的下一个图标 永久：Authorware 永久保持该数字电影图标处于被激活状态，即使该图标已经运行完毕。 　　Authorware 将随时监视属性对话框中设置的变量。当变量发生了变化时，Authorware 将 　　随即根据变量进行调整
播放	播放次数：按一个固定次数或变量值来重复播放 直到为实：重复播放动画，直到下面的表达式为真时才停止
速率	正常速度为每秒 20～30 帧，缺省值为每秒 25 帧
开始帧	定义动画从哪一帧开始播放
结束帧	定义动画到哪一帧结束

（4）在"播放"下拉列表中选择"播放次数"，播放次数设置为"1"，其余为默认值。

（5）调整好电影的大小和位置，保存文件并运行。

▶▶▶ 第四节　移　动　图　标

　　Authorware 具有简单的二维动画制作能力。移动图标本身并不具有移动对象功能，但是它可以驱动其他显示对象移动。这种显示对象可以是显示图标中的，也可以是数字电影等设计图标里的显示对象。

一、指向固定点的动画（Direct to Point）

　　指向固定点的动画是指物体从起点沿直线到终点的运动。下面的实例中，要制作一个课件"结束"部分，其中的制作群要运动到屏幕的中点。

　　（1）首先新建一个文件，并命名为"点到点例.a7p"，如图 4-39 所示。

　　（2）参照图 4-39 在主流线上放置图标并命名。

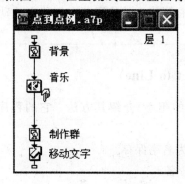

图 4-39　"点到点"动画设计实例

（3）双击"制作群"显示图标，弹出"显示图标"对话框，按图 4-39（右）所示输入文字。

（4）窗口下方有如图 4-40 所示的对话框。图中参数含义如表 4-5 所示。

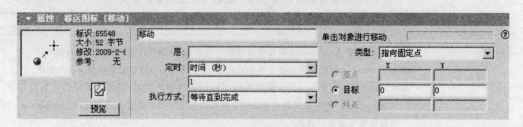

图 4-40 移动图标属性对话框

（5）在"类型"下拉列表中选择"指向固定点"，移动对象选择"制作群"，其余为默认值。

（6）将"制作群"拖到编辑窗口中央，保存文件，运行程序。

表 4-5 移动图标属性中主要选项的参数含义

项　目	选　项
动画类型	指向固定点：将一个显示对象从它当前点的位置沿一条直线移动到终点 指向固定直线上的某点：将显示对象从它当前位点的位置移动到已经设定好的一个直线上的某一点 指向固定区域内的某点：将显示对象从它当前点的位置移动到指定区域里的某一点上 指向固定路径的终点：将显示对象从它当前点的位置上沿预先设定的轨迹移动终点。这个轨迹可以由直线和曲线组合而成 指向固定路径上的任意点：将显示对象从它当前位点的位置上，沿预先设定的轨迹移动到其中的某一点。这个轨迹可以由直线和曲线组合而成
执行方式	等待直到完成：动画图标执行完毕后再执行下一图标 同时：执行动画图标的同时执行下一个图标
定时	时间（秒）：直接定义动画执行时间，以秒为单位 速率：正常速度为每秒 20～30 帧，缺省值为每秒 25 帧

练一练　　制作一个一组文字从屏幕右侧移入并从屏幕左侧移出的动画。

二、指向固定直线上的某点的动画（Direct to Line）

下面以打靶为例（让子弹随机地击中不同的靶心）介绍其方法。它的程序如图 4-41 所示。

（1）新建一个文件，以"点到线-打靶.a7p"为名字保存。

（2）参照图 4-39，在主流线上放置图标并命名。

（3）双击"靶子"显示图标，在打开的"显示图标"对话框中画 1 个靶子（用矩形工具和椭圆工具），先全部选中，并执行"修改"中的"群组"命令进行组合，再将其复制成 4 个靶子，并将其选中，如图 4-42 所示。

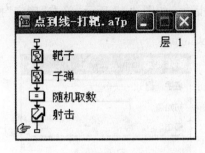

图 4-41　"点到线"动画设计实例

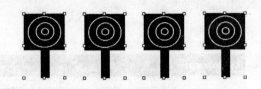

图 4-42　靶子排列

（4）选择"修改"中的"排列"命令，弹出排列工具箱，如图 4-43 所示。利用排列工具箱的"上对齐"和"水平等距离"命令将 4 个靶子等距离摆放整齐。

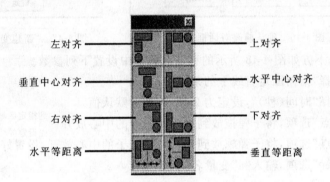

图 4-43　排列工具箱

（5）按住"Shift"键，并双击"子弹"显示图标，绘制子弹（可在 Word 中画好后剪切过来）。要注意的是，按住"Shift"键可以将上次"显示图标"对话框中的显示内容显示出来，作为本次作图的参照物。

（6）调整子弹的位置，使之处于屏幕下部的正中央，如图 4-44 所示。

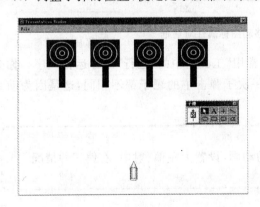

图 4-44

图 4-45　变量编辑窗口

（7）双击"随机取数"计算图标，出现一个变量编辑窗口，如图 4-45 所示。在该窗口中输入"a：＝Random(0,90,30)"，关闭窗口，弹出修改确认对话框，如图 4-46 所示。单击"是"按钮，关闭该对话框，屏幕上出现"新建变量"对话框，如图 4-47 所示，单击"确定"按钮确定。

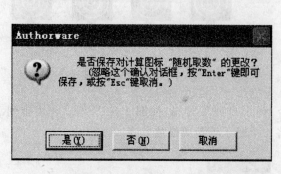

图 4-46　确认修改对话框　　　　　　　图 4-47　"新建变量"对话框

（8）在窗口下方如图 4-48 所示的移动对话框中设置下列参数。

· 类型：选择"指向固定直线上的某点"。

· 定时：选择"时间（秒）"，设定为 2 秒，其他为默认值。

· 单击"基点"选项，将子弹拖放到第一个靶子的中心放开。

· 单击"终点"选项，将子弹施放到最后一个靶子的中心放开，设置好直线的终点。

· 单击"目标"选项，输入"a"变量名。

图 4-48　移动图标属性对话框

（9）回到设计窗口，保存文件，单击"常用"工具栏中的"运行"图标运行程序。你会看到子弹击中靶心，反复执行程序，几乎每一次子弹击中的靶子都不相同，这是因为动画目标点的坐标取了随机数。

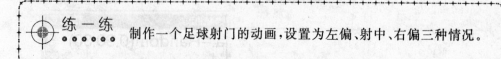

练一练　制作一个足球射门的动画，设置为左偏、射中、右偏三种情况。

三、指向固定区域内某点的动画（Direct to Grid）

指向固定区域内某点的动画和指向固定直线上某点的动画有很多相似之处，我们可以将上面作所的点到线的动画稍作修改，便可成为指向固定区域内某点的动画。

（1）打开"点到线-打靶. a7p"，将其另存为"点到区域-打靶. a7p"，并将"点到区域-打靶. a7p"确定为当前文件。

（2）首先将 4 个靶子复制一次，摆放在下面一排，如图 4-49 所示。

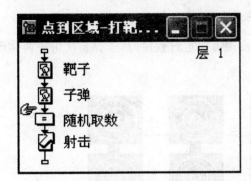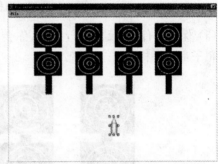

图 4-49 "点到栅格"动画设计示例

（3）双击"随机取数"计算图标，打开其编辑窗口，如图 4-50 所示修改参数。

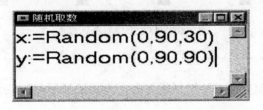

图 4-50 定义变量

（4）在窗口下方如图 4-51 所示的对话框中，设置下列参数，结果如图 4-52 所示。

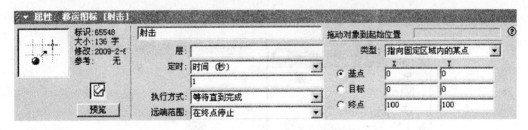

图 4-51 移动图标属性对话框

- 类型：选择"指向固定区域内的某点"。
- 定时：选择"时间（秒）"，设定为 2 秒，其他为默认值。
- 单击"基点"选项，将子弹移到左上角第一个靶子的中央。
- 单击"终点"选项，将子弹移到右下角最后一个靶子的中央。

·单击"目标"选项,在 x、y 输入框内分别输入 x 和 y 变量。

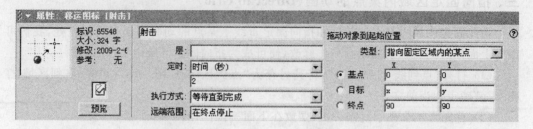

图 4-52 移动图标属性参数设置对话框

（5）保存文件,并反复运行文件,你会发现每次运行程序时,子弹每次击中两排靶子中的靶子都不一样。

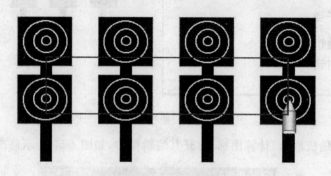

图 4-53 子弹射击区域

> 练一练 制作一个按用户输入的 x,y 组成的坐标(x,y)打靶的动画。

四、指向固定路径的终点的动画（Path to End）

例 1 制作一球斜抛后又落下的动画,如图 4-54 所示。

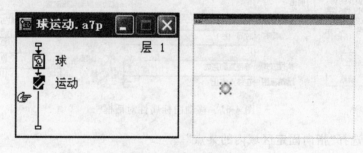

图 4-54 球运动程序

（1）新建一个文件,并保存为"球运动.a7p"。

（2）参照图 4-54 在主流线上放置图标并分别命名。

（3）双击"球"显示图标，在演示窗口左下半部绘制球（在 Word 中画好后，复制即可）。

（4）在窗口下方的移动图标属性对话框中设置下列参数，如图 4-55 所示。

· 类型：选择"指向固定路径的终点"。

· 定时：选择"时间（秒）"，设定为 5 秒，其他为默认值。

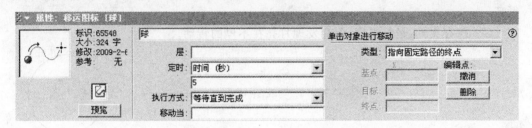

图 4-55　移动图标属性对话框

（5）将球用鼠标从屏幕的左下方拖动至右下方，这时屏幕的底部便出现一条直线，单击直线的中间，出现一个三角形节点，如图 4-56（a）所示。

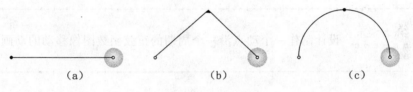

图 4-56　移动路径设置

（6）将中间的三角形节点拖动至屏幕的中上部，如图 4-56（b）所示。

（7）双击中上部的三角形节点，使出现一半圆形的路径，三角形节点同时也变成了圆形节点，这便是球的运动轨迹，如图 4-56（c）所示。

（8）整个动画制作过程到此结束，保存文件并单击"运行"图标，你会看到球被抛起又落下的运动过程。

例 2　制作月亮绕着地球转的动画。

（1）新建一个文件，并保存为"月亮绕地球转.a7p"。

（2）参照图 4-57 在主流程线上设置 4 个图标并分别命名。

（3）双击"地球"显示图标，在演示窗口画一个圆表示地球。

（4）按住"Shift"键，双击"月亮"显示图标，在地球一侧画一个月亮。

（5）窗口下方的"属性：移动图标"对话框，参数设置参照例 1。具体操作如下：

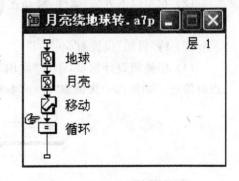

图 4-57　月亮绕地球转程序

· 选择月亮图作为移动对象，月亮图中出现一黑色三角形节点如图 4-58（a）所示。

· 将月亮图移至地球图的另一侧，出现第 2 个节点。

· 在与第一个节点对称的线上单击一下,出现第 3 个节点,如图 4-58(b)所示。

· 将第 1、3 两个节点移动到一起并重合,如图 4-58(c)所示。

· 双击重合在一起的节点,便出现圆形的运动轨迹,如图 4-58(d)所示。

(6)双击计算图标,在编辑窗口中输入"Go To(IconID@"地球")",以实现程序的循环。

(7)保存文件,运行程序,你会发现月亮在不停的转动。

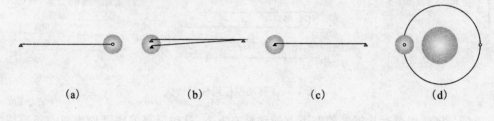

(a)   (b)   (c)   (d)

图 4-58   设置运动轨迹

练一练   设计制作一个动点沿一个周期的正弦函数图像移动的动画。

五、指向固定路径上的任意点的动画(Path to Point)

指向固定路径上的任意点的动画是在沿固定路径到终点的动画方式的基础上制作的。两者非常相似,而区别仅在于后者可以选择路径上任意一点作为动画的目标点,而前者只能沿路径一次到达终点。

我们只要将例 1 作一些简单的修改,便可实现我们的目的。

(1)调出"球运动.a7p",将它另存在为"球运动 1.a7p",并将它作如下修改。

(2)在窗口下方的"属性:移动图标"对话框中,将动画类型设置为"指向固定路径上的任意点"。

(3)将"目标"设置为 50。

(4)切换回设计窗口,单击"常用"工具栏中的"运行"图标,运行程序,球升起至最高点时停止。如果再一次调整"目标"参数值,球便会在不同的地点停止。

▶▶▶ 第五节   视频图标、群组图标

一、视频图标

视频图标在 Authorware 的编程中使用较少,它用来驱动计算机外部的媒体硬件,如放映机、投影仪、录象机等设备。一般使用较少,只有在某些特殊场合时才能用到。所以这里不作介绍,如果有兴趣可以参阅其他参考书。

二、群组图标

我们在进行 Authorware 编程时会发现,随着在主流线上放置的图标越来越多,小小的设计窗口已经无法容下这么多的图标,这时,我们该怎么办呢?

合理的作法是将整个程序分成模块,每一个模块都完成一定的功能,而且每一个模块中都只有一个入口和一个出口,然后在主流线上设计各个模块的关系。这样的设计思想被称为结构化程序设计。一般情况下,我们把完成一定功能的程序模块称为子程序。子程序的设计有两种途径。

第一种方法是使用群组图标。使用群组图标的方法是将子程序中的所有图标选中,然后选择"修改"菜单中的"群组"命令(或按 Ctrl+G)。

第二种方法是将子程序分别放置在不同的.a7p 文件中。如按教材的章节将各章分别制作成一个.a7p 文件:第一章.a7p,第二章.a7p 等;再将各个.a7p 打包成.a7r 文件,这每一个.a7r 文件就是一个模块。然后再制作一个总程序,利用函数在总程序中调用每一个模块。

▶▶▶ 第六节　交互图标

交互能力是计算机的优势所在,也可以说交互性是多媒体的核心。如果缺少交互性,Authorware 的作用同一台录象机并没有本质上的区别。正因为 Authorware 具有丰富的交互功能,使用它制作出来的多媒体软件才变得多姿多彩。Authorware 的交互作用是通过交互图标来实现的,可以通过使用交互图标建立各种类型的交互方式。Authorware 的交互方式主要有 11 种方式,即按钮响应、热点区域响应、热对象响应、目标区响应、下拉菜单响应、条件响应、文本响应、按键响应、重试限制响应、时间限制响应、事件响应。

一、选择交互图标类型

Authorware 中,实现交互的主要工具是交互图标。其操作步骤如下:

(1)创建一个新文件,在主流线上加入一个交互图标。

(2)在交互图标的右侧加入一个显示图标或群组图标,这时就会出现一个"交互类型"对话框,如图 4-59 所示。

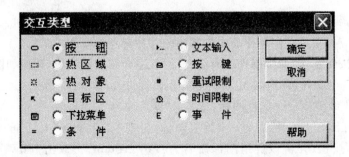

图 4-59　"交互类型"对话框

（3）根据需要，选择适当的响应类型。响应类型见表 4-6 所示。

表 4-6　响应类型的说明

响　　应	说　　明
按钮响应	可在"显示图标"对话框创建按钮，用此按钮与计算机进行交互。按钮的大小和位置以及名称都可以改变，且还可加上伴音。Authorware 提供了一些标准按钮，可任意选用。若觉得不够满意，还可以自己创造。当用户单击按钮时，计算机会根据用户的指令，沿指定的流程线（响应分支）执行
热区域响应	可在展示窗中创建一个不可见的矩形区域，采用交互的方法，在区域内单击、双击或把鼠标指针放在区域内，程序就会沿该响应分支的流程线执行，区域的大小和位置可以根据需要在展示窗中任意调整
热对象响应	与热区响应不同，该响应的对象是一个物，即一个实实在在的对象。对象可以是任意形状，而不像热区响应区域一定是个矩形。这样这两种响应可以互为补充，大大提高了 Authorware 交互的可靠性、准确性
目标区响应	用来移动对象，当用户把对象移动到目标区域，程序就沿着指定的流程线执行。用户需要确定要移动的对象及其目标区域的位置
下接菜单响应	创建下拉菜单，控制作品的流向
按键响应	对用户敲击键盘的事件进行响应，控制作品的流向
条件响应	当指定条件满足时，这个响应可使作品沿着指定的流程线执行
重试限制响应	限制用户与当前程序交互的尝试次数。当达到规定次数的交互时，就会执行规定的分支，我们常用它来制作测试题；当用户在规定次数内不能回答出正确答案，即退出交互
时间限制响应	当用户在特定时间内未能实现特定的交互，这个响应可使作品按指定的程序继续执行，常用于"时间输入"等
文本响应	用它来创建可以输入字符的区域，当用户用回车结束输入时，作品按规定的流程线继续执行，常用于输入密码、回答问题等
事件响应	用于对程序流程中使用的 ActiveX 控件的触发事件进行响应

（4）单击"交互类型"对话框的"确定"按钮，关闭对话框，则该显示图标或群组图标附着在交互图标之上。

二、按钮响应

在程序中，我们经常要设计一些按钮来实现某种操作，如"选择"按钮、"退出"按钮等，可以说按钮响应类型是多媒体作品中最常用的一种交互响应方式。

下面通过按钮制作"课件制作工具简介"的程序介绍按钮响应，程序如图 4-60 所示。

（1）建立一个文件，并命名为"课件制作工具简介.a7p"。

（2）在主流线上放一个交互图标，命名为"课件内容"。

（3）在交互图标的右侧加入一个群组图标，出现"交互类型"对话框，选择"按钮"类型，单击"确定"按钮，并将该群组图标命名为"PowerPoint"。双击"PowerPoint"群组图标，在打开的二级流程线上放置一显示图标，在其中插入 PowerPoint 启动界面图，在图片的下部键入"PowerPoint 界面"文字，如图 4-61 所示。

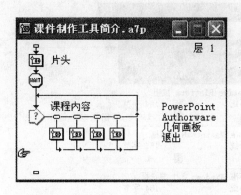

图 4-60　"课件制作工具简介.a7p"程序

图 4-61　PowerPoint 界面图

（4）单击 PowerPoint 群组图标上的按钮响应标志，窗口下方出现如图 4-62 所示的对话框，单击"按钮"选项卡，按图所示设置参数。

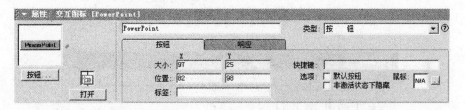

图 4-62　"按钮"选项卡设置对话框

（5）单击"响应"选项卡，进入到如图 4-63 所示的界面，按图所示设置参数。

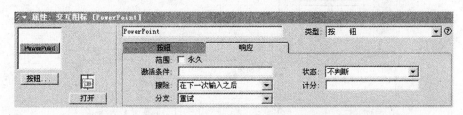

图 4-63　"响应"选项卡设置对话框

（6）单击图 4-62 中右下角的"鼠标"后面的按钮，会出现一个"鼠标指针"对话框，如图 4-64 所示。选择手形光标，单击"确定"按钮关闭对话框，即可看见在"鼠标"后的小窗口中出现一个手形光标的样式。

（7）单击图 4-62 中左下角的"按钮…"按钮，打开如图 4-65 所示的"按钮"对话框。

（8）选择按钮样式。如果全部都不喜欢，单击"添加"按钮，弹出如图 4-66 所示"按钮编辑"对话框。

（9）单击"图案"右边的"导入"按钮，打开

图 4-64　"鼠标指针"对话框

图 4-65 "按钮"对话框

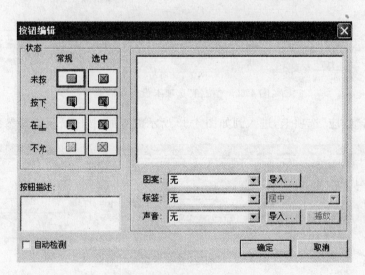

图 4-66 "按钮编辑"对话框

"导入哪一个文件"对话框,选择一个合适的图像文件,可将该图像作为自定义按钮,单击"导入"按钮,回到"按钮编辑"对话框。

（10）单击"声音"右边的"导入"按钮,弹出"导入哪一个文件"对话框,选择一个适合的声音文件,如"打字. wav",单击"导入"按钮,以后运行程序,单击此按钮时就会发出该声音。

（11）单击"确定"按钮,回到"按钮"对话框,再单击"确定"按钮,完成设置。

（12）依次在"PowerPoint"图标旁放置群组图标并分别命名为"Authorware"、"几何画板"、"退出";并分别参照"PowerPoint"群组图标的参数进行设置。

（13）双击交互图标,在弹出的窗口中将各按钮放置在合适的位置。

（14）保存文件，运行程序后，当单击各按钮时，便会调出相应的图片，如图 4-67 所示。

图 4-67 运行程序后的界面

练一练 用按钮响应制作一堂课的教学课件的总菜单页面，项目包括复习引入、讲授新课、课堂练习、课堂小结、布置作业和退出六项。

三、热区域响应

热区域响应是用鼠标敲击屏幕的某一区域或将鼠标放入屏幕某一区域而作出的响应。以例"课件制作工具简介"为基础，将其改为热区域响应。

（1）将上述文件另存为"课件制作工具简介（热区）.a7p"。

（2）双击"PowerPoint"热区域响应标志，在窗口下方的"属性：交互图标"对话框中，单击"热区域"选项卡，进入如图 4-68 所示的对话框。

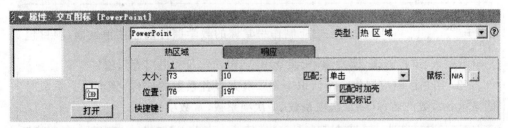

图 4-68 "热区域"选项卡设置对话框

（3）设置参数。在"匹配"的下拉列表中选择"单击"；将"鼠标"选择手形光标；其他为默认值。

（4）单击"响应"选项卡，进入如图 4-69 所示的对话框。

图 4-69 "响应"选项卡设置对话框

（5）设置参数。在"擦除"的下拉列表中选择"在下一次输入之后"；在"分支"的下拉列表中选择"重试"；其他为默认值。

（6）对"PowerPoint"群组同前一样进行设置。

（7）参照"课件制作工具简介.a7p"程序，在交互图标的右侧放置其他群组图标并命名。

（8）参照"PowerPoint"群组图标，设置其他各群组图标。

（9）文件保存，运行程序，当单击各按钮时，便会转为执行相应的群组图标内容。程序及运行后的结果如图 4-70 所示。

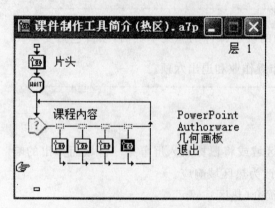

图 4-70 程序及运行后的界面

练一练 （1）用热区响应制作一堂课的教学课件的总菜单页面，项目包括复习引入、讲授新课、课堂练习、课堂小结、布置作业和退出等六项。

（2）用热区响应制作一个认识一元二次方程各系数的课件，要求单击系数时能显示各系数的名称（如二次项系数、一次项系数、常数项）。

四、热对象响应

热对象响应和热区响应的区别在于,后者是对固定的区域进行响应,前者是对固定显示对象进行响应。设定对象后,即使调整该显示对象的位置,响应仍然有效。而且,敲击对象响应的响应范围是以显示对象的边界为限制的,所以它适用于一些不规则的显示对象。应注意的是,每个对象必须用一个独立的显示图标来定义。

(1) 新建名为"课件制作工具简介(热对象).a7p"。

(2) 在主流线上放一个显示图标,并命名为背景,导入背景图。

(3) 在主流线上放置一个群组图标,并命名为"对象组"。

(4) 双击"对象组"图标,出现第二层程序设计窗口。

(5) 在第二层程序设计窗口主流线上放 4 个显示图标,如图 4-71 所示。

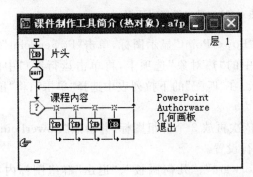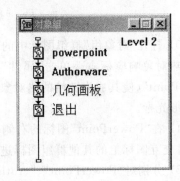

图 4-71　程序流程图

(6) 在 4 个图标中分别输入"PowerPoint"、"Authorware"、"几何画板"、"退出"等文字。分别调整它们的位置和大小,直至如图 4-72 所示。

图 4-72　热物位置图

（7）在主流线上放一个交互图标，并命名为"热对象响应"。

（8）在"交互图标"的右侧放一个群组图标，在弹出的"响应类型"对话框中选择"热对象"类型，并将该群组图标命名为"PowerPoint"。

（9）单击"PowerPoint"群组图标上的热对象响应标志，窗口下方出现"属性：交互图标"对话框，如图 4-73 所示。

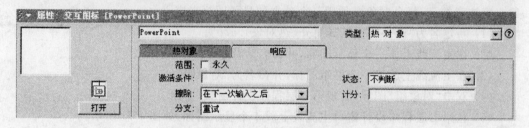

图 4-73 "热对象"选项卡设置对话框

（10）打开"对象组"群组图标中的"PowerPoint"显示图标，单击"PowerPoint"群组图标上的热对象响应标志。单击"属性"中的"热对象"选项卡，再单击运行窗口中的文字"PowerPoint"，使其成为链接的热对象。在"匹配"的下拉列表中选择"单击"；将"鼠标"设置为手形光标。

（11）在"PowerPoint"图标的右侧依次再放 3 个群组图标，并参照"PowerPoint"群组图标，对交互图标上的其他群组图标进行设置。

（12）分别对"PowerPoint"、"Authorware"、"几何画板"、"退出"群组图标内容进行设计。

（13）保存文件，运行程序。当我们单击图中的某一个文字时，程序便转向执行相应的群组图标。

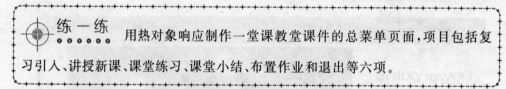

练 一 练 用热对象响应制作一堂课教堂课件的总菜单页面，项目包括复习引入、讲授新课、课堂练习、课堂小结、布置作业和退出等六项。

五、目标区响应

目标区响应是允许用户移动的响应形式。使用可移动对象，并且结合使用变量，我们通常可以实现这样一种目的：如果用户将对象移动到正确位置；则该对象停留在正确位置；如果用户没有将对象移动到正确位置，则对象自动回到原来位置。我们可以应用它来设计课堂教学的选择题，或让学生拼接或安装化学装置图和物理电路图等，达到及时反馈学习效果的目的。我们以拼图为例来说明。

（1）新建一个文件，并命名为"拼图.a7p"

（2）在主流线上放 5 个显示图标，分别如图 4-74 所示进行命名。

（3）双击"初始状态"图标，在"显示图标"对话框画上如图 4-74 右图所示的"田"字框。

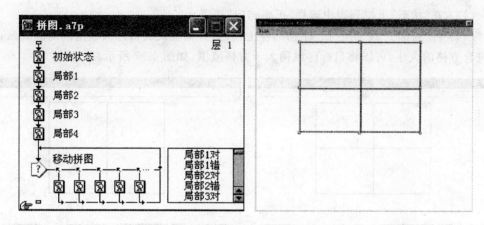

图 4-74 流程图与初始状态画面

（4）双击"局部 1"图标，在"显示图标"对话框的下方插入一局部图像。

（5）双击"局部 2"图标，在"显示图标"对话框的下方插入另一局部图像。

（6）双击"局部 3"图标，"在显示图标"对话框的下方插入第三幅局部图像。同样对"局部 4"图标进行操作。

（7）在主流线上再放一个"交互"图标，命名为"移动拼图"。

（8）在"移动拼图"交互图标的右侧放一个显示图标，在弹出的"响应类型"对话框中选择"目标区"，并将该图标命名为"局部 1 对"。

（9）双击"局部 1 对"显示图标上的移动对象响应标志，在窗口下方交互图标属性对话框中，单击"目标区"选项卡，进入到如图 4-75 所示界面。

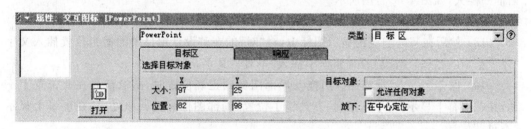

图 4-75 "目标区"选项卡设置对话框

（10）在"放下"下拉列表中选择"在中心定位"。

（11）单击"显示图标"对话框中的"局部 1"图像，将它作为可移动对象。

（12）单击交互图标属性对话框中的"响应"选项卡，进入到如图 4-76 所示的界面。

图 4-76 "响应"选项卡设置对话框

（13）在"状态"下拉列表中选择"正确响应"选项。

（14）将"局部1"移动至"田"字格的左上格内，并调整代表目标区域范围的虚线框，使它符合方格的大小，可以将目标区域稍大于方格范围，如图4-77所示。

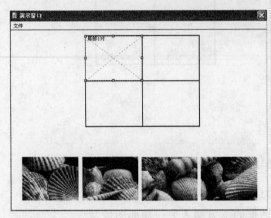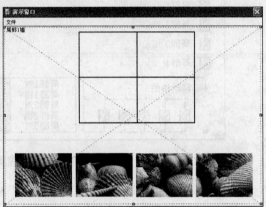

图4-77　热区设置

（15）在"局部1对"显示图标的右侧另放一个显示图标，并命名为"局部1错"。双击"局部1错"显示图标上的移动对象响应标志，在"属性"对话框中，单击"显示图标"对话框中的"局部1"图像将它作为可移动对象。在"目标区"选项中，"放下"选择"返回"，在"响应"选项中，"状态"选择"错误响应"，其他为默认值。

（16）调整代表目标区域范围的虚线框，使它的大小和"Display Icon（显示图标）"对话框一样大，如图4-77右图所示。

（17）参照对移动对象"局部1"的设计，设计其他三个局部的对与错的设置。

（18）然后在每一响应的显示图标中，对"对"的在其设计窗口中的适当位置插入文字"对了！"，在"错"显示图标设计窗口中插入"不对。"文字。

（19）保存文件，运行程序。当拖动局部图像到正确位置时，图像被放在此位置上不动，并在屏幕上显示"对了！"信息；若放错了位置，局部图像移动回原处，并在屏幕上显示"不对。"信息。

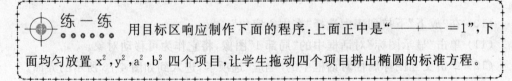

练一练　用目标区响应制作下面的程序：上面正中是"——＋——＝1"，下面均匀放置 x^2，y^2，a^2，b^2 四个项目，让学生拖动四个项目拼出椭圆的标准方程。

六、下拉菜单响应

下拉菜单响应是软件设计中使用最广泛的交互手段，它不占主界面，但如作为课堂教学的课件，教师在讲课时操作不太方便。这里以一个背景音乐的开关为例给大家介绍其使用方法。

（1）新建一个文件，并保存为"音乐.a7p"，在程序编辑窗口按图4-78所示放置图标，并为各图标命名、设置。

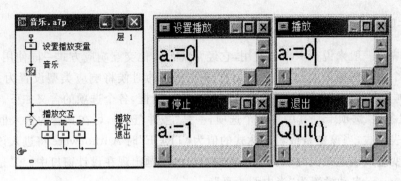

图 4-78　音乐程序流程图

（2）单击"音乐"图标，窗口下方出现"属性：声音图标"对话框，如图 4-79 所示。

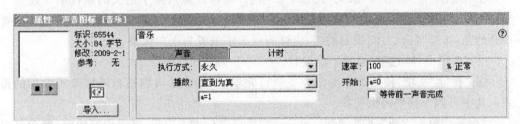

图 4-79　"属性"对话框

（3）单击"计时"选项卡，在"执行方式"下拉列表中选择"永久"；在"播放"下拉列表中选择"直到为真"，条件行输入"a＝1"；在"速率"处输入"100"；在"开始"处输入条件"a＝0"。

（4）单击"播放"计算图标上的响应标志，窗口下方出现如图 4-80 所示的对话框。

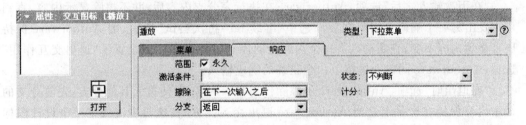

图 4-80　交互图标属性对话框对话框

（5）对"菜单"选项卡不作设置。单击"响应"选项卡，如图 4-80 所示进行参数设置。

（6）参照"播放"计算图标，对停止、退出计算图标上面的响应标志进行设置。

（7）保存文件，运行程序，会听到所导入的音乐，单击"停止"菜单命令关闭音乐，单击"播放"菜单命令打开音乐。

练一练　　用菜单响应制作一堂课教堂课件的总菜单页面，菜单项目包括复习引入、讲授新课、课堂练习、课堂小结、布置作业和退出等六项。

七、条件响应

条件响应一般来说很少单独使用,它经常配合其他交互响应方式一同使用。

将一个交互图标拖放到主流线上,在设置分支的时候将响应类型设置为条件响应。单击条件响应标志,窗口下方出现交互图标属性对话框,各个选项的含义如下。

(1)"条件"选项卡。其中有两个选项,一是"条件"选项,可在其后的输入框输入一个变量或者表达式,当该变量或者表达式的值为"TRUE"时 Authorware 将进入该条件响应分支。该变量或表达式同时也作为该条件响应的标题出现在设计窗口中。二是"自动"选项,Authorware 自动设置为"当由假为真"。

(2)"响应"选项卡。

①"范围"选项:值为"永久"。选中该项后,在属性对话框中定义的条件响应在整个文件中都可用,这样用户在设置其他的交互图标时,不用每一次都重新设置条件响应。要注意的是,按键响应、时间限制响应、尝试响应无法被置为永久保留。

②"激活条件"选项:系统不能设置。

③"擦除"选项:使用该项决定分支执行完毕后,其显示内容被自动擦除所采用的形式。其中有四个选项可供选择。

"在下次输入之前"选项,Authorware 在执行完分支内容后,就将内容擦除,然后显示交互图标显示的内容,等待下一个响应。如果在分支中使用群组图标,最好在结果前设置一个等待图标,以便在擦除前看清显示内容。如果在后面选择"继续"选项,则分支内容保持在屏幕上,直至输入一个正确的响应。如果在后面选择"退出交互作用",在退出交互作用后将分支显示内容擦除。

"在下次输入之后"选项,Authorware 在执行完分支内容后,并不擦除显示内容,直到用户发出另一个响应。如果在后面选中"继续"或"再次尝试"选项,则 Authorware 保持屏幕显示内容不变,直到输入下一个内容自动擦除。如果在后面设置了"退出交互作用"选项,Authorware 同样会等待下一个正确的响应输入。

"在退出时"选项,Authorware 不擦除任何显示内容,即使进入其他分支,先前分支的显示内容保持在屏幕上。当 Authorware 退出交互图标,在执行主流线下一个设计图标前,将所有显示对象擦除。

"不擦除"选项,保持所有显示对象在屏幕上不动,直到使用一个擦除图标将它们擦除。

④"分支"选项:使用下面的选项确定在一个分支完成后程序的流向。这个流向直接反映在设置窗口中,一目了然。

•"重试":选择该选项,返回交互图标后,等待下一个响应输入。

•"继续":判断在交互结构图中,该分支右边的其他分支是否与用户本次响应相匹配,如果有,则进入下一个分支,如果没有,等待用户输入下一个响应。

•"退出交互":从交互图标中退出,执行主流线下一个设计图标。

•"返回":如果在前面设置了该选项,Authorware 在执行完分支内容后,将跳转到首次设置"永久"选项所在位置。

⑤"状态"选项:该选项为本条件响应代表的答案设置正确或者错误的属性,以便于

Authorware 对用户的响应做出判断。

· "不判断"：对该响应正确与否不作判断。

· "正确响应"：将该响应设置为正确的响应。

· "错误响应"：将该响应设置为错误的响应。

判断一个响应是否正确，便于系统跟踪用户的表现，这一作用在设计检测题程序的时候十分有用。Authorware 提供了许多统计用户答案正确率的系统变量，这些变量都建立在对响应对错判断的基础上。

在设计窗口中，被设置为正确的响应前面加上了一个加号（＋）附加符，被设置为错误的响应前面被扣上了一个减号（－）附加符。不加判断的响应前没有任何标志。

八、文本响应

在交互程序设计中有时要求输入文字，Authorware 提供了文本输入响应方式来满足这方面的要求。下面以输入口令为例来说明文本响应。

（1）新建一个文件，并保存为"口令.a7p"，其程序设计如图 4-81 所示。

（2）在主流线上放一个显示图标，并命名为"提示输入口令"。

（3）双击显示图标，输入文字"请输入口令"。

（4）在流程线上放置一交互图标，在"交互"图标的右边放一个显示图标，在弹出的"交互类型"对话框中选择"文本输入"响应，并将图标命名为"xyz"。注意："xyz"即成为文本响应的内容，也即是正确的口令。

（5）单击文本响应标志，在窗口下方如图 4-82 所示的对话框中设置"文本输入"选项卡，按图 4-83 所示设置"响应"选项卡。

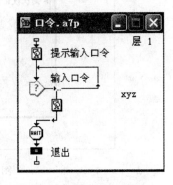

图 4-81 口令程序流程图

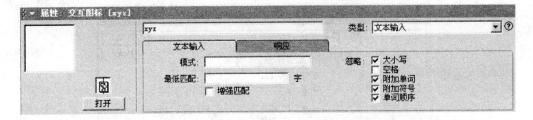

图 4-82 "文本输入"选项卡设置对话框

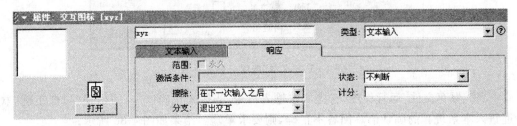

图 4-83 "响应"选项卡设置对话框

（6）双击"xyz"显示图标，在弹出的"显示图标"对话框输入"口令正确，欢迎进入本系统！"。

（7）双击主流线上的交互图标，弹出"显示图标"对话框，该对话框中间有一虚线框，将此虚线框移到"请输入口令："文字后面。双击虚线框，弹出"属性：交互作用文本字段"对话框，如图 4-84 所示。

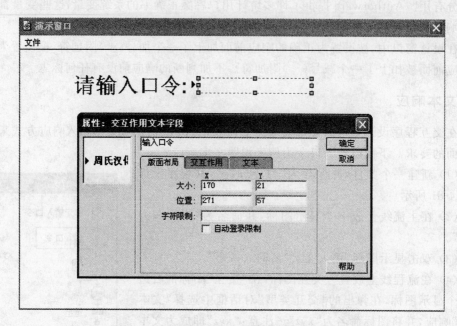

图 4-84　"属性：交互作用文本字段"对话框

（8）单击"文本"选项卡，进入到如图 4-85 所示界面，设置文本的大小、字体、颜色等属性。

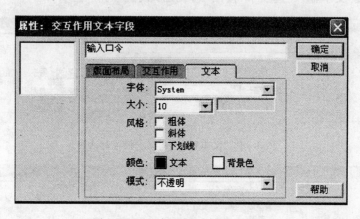

图 4-85　"文本"选项卡设置对话框

（9）保存文件，运行程序，首先要求输入口令，当输入正确口令，即出现"口令正确，欢迎进入本系统！"的确认语。回答不正确，则要求重输。结果如图 4-86 所示。

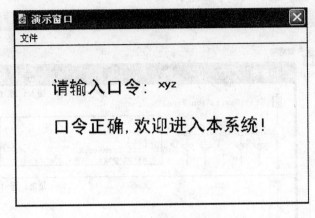

图 4-86　程序运行界面

▶▶▶ 第七节　框架图标和导航图标

框架图标和导航图标在 Authorware 开发多媒体课件中起着非常重要的作用。在课件中通常使用框架图标来管理页面,使用导航图标来实现程序在不同页面之间的链接和跳转,结合两者可以实现超级链接,以建立超文本的功能。

一、框架图标

使用框架图标可以很方便地设计含有图形、声音、动画和数字电影等组件的页面(外挂于框架图标的图标称为页面),在框架图标内部,Authorware 内嵌了一整套导航控件,利用这些导航控件制作的页面可使用户很轻松地浏览和翻阅。

在 Authorware 中,导航与框架图标密切相关,二者经常放在一起使用。导航结构为编程提供了选择路径的方法。使用导航图标可以实现用户在页面之间任意跳转,当遇到导航图标时,Authorware 就跳转到程序设计者在该导航图标中所设置的目标页上。

1. 缺省框架结构

打开一个新的程序文件,拖动一个框架图标到程序流程线上,双击该图标,显示框架图标缺省结构,如图 4-87 所示。从这可以看到,框架结构是由若干个基本图标组成的图标组,是一个复合图标。

框架图标的缺省结构由入口面板和出口面板两个部分组成。分隔线以上的部分为入口面板,分隔线以下的部分为出口面板。通过拖动分隔线右边的黑色小长方形可以调整入口面板和出口面板的相对大小。当 Authorware 进入框架图标,在执行第一页的内容之前,首先执行入口面板中主流程线上的图标,然后执行其他各页的内容;当其退出时,执行出口面板中的图标。

2. 入口面板

双击框架图标,可以打开框架图标的入口"进入"流程线和出口"退出"流程线。在入口面板中,系统已经为流程自动创建了一个显示图标和一个交互图标。其中的显示图标的展示窗口中包含一个图形对象作为交互图标上交互按钮的背景底图。显示图标下面是

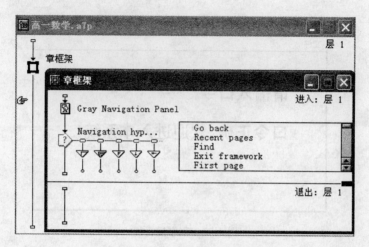

图 4-87 框架图标缺少框架结构

交互图标,在交互图标下,系统使用导航图标为该交互图标添加了许多按钮交互。这些用导航图标添加的交互分支实现了框架图标对于页面管理的常用功能,包括后退、当前页、查找、退出框架图标、跳到首页、跳到上页、跳到下页、跳到末页等。在通常情况下,可以使用系统提供的这种默认设置。如果有需要,可以在系统创建的基础上加入显示图标、声音或动画,也可以加入并设置计算图标使之影响局部或整个框架。甚至可将系统自动创建的交互删除后添加自己的背景图标和交互图标以及交互分支和交互方式。

3. 出口面板

当退出框架图标时,使用出口面板可使 Authorware 自动擦除显示的所有对象,终止任何永久交互,并回到程序原告进入框架图标的位置。在出口面板中可以进行某些设置,使 Authorware 退出框架图标时发生一些事件。

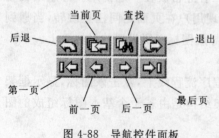

图 4-88 导航控件面板

4. 导航控件面板

Authorware 的框架图标提供了一整套导航控件,此导航控件共有 8 个按钮,双击交互图标可出现如图 4-88 所示的按钮。这些按钮是系统默认的。

5. 设置框架图标属性

右击框架图标,选择"Properties",弹出如图 4-89 所示的对话框。

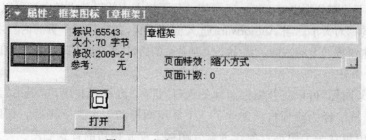

图 4-89 框架图标属性对话框

二、导航图标

在 Authorware 中,有两种类型的导航,一种是从一个文件跳转到另一个文件,这种功能主要是通过使用系统函数来实现的;另一种是在文件内部从一个地方跳转到另一个地方。使用导航图标能很方便地实现后一种跳转。

1. 在流程线上拖入一个导航图标,窗口下方出现导航图标属性对话框,如图 4-90 所示。

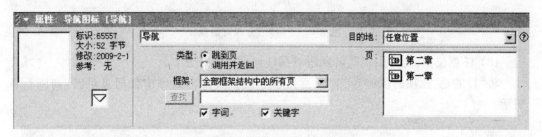

图 4-90　导航图标"属性"对话框

从图中可以看出,导航图标的预览区和图标信息区与一般图标的用法是一样的,名称区域显示的是导航图标的名称。这时要注意的是,在未对导航图标作任何改变之前,导航图标的名称缺省为"未命名",它的标志为一个小的倒三角形。

Authorware 提供了 5 种链接目的地的方式,它们分别是:

(1) 最近:回到最近访问过的页面。

单击导航图标,在导航图标属性对话框中,将"目的地"选项的值选择为"最近",代表可以跳转到已经浏览过的页面中,如图 4-91 所示,跳转方式由下列两种选项决定。

"返回":沿历史记录从后向前翻阅已使用过的页,一次只能向前翻阅一页。

"最近页列表":显示历史记录列表,可从中选择一页进行跳转,最近翻阅的页显示在列表的上方。

图 4-91　"最近"方式对话框

(2) 附近:允许在框架图标所有页面中跳转或跳出页面系统。

将"目的地"选项的值选择为"附近",这种转向类型可以在框架内部的页面之间跳转,也可以跳出框架结构,如图 4-92 所示。跳转方式由以下选项决定。

· "前一页":指向当前页的前一页。

· "下一页":指向当前页的后一页。

· "第一页":指向框架中的第一页。

·"最末页":指向框架中的最后一页。

·"退出框架/返回":退出当前框架。

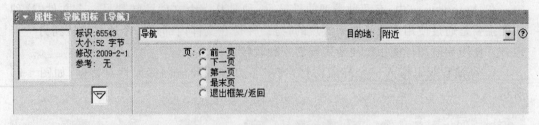

图 4-92　"附近"方式对话框

（3）任意位置：允许用户跳转到附属在任何框架的任意页。

将"目的地"选项的值选择为"任意位置"，代表可以向程序中任何页跳转，如图4-93所示。

图 4-93　"任意位置"属性对话框

① "类型"单选按钮组：用于设置跳转到目标页的方式。

·"跳到页"：直接跳转方式。

·"调用后返回"：调用方式。选择此方式，Authorware 会记录跳转起点的位置，在需要时返回到跳转起点。

② "框架"下拉列表框：选择目标页范围。在下拉列表框中选择某一框架后，其中包含的所有页都显示在右方的"页"列表框中，从中可以选择一个作为跳转目标页；在下拉列表框中选择"全部框架结构中的所有页"，则右方"页"列表框中将显示出整个程序中所有的页，然后直接从中选择一个作为跳转的目标页。

③ "查找"命令按钮：向其中右边的文本框中输入一个字符串，然后单击此按钮，所有查找的页会显示于上方列表框中，从中可以选择一个作为跳转的目标页。

④ "字词"复选框和"关键字"复选框：用于设置查找的字符串类型。

（4）计算：设置能返回图标标识值的表达式，当 Authorware 遇到导航图标后，就跳转到由表达式的值（图标标识值）所确定的页面图标处。

将"目的地"选项的值选择为"计算"，这种跳转类型根据对话框中给出的表达式的值决定跳转到框架中的页面，如图 4-94 所示。

·"跳到页"：跳转到目的后，即从目的页继续向下执行。

·"调用后返回"：跳转到目的页并执行后，返回跳转前的页面。

·"图标表达"文本框：可输入一个返回设计图标 ID 号的变量或表达式。

图 4-94　"计算"属性对话框

Authorware 会根据变量或表达式计算出目标页的 ID 号并控制程序跳转到该页中去。

（5）查找：使用户跳转到含有所要查找的单词或词语目标的页面。

将"目的地"选项的值选择为"查找"，单击"查找"命令按钮，会出现一个"查找"对话框，如图 4-95 所示。

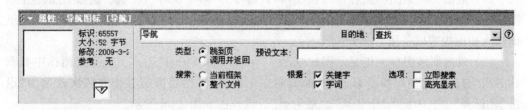

图 4-95　"查找"属性对话框

①"类型"单选按钮组：用于设置跳转到目标页的方式。

·"跳到页"：直接跳转方式。

·"调用并返回"：调用方式。

②"搜索"单选按钮组：用于设置查找范围。

·"当前框架"：仅在当前框架中查找。

·"所有文件"：在整个程序文件中的所有框架中查找。

③"根据"复选框组：设置查找的字符串类型。

·"关键字"：可以查找页图标的关键字。

·"字词"：可以在各页正文之中进行查找。

④"预设文本"：输入字符串或储存了字符串的变量，在打开"查找"对话框时，此字符串会自动出现在"字/短语"文本框中。

⑤"选项"复选框组。

·"立即搜索"：当单击"查找"命令按钮时，立即会对"设置文本"文本框中设置的字符串进行查找。

·"高亮显示"：显示被找到单词的上下文。

2. 直接跳转与调用

在对导航图标进行属性设置时，某些导航图标允许从两种跳转方式中选择一种，即直接跳转方式和调用方式。直接跳转方式是一种单程跳转；调用方式是双程跳转，即 Authorware 会记录跳转起点位置，跳转到目标之后，还可返回跳转点。可设置多达 10 种类型的链接。这10处链接均可使用直接跳转方式,但只有选择"任意位置"、"计算"、"查找"3种目的位置,才可以使用调用后返回方式。

使用调用方式需要两个导航图标:一个导航图标用于使Authorware进入到指定的页,此导航图标的跳转方式设置为调用方式;另一个导航图标用于使Authorware返回到原来的位置,调用时的超始导航设计图标可以在主流程线上、交互作用分支结构中、判断分支结构中或框架结构中,但调用时的终点导航设计图标必须是在框架窗口输入画面中,而且要将其设成退出框架/返回。

三、框架图标与导航图标应用实例

制作目的:用框架图标和导航图标实现翻页效果

制作流程:

(1)拖动一框架图标到程序流程线,将其命令为"第1课时",在其右边放置五个显示图标,分别命名为"复习引入"、"讲授新课"、"课堂练习"、"课堂小结"、"布置作业",并在里面插入相应内容以备用。

(2)双击框架图标。把显示图标"Gray Navigation Panel"删掉。在交互图标中有默认的八个按钮,我们作如下修改:把前面的三个去掉,保留后面的五个并依次改名为"退出"、"首页"、"上一页"、"下一页"、"最后页"。流程图如图4-96所示。

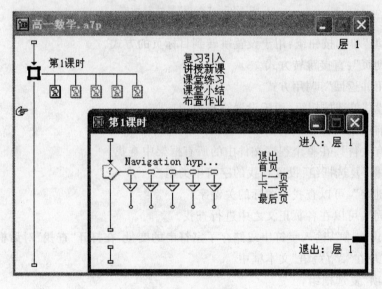

图4-96　流程图

(3)双击交互图标,在出现的演示窗口中再双击"退出"按钮,下方出现"退出"按钮属性对话框。单击对话框中左侧的"按钮"按钮,修改按钮的样式(可参见图4-97中按钮样式),并调整按钮大小以适应按钮上文字大小。用同样的方法对其他的按钮作一下修改。

(4)为了页面在切换的时候效果较好,可以在显示图标的属性对话框中选择过渡不同的效果。这在前面已经介绍,在此不再累赘。

最后运行程序,结果如图4-97所示。单击按钮可实现相应的跳转效果。

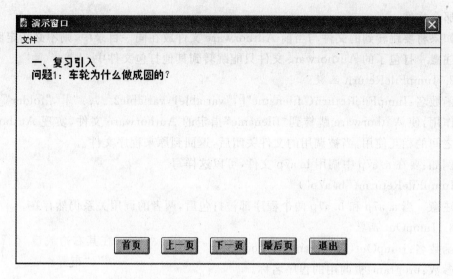

图 4-97　程序运行效果图

▶▶▶ 第八节　程序的跳转与调用

Authorware 中,系统函数占据了非常重要的位置,使用系统函数可以完成许多扩展功能。

Authorware 中调用系统函数是通过计算图标来实现的。在执行计算图标里的内容时,通常情况下是从窗口中开始位置进行直到结束,然后退出计算图标,来执行主流线上下一个图标。但是,使用一些改变流程的函数可以从任意位置退出计算图标,进入其他设计图标。

在前面的学习中,我们也接触了许多系统函数的实例,下面介绍一些改变程序流程的函数,这些函数使程序设计变得更加灵活。

一、GoTo 函数

要实现程序流程在程序内部跳转,可调用 GoTo 函数。

函数名:GoTo(IconID@"IconTitle")

作用:将程序的执行流程跳转到某一个设计图标处。

二、Jump 函数

Jump 函数主要用来实现在 Authorware 中调用其他外部程序(* .exe),下面介绍最常用的几类函数:

1. JumpFile 函数

函数名:JumpFile("filename"[,"variable1,variable2……"][,"folder"])

作用:使 Authorware 跳转到"filename"指定的 Authorware 文件,该文件无需扩展名。除非在那个跳转到的文件中包含另一个 JumpFile 函数,否则该程序将不会返回到跳出的那个文件。

如果将要跳转到的文件与当前 Authorware 文件放在同一目录中,则不必指定路径。

注意 打包了的 Authorware 文件只能跳转到其他打包文件中。

2. JumpFileReturn 函数

函数名:JumpFileReturn("filename"[,"variable1,variable2……"][,"folder"])

作用:使 Authorware 跳转到"filename"指定的 Authorware 文件,实现 Authorware 文件之间的相互使用,当被调用的文件关闭后,返回到原来程序文件。

例如:要在 a. a7p 中调用 b. a7p 文件,可以这样写

JumpFileReturn("b. a7p")

注意 当 a. a7p 和 b. a7p 两个程序都被打包后,两者的调用关系仍然存在。

3. JumpOut 函数

函数名:JumpOut("program"[,"document"])

参数:program:被调用的程序名称。

Document:被调用的文件名称,一般是由"program"设计的程序。此项为可选项。

作用:用于将"document"指定的文件由"program"指定的外部非 Authorware 应用程序打开,并退出 Authorware 程序。即原程序被关闭,在屏幕上出现的仅是被调用的程序窗口。被调用程序结束后不返回 Authorware 程序。

例如:要调用几何画板设计的"椭圆生成. gsp"文件,并关闭 Authorware 程序,其语法格式为

JumpOut("c:\Sketch\Gsketchp. exe","椭圆生成. gsp")

4. JumpOutRetrun 函数

函数名:JumpOutRetrun("program"[,"document"],[,"creator type"])

参数:program:被调用的程序名称。

Document:被调用的文件名称,为可选项。

creator type:文件的类型,为可选项。

作用:用于将"document"指定的文件由"program"指定的应用程序打开。被调用程序结束后返回 Authorware 程序。

例如:要调用几何画板设计的"椭圆生成. gsp"文件,并在关闭该文件时返回到 Authorware 程序,其语法格式为

JumpOuRetrunt("c:\Sketch\Gsketchp. exe","椭圆生成. gsp")

注意 用 JumpOutReturn 语句也可以调用自己编写的 Authorware 文件(* . exe),如调用自己编写的帮助文件,在调用时不会把原程序窗口关闭。

三、Quit 函数

函数名:Quit(option)

作用:退出文件。

参数:(1) option=0,如果是由另一个 Authorware 文件跳转而来则返回到该文件,否则退回到 Windows 桌面。

（2）option＝1，退出 Authorware 程序回到 Windows 桌面。

（3）option＝2，退出 Authorware 程序并重启 Windows。

（4）option＝3，退出 Authorware 程序并关机。

▶ ▶ ▶ 第九节 Authorware 动态作图

一、循环语句

循环语句的两种基本形式如表 4-7 所示。

表 4-7 循环语句的两种基本形式

语　句	功　能
repeat while ＜条件＞ ＜语句序列＞ end repeat	先检验条件是否为真，为真则执行语句序列，执行完毕后再返回检验条件，是否还为真，如为真则循环执行语句序列，直到条件为假时退出循环
repeat with ＜循环变量＞ ＝＜初值＞ to ＜终值＞ ＜语句序列＞ end repeat	循环执行指定的语句序列，直到循环变量的值由初值变为终值时退出循环。注意：每执行一次循环，循环变量的值就会自动累加 1。这种结构一般用在已知循环次数结构中

Repeart 语句的常用语法如下：

```
repeat with counter:= start to finish
表达式
end repeat
```

其中，counter 是控制变量；start 为该变量的初值；finish 是该变量的终值。它的执行过程是这样的，先把 start 的值赋给变量 counter，然后执行表达式一次，再将控制变量 counter 的值加 1，又执行表达式 1 次。如此反复，当 counter 的值等于 finish 时，循环结束。

例 计算 1 到 10 的和。

```
S:=0
repeat with c:=1 to 10
    S:=S+c
end repeat
```

大家可以把上面的程序复制到计算图标中执行一下，看看效果。

二、与动态作图有关的系统函数

1. SetFill(flag[,color])

作用：定义画图函数的填充模式。

参数：flag＝true＝1 时，填充；flag＝flash＝0 时，不填充；color 由 RGB 函数定义。

注意 为封闭的图形着色；在画图函数前使用。

2. SetFrame(flag[,color])

作用：定义画图函数设置边框风格。

参数:flag=true=1 时,填充边框;flag=flash=0 时,不填充边框。

注意 为封闭图形的边框着色;在画图函数前使用。

3. Set Line(type)

作用:定义画图函数的线型风格。

参数:type=0 时,无箭头线段;type=1 时,开始箭头线段;type=2 时,结束箭头线段;type=3 时,双箭头线段。

注意 在画图函数前使用。

4. RGB(red,green,blue)

作用:定义颜色。

参数:每一个值在 0~255 之间。

注意 在画图函数前使用;对 Box,Circle,DrawBox,DrawCircle 等设定颜色。

5. Line(pensize,x1,y1,x2,y2)

作用:画一条线段。

参数:x1,y1,x2,y2 指定起点坐标为(x1,y1),终点坐标为(x2,y2);pensize 定义画笔的粗细,单位为像素。

注意 若不用 SetFrame 改变颜色设置,则线条为黑色;若 pensize=-1,则线条只能为黑色,SetFrame 不起作用。

例 画一条从(100,200)到(400,200)的粗细为 4 个像素的红色线段。

在流程线上放置一个计算图标,并打开计算图标,输入以下语句:

SetFrame(1,RGB(255,0,0))

Line(4,100,200,400,200)

6. Circle(pensize,x1,y1,x2,y2)

作用:画一个虚构正方形的内接圆。

参数:x1,y1,x2,y2 指定虚构正方形对角线左上角点坐标为(x1,y1)和右下角点坐标为(x2,y2);pensize 定义画笔的粗细,单位为像素。

注意 若不用 SetFrame 改变颜色设置,则线条为黑色;若不用 SetFill 改变填充设置,则内部填充为白色。

7. Box(pensize,x1,y1,x2,y2)

作用:画一个矩形。

参数:x1,y1,x2,y2 指定虚构正方形对角线左上角点坐标为(x1,y1)和右下角点坐标为(x2,y2);pensize 定义画笔的粗细,单位为像素。

注意 若不用 SetFrame 改变颜色设置,则线条为黑色;若不用 SetFill 改变填充设置,则内部填充为白色。

三、Authorware 动态作图

在 Authorware 中,没有直接提供画图函数,但图形是由无数像素点构成的,因此可以利用 Authorware 提供的画线段函数 line( )实现作函数图像。我们可以把所需图形划分为无数条微小线段(点),线段的起点为(x1,y1),终点为(x2,y2),用计算机按所需轨迹

绘制无数这些微小的线段近似代替需要的函数图形。

计算机屏幕或设计的程序窗口坐标系的原点在左上角,y 轴正方向向下。而建立的坐标系的坐标原点在屏幕或程序窗口中央,y 轴方向向上。要注意坐标的变换,把要画的点的坐标转换成屏幕或窗口坐标。假设窗口分辨率为 800×600,则屏幕中点坐标为 $(400,300)$,假设这就是要建立的坐标系的原点相对于屏幕坐标系的坐标。

1. 作一般函数图像

例 4.1　动态作 $y = \sin x$ 的图像,$x \in [-2\pi, 2\pi]$。

作法　如图 4-98 所示。

(1) 新建名为"$y = \sin x.\text{a7p}$"的程序。

(2) 在流程线上添加两个计算图标,分别命名为"设置初始值"、"作图",流程图如图 4-98 所示。

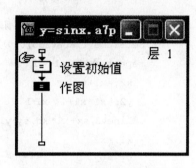

图 4-98　程序流程图

(3) 在"设置初始值"计算图标中输入如下语句:

```
sx:=400 -- 原点横坐标
sy:=300 -- 原点纵坐标
kd:=30 -- 新建坐标系单位长
x1:=-2*pi -- 起点的没换算前的横坐标
y1:=0 -- 起点的没换算前的纵坐标
w:=pi/1000 -- 循环增量
```

(4) 在"作图"计算图标中输入如下语句:

```
SetFrame(1,RGB(255,0,0))
repeat while x1<=2*pi
  x2:=x1+w
  y2:=sin(x2)
  line(3,sx+x1*kd,sy-y1*kd,sx+x2*kd,sy-y2*kd)
  x1:=x2
  y1:=y2
end repeat
```

说明　(1) 从上面的程序中可以看到,动态作函数图像实际上是先作从 $(x1,y1)$ 到 $(x2,y2)$ 的线段,再将上一次所作线段的终点的坐标 $(x2,y2)$ 作为下一次作线段的起点的坐标,如此重复而已。

(2) 循环增量 w 决定动态画函数图像的速度,w 值越小速度越慢。

例 4.2　动态作 $y = x^2 + 2x - 1$ 的图像。

分析　由于该函数图像的对称轴为 $x = -1$,所以,这里我们作一个 $x \in [-4,2]$ 的图像。图像起点的横坐标为 $x1 = -4$,其对应的二次函数上的点的纵坐标为 $y1 = (-4)^2 + 2 \times (-4) - 1 = 7$。

作法　如图 4-99 所示。

(1) 新建名为"二次函数图像.a7p"程序。

(2) 在流程线上添加两个运算图标,分别命名为"设置初始值"、"作图",流程图如图 4-99 所示。

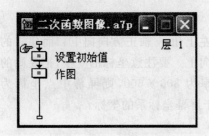

图 4-99　程序流程图

（3）在"设置初始值"计算图标中输入如下语句：

```
sx:=400 -- 原点横坐标
sy:=300 -- 原点纵坐标
kd:=30 -- 新建坐标系单位长
x1:=-4 -- 起点的没换算前的横坐标
y1:=7 -- 起点的没换算前的纵坐标
w:=0.05 -- 循环增量
```

（4）在"作图"计算图标中输入如下语句：

```
SetFrame(1,RGB(255,0,0))
repeat while x1<=2
  x2:=x1+w
  y2:=x1*x1+2* x1-1
  line(3,sx+x1* kd,sy-y1* kd,sx+x2* kd,sy-y2* kd)
  x1:=x2
  y1:=y2
end repeat
```

2. 动态作圆锥曲线

例 4.3　作动态生成椭圆动画。

分析　下面运用 Authorware 模拟椭圆的形成过程。其中画椭圆采用椭圆的参数方程来计算椭圆上点的坐标

$$\begin{cases} x = a\cos\vartheta \\ y = b\sin\vartheta \end{cases}$$

要求：在画出椭圆的同时画出动点到两定点（焦点）的线段，以便明显呈现出椭圆的形成过程。

作法　如图 4-100 所示。

（1）新建名为"椭圆.a7p"的程序。

（2）在流程线上添加两个计算图标，分别命名为"设置初始值"、"作图"。

（3）在"设置初始值"计算图标中输入下列语句：

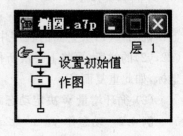

图 4-100　程序流程图

```
sx:=400
sy:=300
a:=4
b:=3
c:=SQRT(a* a+b* b)
kd=30
x:=0 -- 角度的初始值
w:=pi/800
x1:=0 -- 起点的横坐标
y1:=b -- 起点的纵坐标
```

（4）在"作图"计算图标中输入如下语句：

```
y2:=b*COS(x)
x2:=a*SIN(x)
SetFrame(1,RGB(0,0,255))
Line(2,sx+x1*kd,sy-y1*kd,sx+x2*kd,sy-y2*kd)
Line(2,sx-c*kd,sy,sx+x2*kd,sy-y2*kd)
Line(2,sx+c*kd,sy,sx+x2*kd,sy-y2*kd)
SetFrame(1,RGB(255,255,255))
Line(2,sx-c*kd,sy,sx+x2*kd,sy-y2*kd)
Line(2,sx+c*kd,sy,sx+x2*kd,sy-y2*kd)
x:=x+w
x1:=x2
y1:=y2
end repeat
SetFrame(1,RGB(0,0,255))
Line(2,sx-c*kd,sy,sx+x2*kd,sy-y2*kd)
Line(2,sx+c*kd,sy,sx+x2*kd,sy-y2*kd)
```

说明 在"作图"计算图标中，第 4 行语句是画椭圆的；第 5、6 行语句是画两定点到动点的线段的；第 7 行是设置线段颜色为白色；第 8、9 行是重画两定点到动点的线段，不过颜色是白色，相当于是擦除原来的线段；第 14～16 行是为在最后保留两定点到动点的线段。

例 4.4 验证椭圆定义。

分析 如果想让学生直接参与学习活动，取得更好的学习效果，我们可以设计让学生在这个椭圆上、椭圆内，及椭圆外点击一些点，计算机自动计算该点到两定点的距离以帮助学生更好的理解椭圆定义。在上例的基础上，添加一个计算图标、两个显示图标。

作法 如图 4-101 所示。

（1）在"显示定长"显示图标中，用文本工具输入：$2a=\{2*a\}$

（2）在"连线并计算距离"计算图标中可输入下列语句：

```
fo:=sx-c*kd
ft:=sx+c*kd
pointx:=ClickX
pointy:=ClickY
SetFrame(1,RGB(255,0,0))
Line(1,fo,sy,pointx,pointy)
Line(1,pointx,pointy,ft,sy)
js:=js+35
mf:=(SQRT((ClickX-fo)**2+(ClickY-sy)**2)
+SQRT((ClickX-ft)**2+(ClickY-sy)**2))/kd
if mf>=a-0.5 &mf<=a+0.5then
```

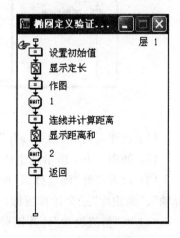

图 4-101 程序流程图

```
mf:=2*a
end if
ms:=ms+1
```

说明 ClickX、ClickY 是获取鼠标指针到左边界及上边界的距离(以像素为单位);INT( )为取整函数。

(3) 在"显示距离和"显示图标中用文本工具输入下列内容:M{ms}F1＋M{ms}F2＝{mf}。

(4) "1"和"2"两个等待图标均设置成"单击鼠标"、"按任意键"。

说明 程序运行时,只要在界面上任意点击一些点,计算机会自动连接该点到两定点的连线段,并计算该点到两定点 F1、F2 的距离。学生可自己动手任意点击,通过计算机演示比较,引导学生寻找规律,由学生总结发现规律,然后教师归纳,从而得出椭圆的定义:把平面内与两个定点 F1、F2 的距离的和等于常数(大于 F1F2)的点的轨迹叫做椭圆。这两个定点叫做椭圆的焦点,焦点间距离叫做焦距。上述定值常数常用 $2a$ 表示。焦距用 $2c$ 表示,因此有 $2a > 2c$。

例 4.5 动态作 $y^2 = 2px$ 的图像,要求:建立坐标系,根据用户输入的 p 值动态作出函数图像。

分析 首先完成画坐标系工作,包括初值设置、画坐标轴和画刻度等,可放在一个群组图标中;其次是让用户输入 p 值,这可通过交互图标来完成;最后是画抛物线,包括首先确定画笔起点的坐标,再画抛物线,这也可以放在一个群组中。

作法 如图 4-102 所示。

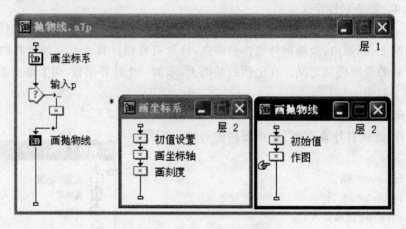

图 4-102　程序流程图

(1) 新建名为"抛物线.a7p"的程序。

(2) 如图 4-102 所示在主流程线上放置图标并命名。

(3) 双击打开"画坐标系"群组图标,在出现的流程线上顺次添加"初值设置"、"画坐标轴"、"画刻度"三个计算图标。

(4) 在"初值设置"计算图标中输入以下语句:

```
sx:=400 - 原点横坐标
```

```
sy:=300 -- 原点纵坐标
x:=1   -- 循环初值
y:=1   -- 循环初值
kd:=30  -- 坐标轴单位长
```

（5）在"画坐标轴"计算图标中输入以下语句：

```
SetLine(2)--终点箭头
SetFrame(1,RGB(0,0,0)) -- 坐标轴颜色
Line(3,sx-380,sy,sx+380,sy)  -- 画 x 轴
Line(3,sx,sy+280,sx,sy-280)  -- 画 y 轴
```

（6）在"画刻度"计算图标中输入以下语句（设刻度线长为 4 个像素，每半轴上画 7 个刻度）：

```
SetLine(0)
repeat while x<=7
Line(2,sx+x*kd,sy,sx+x*kd,sy-4)      --x轴正方向刻度
Line(2,sx-x*kd,sy,sx-x*kd,sy-4)      --x轴负方向刻度
Line(2,sx,sy-y*kd,sx+4,sy-y*kd)      --y轴正方向刻度
Line(2,sx,sy+y*kd,sx+4,sy+y*kd)      --y轴负方向刻度
x:=x+1
y:=y+1
end repeat
```

（7）"输入 p"交互图标类型为文本交互，同时双击交互图标，在打开的演示窗口中输入"输入 p 的值："。

（8）在"输入 p"交互图标的右侧添加计算图标，将其命名为"＊"，并将其属性改为退出交互。另外，在计算图标中输入以下语句：

```
p:=NumEntry
```

（9）在接下来的"画抛物线"群组图标中顺次添加"初始值"和"作图"两个计算图标。

（10）在"初始值"计算图标中输入以下语句：

```
y1:=-6   起点的纵坐标对应窗口坐标的刻度数
x1:=y1*y1/(2*p)   y1 对应的横坐标的刻度数
w:=0.005         y1 的增量
```

（11）在"作图"计算图标中输入以下语句：

```
SetLine(0)
repeat while y1<7
  y2:=y1+w
  x2:=y2*y2/(2*p)
  Line(2,sx+x1*kd,sy+y1*kd,sx+x2*kd,sy+y2*kd)
  x1:=x2
  y1:=y2
end repeat
```

（12）保存文件，然后运行程序。

▶▶▶ 第十节　文件运行、备份和打包

我们制作课件的目的是用于实际教学,为了获得满意的运行环境和外观,就需要对文件进行设置。另外,不是所有的计算机上都安装了 Authoware,这就需要将其打包,使之成为可脱离 Authoware 环境的可执行文件。

一、文件运行

文件打包后,即变为一般的可执行文件,可以像其他软件一样运行。打开要运行的文件,选择下列操作之一运行文件。

(1)在"调试"菜单中选择"重新开始"命令。

(2)在"常用"工具栏中单击运行按钮。

(3)按 Ctrl+P 键。

说明　上面介绍的方法是运行整个程序的,如果需要运行局部程序,可以在主流程线上加上"开始"和"停止"两个图标。

二、文件属性设置

在你的作品完成以后,还需要对文件进行一些设置,主要是对作品的运行环境及运行时的外观进行设置。

(1)选择"修改"→"文件"→"属性"命令(或在设计窗口空白处单击),出现如图 4-103 所示的对话框。

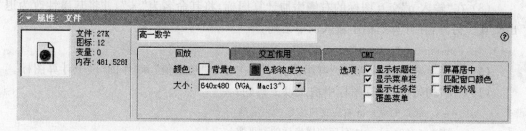

图 4-103 文件属性对话框

(2)根据需要设置各个选项,各选项含义如下。

· 背景色:设置运行窗口默认的背景色。

· 色彩浓度关键色:如果使用的视频模拟卡支持关键色,则该视频信号将出现在与该关键色相同的显示对象上。

· 大小:用来设置运行窗口的大小。

· 屏幕居中:运行窗口出现在屏幕的中央。

· 显示标题栏:运行窗口将显示标题栏。

· 显示菜单栏:运行文件中有个初始化菜单,该菜单中只有一个退出菜单。

· 显示任务栏:决定运行时,是否显示该任务栏。

·覆盖菜单：当菜单覆盖演示窗口时，将把运行窗口显示在菜单栏之上。

·匹配窗口颜色：文件将根据用户计算机上的配色方案调整演示窗口的颜色。

·标准外观：使设计的 Authoware 程序中的三维显示对象能根据用户的颜色设置决定本身的颜色。

三、文件备份

对源文件进行备份，可以防止停电等意外事故发生时，源文件丢失。在"文件"菜单中选择"保存"命令，打开"保存"对话框，设置好文件保存位置和文件名，单击"保存"按钮即可。

四、文件打包

为了使课件能在没有安装 Authoware 软件的计算机上运行，还需要将文件打包成一个可在 Windows95/98 环境下独立运行的文件。

（1）单击"文件"→"发布"→"打包"命令，打开"打包文件"对话框，如图 4-104 所示。

（2）在"打包文件"下拉列表框中选择打包类型。

·无需 Runtime：如果制作的课件包括多个交互文件，且这几个交互文件和调用它们的主文件有着明确的关系，则应选择此项。几个交互文件打包成非执行文件，将主文件打包成可执行文件。

·应用平台 Windows XP，NT 和 98 不同：选择此项，将程序打包成 Windows XP/NT/98 下可执行的 32bit 的 exe 文件。

图 4-104 "打包文件"对话框

（3）根据需要设置有关选项，单击"保存文件和并打包"按钮，Authorware 开始保存文件并显示文件打包的进程。

（4）在文件打包完成后，如果在程序中使用了外部图片、动画、声音等，就要把帮助 Authorware 使用的 Xtras 文件提供给用户。为方便起见，应把 Authorware 目录下的 Xtras 目录完整地拷贝到应用程序所在的目录。

（5）如果在程序中使用了动画和声音，还必须把这些文件放在与可执行文件的同一个文件夹下。

习 题

1. 复习与思考

（1）Authorware 有什么特点？

（2）Authorware 中移动方式有哪些？

（3）Authorware 中交互方式有哪些？

（4）Authorware 中调用程序的方式有哪些？

（5）请根据学习与运用的情况对 Authorware 和 PowerPoint 进行比较。

2．建议活动

（1）根据本章的例题，做一些有自己创意的设计。

（2）对在第一章时所选择的一个课时的教学内容，在第二章准备的基础上，用 Authorware 作一个完整的课件。

第五章　几何画板与实时动态多媒体课件的制作

内容提要

　　本章介绍几何画板的界面与菜单;标签工具及其应用;几何画板在平面几何中的应用;几何画板中各操作类按钮的设置;几何画板与函数图像;几何画板与解析几何;几何画板与立体几何;迭代等。

学习目标

　　(1) 熟悉几何画板的界面,熟练掌握画板工具及各菜单项目的内容和功能。

　　(2) 熟练掌握标签工具,并能灵活运用。

　　(3) 熟练掌握利用画板工具以及平移、旋转、缩放、反射等变换作平面几何图形的方法,并通过实例的学习掌握其在课件设计制作中的应用。

　　(4) 熟练掌握各操作类按钮功能;熟练掌握一点到一点、多点到多点、外插对象、动点沿曲线移动、系列按钮等移动的设计制作方法;熟练掌握简单动画、轨迹、追踪、复杂动画的设计制作方法;掌握链接按钮、滚动按钮的制作方法;在此基础上,体会按钮的功能与用法,并能根据需要合理地选择与设置按钮。

　　(5) 掌握坐标系的操作方法;熟练掌握简单函数图像的设计制作方法;熟练掌握有动态参数的函数图像的设计制作方法;掌握分段函数图像的作法。在此基础上,把握作函数图像的基本思想,并能综合运用所学知识进行揭示动态对象的轨迹的设计与制作。

　　(6) 熟练掌握椭圆、双曲线、抛物线等圆锥曲线及揭示其统一性的制作方法;掌握旋轮线等曲线的作法;在此基础上,理解根据曲线的定义或曲线方程作曲线轨迹或动态生成曲线轨迹的基本思想,并能在课件制作中灵活应用。

　　(7) 熟练掌握基本立体几何图形的作法;熟练掌握动态揭示旋转体形成的制作方法;掌握截面的作法;熟练掌握几何体展开的设计思想与制作方法;熟练掌握基本立体几何动画的设计原理与制作方法。

　　(8) 熟练掌握几何迭代与数值迭代的基本原理;掌握利用迭代设计制作几何图形、分开图形及数列图像等的方法;并通过实例掌握迭代在课件设计制作中的应用。

　　(9) 能综合应用几何画板的上述知识制作有表现力的数学课件。

　　几何画板的主要用途之一是用来绘制静态的几何图形。在数学中,静态几何图形的绘制通常是用直尺和圆规,它们的配合几乎可以画出所有的欧氏几何图形。因为任何欧氏几何图形最后都可归结为“点”、“线”、“圆”。几何画板与其他作图软件的区别就在于它采用了数学的公里化作图思想。从某种意义上讲,几何画板绘图是欧氏几何“尺规作图”

的一种现代延伸。因为这种把所有绘图建立在基本元素上的做法和数学作图思维中公里化思想是一脉相承的。

几何画板的主要用途之二是用来绘制动态的几何图形。几何画板所作出的几何图形是动态的,可以在变动的状态下,保持不变的几何关系。几何画板还能对动态的对象进行"跟踪",并能显示该对象的"轨迹",如点的轨迹、线的轨迹,形成曲线或包络等。

几何画板还能够对所有画出的图形、图像进行各种变换,如平移、旋转、缩放、反射等等。几何画板还提供了度量、计算等功能,能够对所作出的对象进行度量,如线段的长度、圆弧的弧长、角度、封闭图形的面积等,并把结果动态显示在屏幕上。

▶▶▶ 第一节 几何画板界面

一、几何画板的启动

几何画板的启动与其他软件类似,单击"开始"→"程序"→"几何画板"选项即可进入几何画板的使用界面,如图 5-1 所示。本节重点介绍几何画板的工具及菜单的有关基本知识。

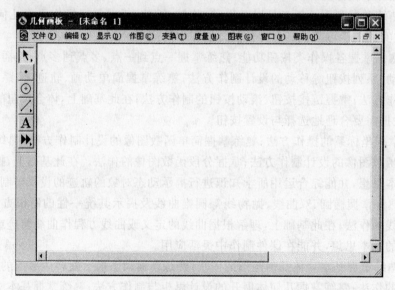

图 5-1 几何画板使用界面

二、画板工具

几何画板界面上左边为画板工具箱,由六个工具按钮组成,如图 5-2 所示。

三、菜单栏

菜单栏包括文件、编辑、显示、作图、变换、度量、图表、窗口和帮助九个菜单项。

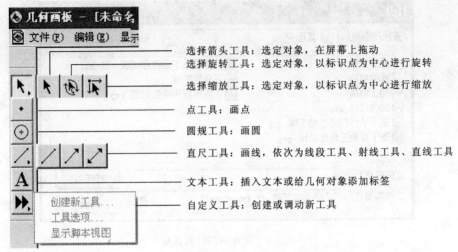

图 5-2 画板工具箱

1. 文件菜单

文件菜单如图 5-3 所示。

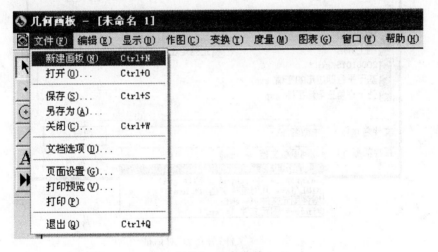

图 5-3 文件菜单

（1）新建画板：新建一个几何画板文件（gsp 格式）。

（2）打开：打开一个或多个画板文件。若选此项，则出现如图 5-4 所示的对话框。

（3）保存：保存当前文件。

（4）另存为：换名保存或存为图像文件（wmf 格式）。选此选项，则出现如图 5-5 所示的对话框。

在此对话框中的"文件名："后输入所存的文件名。然后选择适当的"保存类型"。例如，若要将画板当前状态存为图像文件，则选择"增强图元文件（＊.emf）"或"Windows 图元文件（＊.wmf）"类型，即存为一幅图元文件，其可在 Word 等字处理软件中调用。图 5-6 就是调用的圆锥曲线的画板图元文件。由于图元文件是矢量图形，所以任意缩放均不会出现变形现象。

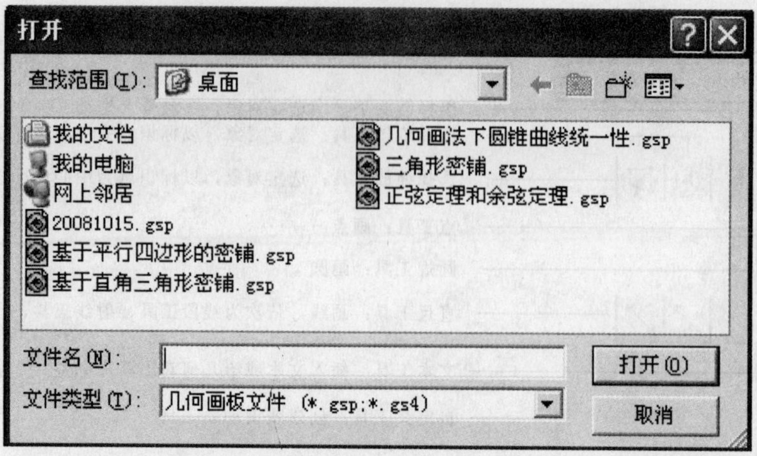

打开

查找范围(I): 桌面

我的文档
我的电脑
网上邻居
20081015.gsp
基于平行四边形的密铺.gsp
基于直角三角形密铺.gsp
几何画法下圆锥曲线统一性.gsp
三角形密铺.gsp
正弦定理和余弦定理.gsp

文件名(N):
文件类型(T): 几何画板文件（*.gsp;*.gs4)

打开(O)
取消

图 5-4　文件"打开"对话框

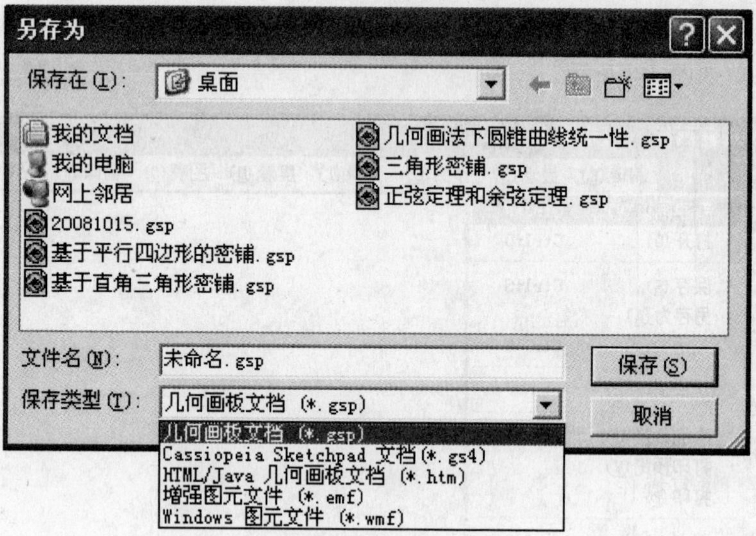

另存为

保存在(I): 桌面

我的文档
我的电脑
网上邻居
20081015.gsp
基于平行四边形的密铺.gsp
基于直角三角形密铺.gsp
几何画法下圆锥曲线统一性.gsp
三角形密铺.gsp
正弦定理和余弦定理.gsp

文件名(N): 未命名.gsp
保存类型(T): 几何画板文档（*.gsp)

几何画板文档（*.gsp)
Cassiopeia Sketchpad 文档(*.gs4)
HTML/Java 几何画板文档（*.htm)
增强图元文件（*.emf)
Windows 图元文件（*.wmf)

保存(S)
取消

图 5-5　文件"另存为"对话框

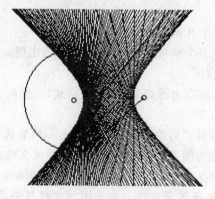

图 5-6　画板图元文件实例

(5) 关闭:关闭当前文件。

(6) 文档选项:对页面或工具进行相应的设置与操作。

(7) 页面设置:设置打印参数。

(8) 打印预览:预览当前文件(gsp 或 gss 格式)的打印效果,同时也可在此处对打印参数进行调整。

(9) 打印:按设置打印图形。

(10) 退出:全部推出几何画板。

2. 编辑菜单

编辑菜单如图 5-7 所示。

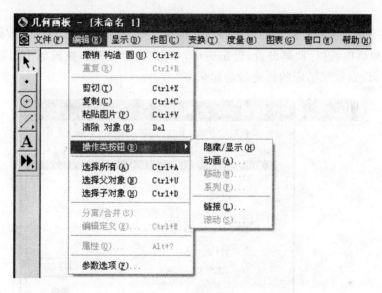

图 5-7 编辑菜单

(1) 撤销与重复操作。

① 撤销:撤销前一次操作。

② 重复:重复前一次操作(将已撤销的操作重复出来)。

(2) 编辑类命令。

① 剪切:将选中对象剪切到剪贴板。

② 复制:将选中对象复制到剪贴板。

③ 粘贴:将剪贴板上的内容粘贴到当前文件上。

④ 清除:将选中对象清除。

(3) 操作类按钮。

① 隐藏/显示:对选定对象设置"隐藏/显示"按钮。当对象处于显示状态时,此按钮为"隐藏"按钮,单击此按钮可将选定的已显示的对象隐藏起来;当对象处于隐藏状态时,此按钮为"显示"按钮,单击此按钮可将选定的已隐藏对象显示出来。

选择需要隐藏的对象,单击"编辑"→"操作类按钮"→"隐藏/显示"命令,画板上出现"隐藏"按钮,双击"隐藏"按钮,被选择对象隐藏起来;同时,按钮就转化为"显示"按钮,双击"显示"按钮,显示被隐藏对象。

② 动画:动点按照给定的路径(线段、直线、射线、圆等)运动。先选中动点,再选此选项,即出现如图 5-8 所示的"动画"属性对话框。其中有以下几个选项。

"方向"选项定义动点的运动方向。若动点在圆上运动,则有"逆时针方向"、"顺时针方向"、"双向"、"自由"四种可供选择;若动点在直线、线段或射线上运动,则有"向前"、"向后"、"双向"、"自由"四种可供选择。

运动次数选项定义动点是一次运动还是重复运动。若只运动一次,则选择"只播放一次"复选框。注意:若运动方向选择为"双向",则必须重复,故在此情况下此项可不选。

"速度"选项:定义动点运动速度。其速度有"慢速"、"中速"、"快速"和"其他"四种可供选择。

选择一个动点和动点运动的轨迹;单击"编辑"→"操作类按钮"→"动画"命令,弹出如图 5-8 所示对话框,进行动画设置;设定完毕,单击"确定"按钮,在画板中出现动画按钮,双击此按钮,动点就按给定的轨迹运动起来。

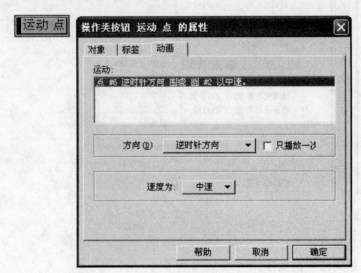

图 5-8 "动画"属性对话框

③ 移动:设置点由某一位置运动到另一位置的按钮。

依次选择要移动的点和它要移到的目标位置点;单击"编辑"→"按钮"→"移动"命令,出现如图 5-9 所示的对话框。其运动速度有急速、快速、中速及慢速四档可供选择。选择一种速度后单击"确定"按钮,于是在画板中出现一个移动按钮,当双击该按钮时,动点就会按要求移动。

④ 系列:将已设置的各操作按钮按选定后的顺序设置成新的按钮。运用此选项,可将一系列操作类按钮组合成一个动作序列,并由一个按钮来控制。

依次选择几个需要顺序完成的动作;单击"编辑"→"按钮"→"系列"命令,出现如图 5-10 所示的对话框。在画板中出现序列按钮,双击此按钮,画板就依次执行设定的动作。

⑤ 链接:可定义各种链接的按钮。链接的类型包括外部网页、电子邮件、本地计算机

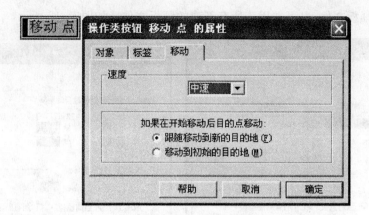

图 5-9 "移动"属性对话框

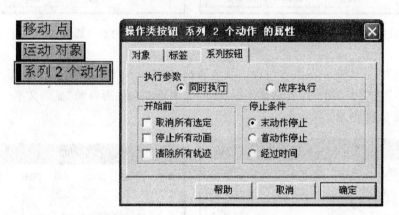

图 5-10 "系列"属性对话框

中的文件、本文件中的其他页面等。

⑥ 滚动:定义本页面窗口的滚动。

(4)选择组。由三个选项组成,即"选择所有"、"选择父对象"、"选择子对象",如图 5-11 所示。

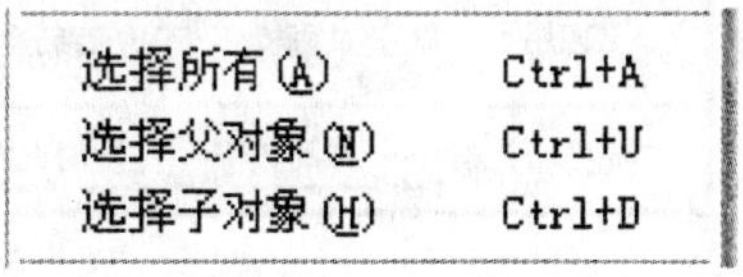

① 选择所有:选择活动窗口中的全部内容。

② 选择父对象:选择指定对象的父对象。

③ 选择子对象:选择指定对象的子对象。

选择所有(A)	Ctrl+A
选择父对象(N)	Ctrl+U
选择子对象(H)	Ctrl+D

图 5-11 选择按钮组

(5)编辑组。

① 分离/合并:可以把一个对象合并到另一个对象,或者把合并的对象分离开。随着选取对象的不同,此命令的名称会相应改变。

② 编辑定义:主要用于对"度量"菜单中的"计算"命令、"图表"菜单中的"新建参数"和"新建函数"等命令所产生的度量值、变量值及函数表达式进行编辑。

(6)属性:可查看选中对象的属性或定义对象的标签等。

(7)参数选项:用于对几何画板中对象的单位、颜色、文本等进行整体定义。

"单位"选项卡对角度、距离及其他度量对象的单位和精确度进行定义。这些定义可选用于当前画板文件,也可选用于所有新建的画板文件。如图 5 -12 所示。

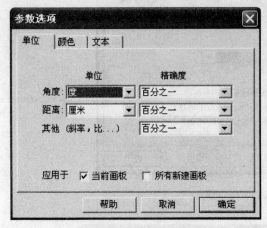

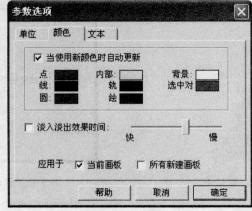

图 5-12 "单位"选项卡对话框　　　　　　图 5-13 "颜色"选项卡对话框

"颜色"选项卡用于设置各对象的颜色属性,如图 5-13 所示。

"文本"选项卡用于对"自动显示标签"的应用范围和是否自动"显示文本工具栏"进行设定,如图 5-14 所示。

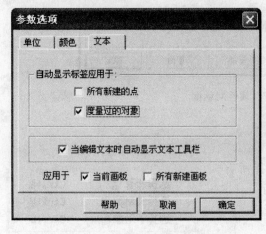

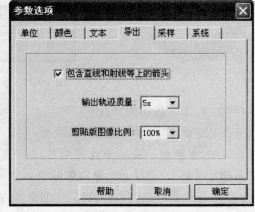

图 5-14 "文本"选项卡对话框　　　　　　图 5-15 "导出"选项卡对话框

注意　当按住"Shift"键再单击"编辑"菜单时,其中的原"参数选项"变成了"高级参数选项"。高级参数选项除了上面介绍的三个选项卡外,还有导出、采样、系统三个高级选项卡,如图 5-15 所示。

"导出"选项卡用于设定几何画板中的图形或文本等几何画板元件导出为 Word 等其他格式时的箭头显示情况、轨迹分辨率倍数、剪贴板图像比例等属性,如图 5-15 所示。

"采样"选项卡用于定义轨迹与函数图像样本数量、最大轨迹与最大迭代样本数量。一般情况下不需要修改,如图 5-16 所示。

"系统"选项卡对当前系统与该软件的运动速率、屏幕分辨率、数学符号字体、反锯齿图像等进行设定,如图 5-17 所示。其中,运动速率可以根据需要进行修改,以适应不同课件的要求;分辨率不可随意更改,修改后它只能在下次启动计算机后才能生效;数学符号字体默认为"symbol",若计算机中没有这种字体,启动几何画板时系统会有提示。

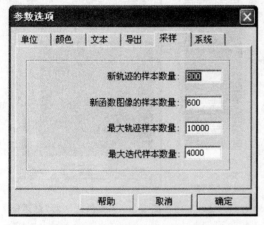 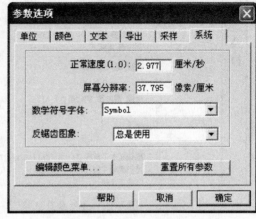

图 5-16 "采样"选项卡对话框　　　　　图 5-17 "系统"选项卡对话框

3. 显示菜单

显示菜单的主要作用是对显示对象的属性进行定义,包括文本的字号、字体,几何对象的线型、颜色,对象的显示、隐藏,运动对象的追踪、动画,标签的显示与重设等。

(1) 线型:定义所选择的线的类型,如粗线、细线和虚线(如图 5-18)。

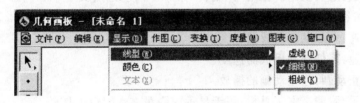

图 5-18 线型及其选项

(2) 颜色:定义几何对象及文本的颜色,如图 5-19 所示。其中分为三部分:第一部分为 16 种常用颜色,可直接单击选择;第二部分是"参数",可通过参数来定义颜色;第三部分为"其他",选此选项则出现"颜色选择器"对话框,可进行更精细的颜色定义,如图 5-20 所示。

(3) 文本:主要用来定义文本中字符的字号大小,包括西文字体和中文字体字号大小。要注意的是,在选择中文字体时不要选择带"@"符号的字体。

(4) 隐藏:可把选定对象隐藏起来。由于几何画板中的几何对象具有从属关系,所以在画板文件做好后,对有些不需要显示的内容不能作简单的删除,否则会使该对象的子对象也被删除,而且是只能用"隐藏"命令。"隐藏"命令实际上是对对象的可见性进行设定。

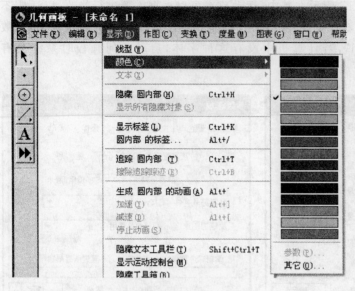

图 5-19　颜色及其选项　　　　　图 5-20　"颜色选区器"对话框

(5) 显示所有隐藏:把所有已隐藏起来的对象都显示出来。

(6) 显示标签:显示选中几何对象的标签。

(7) 标签:可对标签进行定义。此子菜单的名称会随选中对象的不同而调整。

(8) 追踪:跟踪对象(点、线、内圆、内多边形等)移动并留下痕迹(即轨迹)。

(9) 擦除追踪踪迹:追踪的踪迹是不能通过删除或隐藏等进行操作的,可通过"擦除追踪踪迹"命令去擦除。

(10) 动画:定义动画。作用与"编辑"菜单中的动画定义基本相同,区别是这里定义动画不产生按钮,动画只运行一次。

(11) 加速:增加动画播放的速度。

(12) 减速:降低动画播放的速度。

(13) 停止动画:停止动画的播放。

(14) 显示/隐藏文本工具栏:用于显示或隐藏文本编辑工具栏。

(15) 显示/隐藏运动控制台:用于显示或隐藏运动控制台。

(16) 隐藏/显示工具箱:用于隐藏或显示作图工具箱。

4. 作图菜单

作图菜单由画点、画线、画圆或圆弧、内部、轨迹五部分构成,如图 5-21 所示。

(1) 画点。

① 对象上的点:在选定的对象上任取一点,此点为对象上的自由点。

② 交点:画出几何对象的交点。依次选择两个相交的几何对象;执行该命令或按"Ctrl+I"快捷键。

③ 中点:作出某一线段的中点。选定一条或多条线段;执行该命令或按"Ctrl+M"快捷键。

(2) 画线。

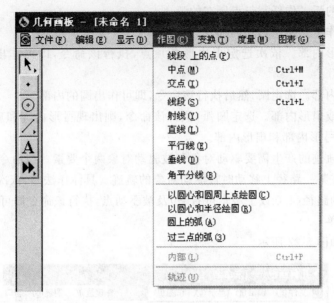

图 5-21 作图菜单

① 线段:根据选定的两点或若干点连一线段或几条线段。选定两点或依次选定几个点;执行该命令或按"Ctrl+L"快捷键。若选点个数多于两个,则会将第一、第二点作一线段,第二、第三点作一线段,……

② 射线:根据选定的两点或若干点作一射线或几条射线。注意,先选的点为射线的端点。选定两点或依次选定几点,执行该命令。若选点个数多于两个,则以第一点为端点过第二点作一射线,以第二点为端点过第三点作一射线,……

③ 直线:根据选定的两点或若干点作过其中任两点的直线。选定两点或依次选定几点,执行该命令。若选点个数多于两个,则过第一、第二点作一直线,过第二、第三点作一直线,……

④ 平行线:过直线、射线或线段外一点作其平行线。选择一个点和一条直线(或射线、线段),执行该命令。

⑤ 垂线:过直线(或射线、线段)外(或其上)一点作出该直线(或射线、线段)的垂直线。选择一个(或多个)点和一条(或多条)直线(或射线、线段),执行该命令。

⑥ 角平分线:作一个角的平分线。依次选定三点 A,B,C 代表 $\angle ABC$,执行该命令,便作出 $\angle ABC$ 的平分线。

(3) 画圆及弧线。

① 以圆心和圆周上点绘圆。以选定的第一点为圆心,过选定的第二点画一圆。

② 以圆心和半径绘圆。以选定的点为圆心、选定的线段为半径画圆。

③ 圆上的弧。画出圆上两点间的弧,其方法有两种:一是先选择圆心,再依次选中圆上两点,然后执行该命令,即可作出圆上从第一个选中点沿逆时针方向到第二个选中的点的一段弧;二是选中圆周及圆上两点(选择顺序只与圆周上两点的顺序有关),然后执行该命令,也可作出圆上从第一个选中点沿逆时针方向到第二个选中的点的一段弧。

④ 过三点的弧。作任意三点所在的弧。

（4）内部：作出封闭图形的内部。

① 作多边形内部。依次选定多边形各顶点，执行该命令，即可作出的是多边形的内部。

② 作圆的内部。选定圆，然后执行该命令，即可作出圆的内部。

③ 作弓形或扇形内部。选定圆弧，执行该命令，则出现弓形内部和扇形内部两个选项，可分别作出弓形内部和扇形内部。

（5）轨迹：轨迹的产生需要驱动对象和被驱动对象两个要素。该命令即是根据条件，作出驱动对象在某一路径上移动时被驱动对象的轨迹。具体作法是：依次选中驱动对象、驱动对象移动的路径（4.0 以上版本可省略）及被驱动点，执行该命令即可画出轨迹。

5. 变换菜单

变换菜单如图 5-22 所示。

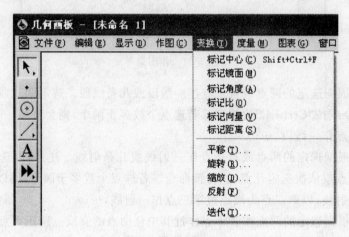

图 5-22　变换菜单

（1）标记选项。

① 标记中心。对要进行的旋转、缩放等操作定义一个旋转或缩放的固定点——标记中心。具体操作方法有两种：一是选择一个点，单击"变换"菜单中的"标记中心"选项，即标识此点为中心；二是双击该点，即标识此点为中心。标记中心后，即可以此点为中心进行旋转、缩放等变换。

② 标记镜面。在进行反射时，需标记镜面，即定义对称轴。操作方法有两种：一是选择一条直线、射线或线段，单击"变换"菜单中的"标记镜面"选项，即标识此直线、射线或线段为镜面；二是双击该直线、射线或线段，也可标记此直线、射线或线段为镜面。标记镜面后，可进行反射变换。

③ 标记角度：把一个角标记为一个变换角度。如要把∠ABC 标记为变换角，依次选定 A、B、C 三个点，执行"变换"菜单中的"标记角度"命令，则标识一个角度∠ABC。在进行旋转变换时，可选择按"标记角度"进行旋转。

④ 标记比：将两条线段的比标记一个变换的比例，也可以把一个通过"度量"菜单中

的"计算"命令算出的比值标记为变换的比例。依次选定两条线段(如 k,j),执行该命令,则标识一个以线段 k 和线段 j 的长度之比的比例;也可选中一个比值,执行"变换"中的"标记比",则此比值也被标记为变换比例。在执行缩放变换时,可选择按"标记比"进行缩放。

　　⑤ 标记向量:定义从第一个选中点到第二个选中点的一个向量。如要从 A 点到 B 点的向量,则先顺次选择两个点 A 和 B,然后执行该命令,即标记一个以第一个选择点 A 为起点到第二个选择点 B 为终点的向量。在进行平移变换时,可选择按"标记"进行,则平移的距离大小、方向均与该向量一致。

　　⑥ 标记距离:把一个已度量的距离标记为要进行变换的距离。选定一个已度量的长度,执行"变换"中的"标记距离",即按已测算的长度标记一个距离,在进行平移时,可选择按"标记距离"平移,其平移的方式就是在 X 轴或 Y 轴上按次距离平移一段。

　　(2) 变换方式选项

　　① 平移:将指定的一个或多个对象进行平移。首先可标记距离或向量,再选择要平移的对象,然后单击"变换"菜单中的"平移"命令,出现"平移"对话框,如图 5-23 所示。平移变换有三种方式,即极坐标"方式,此方式下要定义距离和角度;"直角坐标"方式,此时要定义水平方向和垂直方向的距离;"标记"方式,按标记的向量进行平移。

图 5-23 "平移"对话框

　　② 旋转:将指定的一个或多个对象按标记的中心进行旋转变换。首先可标记中心及角度,再选择要旋转的对象,然后单击"变换"菜单中的"旋转"命令,出现如图 5-24 所示对话框,对旋转的角度定义有两种方式:一是"固定角度",只要在其下的对话框内输入一个角度值即可;二是"标记角度",即按事先标记的角度作为旋转角进行旋转。其中,正角表示逆时针旋转,负角表示顺时针旋转。

图 5-24 "旋转"对话框

图 5-25 "缩放"对话框

　　③ 缩放:以标记的点为中心,将指定的对象进行缩小或放大变换。首先要将指定点标记为中心,再选定对象,然后单击"变换"菜单中的"缩放"命令,出现如图 5-25 所示的对

话框,缩放比例的定义方式有两种选择:一是按"固定比",即按要求输入比例的分子与分母的值;二是按"标记比",即按事先标记的比例进行缩放。要注意的是,当比例大于1时是放大,当比例小于1时是缩小。

④ 反射:以标记的镜面为对称轴,将选定的对象进行对称变换。首先要选中一个直线型的对象并将其标记为镜面,再选定要进行反射变换的对象,然后单击"变换"菜单中的"反射"命令,即可将选择对象按标识的镜面进行反射变换。

(3) 迭代。实际上是重复进行某种变换若干次。本节后面将进行专门讨论。

6. 度量菜单

度量菜单的主要功能是提供对角度、弧度、线段长度等几何量的度量、点的坐标等坐标量进行度量的工具,同时还包括可根据现已度量出的量进行计算的功能。度量菜单如图 5-26 所示。

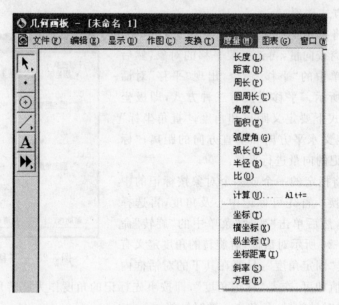

图 5-26　度量菜单

(1) 几何量度量选项。

① 长度:度量线段的长度。选定一条线段,单击"度量"菜单中的"长度"命令,即测出所选线段的长度并显示于画板中。

② 距离:度量两点间、一点和另一条直线或线段之间的距离。先选定两点或一个点和另一条线段(直线),单击"度量"菜单中的"距离"命令,画板中显示被测算的距离。

③ 周长:度量封闭图形的周长。选定一个封闭图形的内部,单击"度量"菜单中的"周长"命令,即测出多边形的周长。

④ 圆周长:度量圆的周长。选定一个圆或圆的内部,单击"度量"菜单中的"圆周长"命令,即测出圆的周长。

⑤ 角度:测定所选角的角度。依次选定三点(如依次为 A,B,C 三点),单击"度量"菜单中的"角度"命令,所测角度($\angle ABC$)便显示于画板中。

⑥ 面积:度量封闭图形的面积。选中多边形的内部或弓形内部或扇形内部或圆的内部(也可选圆周),单击"度量"菜单中的"面积"命令,即可度量出所选定对象的面积。

⑦ 弧度角:测定所选弧的弧度。选定一段圆弧,单击命令"度量"菜单中的"弧角度"命令,即可测出所选弧的角度。

⑧ 弧长:测定所选弧的弧长。选定一段圆弧,单击命令"度量"菜单中的"弧长"命令,即可测出所选弧的弧长。

⑨ 半径:测算一个圆的半径。选定一个圆,单击"度量"菜单中的"半径"命令,即测出所选定的圆的半径。

⑩ 比:度量两线段的比。依次选定两条线段(如 l_1, l_2),单击命令"度量"菜单中的"比例"命令,则度量出比例 l_1/l_2。

(2) 计算:可利用已测的数据进行计算。单击"度量"菜单中的"计算"命令,出现如图 5-27 所示的对话框。可按键完成各种计算,包括新建参数、调用特殊值、调用函数等。这样,就可以根据需要编写一个简单的计算公式或由系统内部提供的函数进行数值计算。

(3) 坐标量的度量:以坐标系为基础的量的度量,包括以下命令。

① 坐标:度量点的坐标。选定一个或多个点,单击"度量"菜单中的"坐标"命令,则测算出各点的坐标并显示于画板中。

② 横坐标:度量点的横坐标。选定一个或多个点,单击"度量"菜单中的"横坐标"命令,则测算出各点的横坐标并显示于画板中。

③ 纵坐标:度量点的纵坐标。选定一个或多个点,单击"度量"菜单中的"纵坐标"命令,则测算出各点的纵坐标并显示于画板中。

图 5-27　"计算"子菜单对话框

④ 坐标距离:度量坐标系中两点间的距离。选定两个点,单击"度量"菜单中的"坐标距离"命令,则测算出两点的坐标距离。

⑤ 斜率:度量线段所在直线或选定的直线的斜率。单击"度量"菜单中的"斜率"命令,即测出所选线段或直线的斜率。

⑥ 方程:测定圆、直线的方程。选定一个圆或直线,单击"度量"菜单中的"方程"命令,则测算出该圆或直线的方程式。

7. 图表菜单

图表菜单的主要功能是定义坐标系、设置网格(坐标系的形式)、网格的显示与隐藏、根据坐标画点、新建参数、新建函数、导数、制表及其操作等。图表菜单如图 5-28 所示。

(1) 坐标系组。定义坐标系及设置网格(坐标系的形式)、标记坐标系、坐标网格的显示与隐藏等。

① 定义坐标系:用于在工作区绘制坐标系。

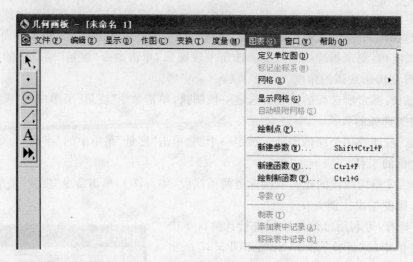

图 5-28　图表菜单

② 标记坐标系：在有多个坐标系的情况下标记坐标系。

③ 网格：用于通过网格形式定义坐标形式。这里提供极坐标网格和直角坐标网格两种网格形式，其中直角坐标网格又分为方形网格和矩形网格，如图 5-29 所示。

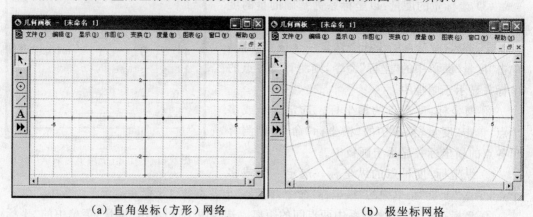

（a）直角坐标（方形）网络　　　　　　（b）极坐标网格

图 5-29　两种网格形式

（2）隐藏/显示网格与吸附。

① 隐藏/显示网格：在界面已建立坐标网格的情况下，显示的是"隐藏坐标网格"，单击它即隐藏界面上坐标网格；在界面上已隐藏坐标网格线的情况下，显示的是"显示坐标网格"，单击它，可以将界面上已被隐藏的坐标网格显示出来。

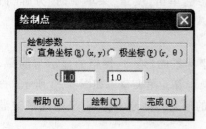

图 5-30　"绘制点"对话框

② 自动吸附网格：选择此命令，则在工作区画点或移动点等就只能在网格的交叉点（即格点）上进行。

（3）绘制点。按给定坐标画点。单击此选项即出现如图 5-30 所示的对话框。输入点的坐标后单击"确定"按钮即可在坐标平面上画出点。对要画的点可设定其属性是固定点还是自由点。固定点表明位置固定,即使移动坐标轴或调整坐标轴刻度,其位置也不发生变化。自由点则会随上述调整而变动。

(4)新建参数。执行此命令可在工作区新建一个参数。

(5)函数组。

① 新建函数:在工作区新建一函数表达式。执行这一命令,出现如图 5-31 所示的对话框。用已存在的度量值、函数等创建一个函数表达式,然后单击"确定"按钮,新建函数表达式即可显示在工作区。

② 绘制新函数:在工作区新建一函数表达式并在坐标系中绘制函数的图像。其操作方式与新建函数相同。

(6)导数。求所建函数的导数。首先选定函数表达式,然后执行该命令,该函数的导函数即显示在工作区内。

(7)制表组。用于制表的操作。

① 制表:功能是将测算出来的一组数固定成表格。例如:设计一反映 $f(x)=\sin x$ 的函数值 $f(x)$ 随自变量 x 值的变化而变化的表。其过程如下。

图 5-31 "新建函数"对话框

用"绘制新函数"命令创建新函数 $f(x)=\sin(x)$,并画出它的函数图像;在图像上任作一点,并度量出该点的横坐标和纵坐标,同时将标签分别改为 x 和 $f(x)$;

仿效选定 $x, f(x)$,执行制表命令,即可绘制出表格,如图 5-32 所示。

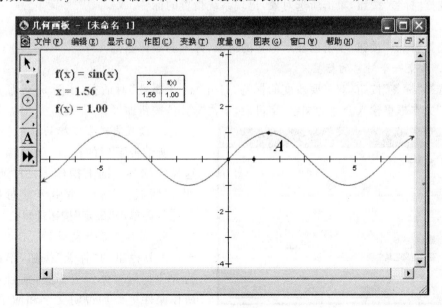

图 5-32 制表实例

② 添加表中记录:用于在已绘制的表格中增加记录。选中表格,单击该命令,出现如图 5-33 所示的对话框。在对话框中,若选定"添加一个新条目",则表格会自动增加一行;也可以输入具体数字,对已绘制的表格增加行数。

注意 也可以双击表格来增加新记录,每双击一次增加一条记录。

③ 删除表中记录:用于删除已绘制的表格中的记录。选中表格,单击该命令,出现如图 5-34 所示的对话框。在对话框中,若选定"删除最后条目",则表格中最后一行被删除;若选定"删除所有条目",则表格中的记录就被删除得只剩下一行记录。

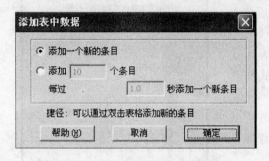

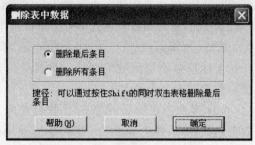

图 5-33　"添加表中数据"对话框　　　　图 5-34　"删除表中数据"对话框

▶▶▶ 第二节　标签工具及其应用

所谓标签,也就是给所作出的点、线段、圆、圆弧等几何图形所起的名字。用几何画板作出的几何对象,一般都由系统自动配置好标签。

1. 显示一个对象的标签

选择"标签"按钮,单击所选对象,出现系统设置的标签。

2. 隐藏一个对象的标签

选择"标签"按钮,单击已显示标签的对象,即可隐藏标签。

3. 改变一个对象的标签

选择"标签"按钮,双击要改变的标签,打开"点 A 属性"对话框,如图 5-35 所示。在"标签"文本框里输入合适的文字、字母后,单击"确定"按钮即可。

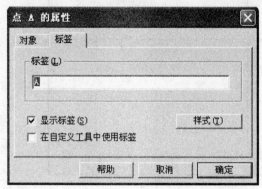

图 5-35　"点 A 属性"对话框

4. 设置自动带下标的标签

所谓带下标的标签,就是像 A_1、B_1 这样的标签。同上操作,打开"点 A 属性"对话框。在输入框中 A 字母后键入"[1]",再单击"确定"按钮即可。

5. 用标签添加说明

工具栏里的"标签"按钮,不但可以为各种几何对象设置标签,而且可以在所作课件里添加说明文字和演示要领,其使用方法如下。

（1）选择"标签"按钮。

（2）将指针移动到空白处，单击鼠标左键并拖动，出现一个矩形框，将它拖至适当大小，松开鼠标。

（3）在矩形框内输入需要的文字（几何画板会自动换行）。

（4）输入完毕在矩形框外的任意地方单击。

注意　对已有的说明文字，可用"选择箭头工具"按钮选定后，重新设置它的长宽比例，或用鼠标拖动以改变其位置；也可以再用"标签"按钮对它的内容进行修改；还可以右击说明，利用弹出的快捷菜单改变字体大小和字型，这些都和其他软件的使用方法差不多。

▶▶▶ 第三节　几何画板与平面几何

一、基本图形的作法

1. 点的作法

在画板工具箱中单击"点工具"按钮。然后将光标移到工作区，单击画板工作区的适当位置，就有了一个点，而且处于被选中的状态。有了点，就可以以点为基础，构造三角形、多边形等几何图形。

例5.1　用三个点画三角形。

（1）先画三个点（若同时按"Shift"键连续画点，可省去第2步）。

（2）用"选择工具"按钮同时选择这三个点。

（3）单击"作图"菜单中的"线段"命令（或按 Ctrl＋L 键）。

说明　用这种方法作好的三角形，刚作好时它的三条边处于被选中的状态。

例5.2　用多个点构造多边形。

（1）用画板工具箱中的"点工具"按钮作出多边形的各个顶点。

（2）用"选择工具"按钮，同时按住"Shift"键，顺序选取多边的顶点（如果在第一步作多个点时按住 Shift 键，则作出的各点都被选中，即可省略此步）。

（3）单击"作图"菜单中的"线段"命令（或按 Ctrl＋L 键）。

说明　选取顶点的顺序是十分重要的，不同的顺序会得出不同的多边形。

2. 线的作法

在"直线工具"中有三个工具：一是"线段工具"，所作线段的两个端点均为自由点；二是"直线工具"，决定直线上的两个点为自由点；三是"射线工具"，决定射线上的两个点为自由点。

单击"直线工具"按钮，出现选择板，鼠标不松开，在按钮选择板上选择需要的工具按钮。再将光标移到工作区，拖动鼠标作出所需要的线。

说明　在画线时，若先按住 Shift 键不松开的同时拖动鼠标，则可画一定角度的线。

3. 三种特殊线的作法

在"作图"菜单中有"平行线"、"垂线"和"角平分线"三个子菜单项，但有时这些子菜单项是灰色的,这说明它们还处于不可使用的状态。如果满足了它们作图的前提条件,就变成了可用的状态。作平行线和垂线的前提条件是需要有一条线(直线、射线、线段)和一点。下面用例子来说明。

例 5.3 制作验证等底等高的三角形,其面积不变的课件(如图 5-36 所示)。

(1)单击画板工具箱中的"直线工具"按钮,并按住 Shift 键画出两条水平直线 l,k。

(2)单击画板工具箱中的"点工具"按钮,在直线 l 上画出两个点 E、F,再用这两个点作出线段(实线)。

(3)单击画板工具箱中的"点工具"按钮,在直线 k 上画出一个点 G。

(4)同时选择直线 l 和点 G,单击"作图"菜单中的"垂线"命令作直线 l 的垂线 n。

(5)同时选中直线 n,l,单击"作图"菜单的"交点"命令作出两直线的交点 H(或单击"选择箭头工具",然后拖动鼠标将光标移到直线 n,l 交处,此时光标由↖变成横向←,状态栏显示的是"点击构造交点"。单击一下,就会出现交点)。

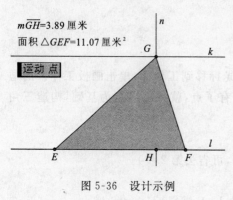

$m\overline{GH}$=3.89 厘米
面积 $\triangle GEF$=11.07 厘米²

运动 点

图 5-36 设计示例

(6)同时选中点 G 和交点 H 作线段,这就是三角形底上的高,单击"度量"菜单中的"长度"命令,度量出 GH 的长度。

(7)同时选中 G,E,F 三点作线段,即作出三角形的三边。

(8)同时选中 G,E,F 三点,单击"作图"菜单的"内部"命令,作出三角形的内部。右击三角形的内部,出现快捷菜单,选择"颜色"项,从中选择一种颜色,再单击"度量"菜单中的"面积"命令,度量出三角形的面积值。

(9)同时选中点 G 和直线 k,单击"编辑"→"操作类按钮"→"动画"命令作一"运动点"的动画按钮。

(10)同时选中直线 l,k,n,单击"显示"菜单中的"隐藏直线"命令将其隐藏。

说明 (1)双击"运动点"动画按钮,可以看到三角形的顶点在一条直线上不断地滑动,但它的底和高不变,所以面积的值也不变。

(2)作垂线时,不能选点 G 和线段 EF,否则当 G 点移到一定位置后,垂线 n 与 EF 没有交点,则 GH 和面积两个度量值会消失。

例 5.4 制作验证三角形的三内角平线交于一点的课件(如图 5-37 所示)。

(1)作出 $\triangle ABC$。

(2)依次选择 C,A,B 三点,单击"作图"菜单中的"角平分线"命令作出 $\angle CAB$ 的平分线 j(注意,点的顺序是十分重要的)。

(3)再依次作出 $\angle ABC$ 和 $\angle ACB$ 的角平分线 k,l。

(4)作出角平分线 j,k,l 的交点。

说明:任意拖动 $\triangle ABC$ 的某个顶点,可看到三角形的形状在改变,但三内角平分线却始终交于一点,从而达到动态演示的目的。

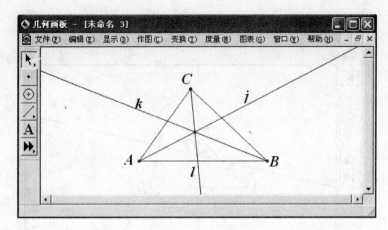

图 5-37 设计示例

练一练
......

制作验证三角形三条高线交于一点的课件。

4. 圆的作法

(1)用画圆工具画圆。在画板工具箱中选择"圆规工具"按钮将光标移到工作区,在适当的位置单击鼠标左键设置圆的圆心,按住鼠标左键拖动,设置圆的半径,当大小合适时释放鼠标即可绘制出圆。

(2)通过两点画圆。在画板工具箱中选择"点工具"按钮,先画出第一个点,同时按住Shift 键再画第二个点。单击"作图"菜单中的"以圆心和圆周上的点绘圆"命令即可。

说明 所选的第一个点一定是圆心。

(3)用圆心和半径画圆。在画板工具箱中选择"点工具"按钮画点 O 作为圆心,再在画板工具箱中选择"直尺工具"按钮画线段 AB 作为半径。同时选中点 O 和线段 AB,单击"作图"菜单中的"以圆心和半径绘圆"命令画圆。

说明 用这种方法作的圆,要改变其大小,只需拖动线段端点(A 或 B),而且圆上没有自由点。

例 5.5 制作三角形外心演示课件(如图 5-38)。

(1)用作圆方法中的一种画圆。

(2)在该圆上用"点工具"按钮作三点 A,B,C(注意,不要选圆上已有的点)。

(3)选取这三点作线段。

(4)单击"作图"菜单中的"中点"命令作出各线段中心。

(5)分别通过各边中点作它的垂线(中垂线)。

说明 不论拖动 A,B,C 中的哪一个点改变三角形的形状,三条中垂线的交点始终是所作圆的圆心。

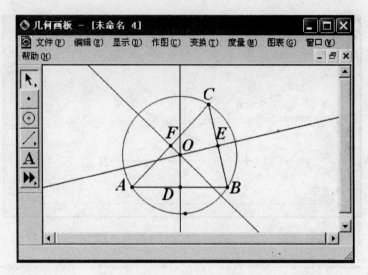

图 5-38 设计示例

（1）制作三角形内心演示课件。

（2）验证九点圆问题：△ABC 三边的中点，从三角形三顶点分别向对边所作垂线的垂足，三个顶点与垂心连线的中点，这九个点共圆，此圆称为九点圆。

（3）验证费尔巴哈定理：△ABC 的内切圆和外接圆与三角形的九点圆相切。

（4）验证西摩松线：从△ABC 的外接圆上一点 P 作 AB，BC，CA 的垂线，高垂足分别为 D，E，F，则这三点共线，此直线称为西摩松线。

5. 弧的作法

（1）过三点作弧。用"点工具"作出三个点 A，B，C，按一定顺序同时选中三点。单击"作图"菜单中的"过三点的弧"命令，即可用已选定的点作出一个弧。

注意 作出的弧与选择三点时的顺序有关，所作的弧一定是以第一个选中点和第三选中点为端点且过第二选中点的弧。

（2）选取圆及圆上两点作弧。先作一个圆，用"点工具"在圆上作两点 A，B（或单击"作图"菜单中的"对象上的点"命令）。选中圆（或圆心），并同时按 A，B 顺序选中这两点，单击"作图"菜单的"圆上的弧"命令即可作出一弧。

注意 选圆及圆上两点所作的弧，是从第一点逆时针方向到第二点之间的一段弧。

（3）选取圆上三点作弧。基本步骤与上类似，不同的是上一方法必须选择圆，本例中无须选圆，但必须选择圆上三点，而且要注意点的选择顺序，即第一和第三个选中的点为弧的两端点。

例 5.6 制作圆幂定理课件（为简单，本例将切割线情况除外，如图 5-39）。

（1）用"直尺工具"按钮作一直线 m，在直线 m 上取一点 P。

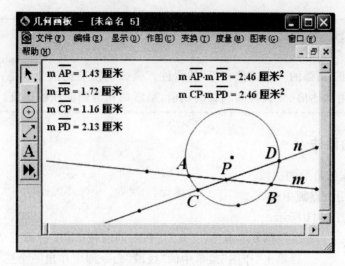

图 5-39　设计示例

（2）过点 P 作一直线 n，并将直线 n 角度调整适当。

（3）作圆，并作出圆分别与两线的交点为 A,B,C,D。

（4）选择相应的点，分别作出 PA,PB,PC,PD 四条线段，并度量四条线段的长度。

（5）将两条直线 m,n 隐藏。

（6）单击"度量"菜单中的"计算"命令分别计算出 $PA×PB$ 和 $PC×PD$。

说明　这时，无论怎样拖动 P 点（可把 P 点拖入圆的内部），虽然割线段（或弦）的长度在变，但是乘积 $PA×PB＝PC×PD$ 永远成立。

6．扇形和弓形的作法

与以前谈到的三角形的内部相似，扇形和弓形含有"面"，而不仅仅只有"边界"。扇形和弓形的画法类似：先画圆，再用作弧的方法在所作圆上画弧。选择所作弧，单击"作图"菜单中的"扇形内部"（或"弓形内部"）命令作出如图 5-40 所示的扇形和弓形。

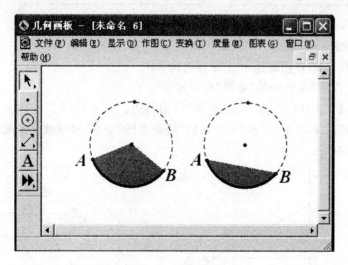

图 5-40　设计示例

制作验证"圆弧的三项比值相等"的课件。圆弧的三项比值分别是:弧度角与整圆的圆周角的比值、弧长与圆周长的比值、扇形面积与圆面积的比值。

二、直线型的画法

例5.7 作三角形的中线。

分析 利用中点画中线。

作法 如图 5-41 所示。

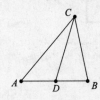

(1) 单击"点工具"按钮的同时按 Shift 键画三个点 A,B,C,然后单击"作图"菜单中的"线段"命令即可作出一个三角形。

(2) 用"选择工具"按钮选择线段 AB。

(3) 单击"作图"菜单中的"中点"命令(或按快捷键"Ctrl+M")作出线段 AB 的中点 D。

图 5-41 设计示例   (4) 同时选中 C,D 两点,单击"作图"菜单中的"线段"命令,即可作出中线 CD。也可用画线工具对准 C 点,拖动鼠标到 D 点后松开鼠标。

(1) 作△ABC 的重心。

(2) 作△ABC 的中位线和中点三角形。

(3) 作△ABC 的一个旁心。

(4) 作等腰三角形。

例5.8 作直角三角形。

作法 如图 5-42 所示。

(1) 画线段 AB,并同时选中点 A 和线段 AB。

(2) 单击"作图"菜单中的"垂线"命令作垂线 j。

(3) 在直线 j 上任作一点 C,并连 BC 作出斜边。

(4) 选中垂线 j,单击"显示"菜单中的"隐藏垂线"命令,将垂线 j 隐藏。

(5) 连接 AC。

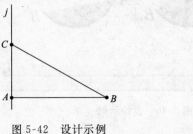

图 5-42 设计示例   图 5-43 设计示例

例5.9 作等边三角形。

作法 如图5-43所示。

(1) 画一条线段 AB。

(2) 同时选中线段 AB 和端点 A,B,单击"作图"菜单中的"以圆心和半径绘圆"命令,作出两个等圆。

(3) 作出两圆的一个交点 C,然后作线段 AC,BC,最后隐藏两圆即可。

说明 作等边三角形的 AC 和 BC 也可采用以下方法:在画线状态下,光标对准 A 点单击,松开鼠标,移动光标到两圆相交处单击(注意状态栏的提示信息),即可作出线段 AC;同样,光标对准 C 点单击,松开鼠标,移动光标到 B 点单击,即可作出 BC。

练一练

(1) 作正方形 $ABCD$。

(2) 作菱形 $ABCD$。

(3) 作等腰梯形 $ABCD$。

例5.10 作平行四边形。

作法 如图5-44所示。

(1) 用"直线工具"画出平行四边形的邻边 AB、BC。

(2) 仅选取点 A 和线段 BC,单击"作图"菜单中的"平行线"命令,作出过 A 点且与线段 BC 平行的直线 j;同样画出另一条过点 C 且与线段 AB 平行的直线 k;作出两条平行线的交点 D。

(3) 隐藏直线 j,k。

(4) 连接 AD 和 CD。

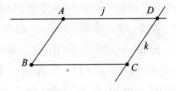

图5-44 设计示例

例5.11 作任意三角形的外接圆。

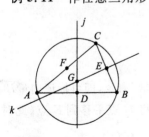

图5-45 设计示例

分析 圆显然过三角形三个顶点,所以圆上的一点可以确定,剩下的是要确定圆心的位置。而外心是三角形三边中垂线的交点。

作法 如图5-45所示。

(1) 作△ABC,并同时选中三角形三边,单击"命令"菜单中的"中点"命令,可作出三边的中点 D,E,F。

(2) 过 D 作 AB 边的垂线 j,过 E 点作 BC 边的垂线 k,并作出垂线 j,k 的交点 G。

(3) 依次选中 G,A 两点,单击"作图"菜单中的"以圆心和圆周上的点绘圆"命令,即可作出△ABC 的处接圆。

练一练

（1）作直角三角形外接圆。

（2）作任意三角形的内切圆。

（3）作任意三角形的旁切圆。

例 5.12 过圆外一点 B 作圆的切线。

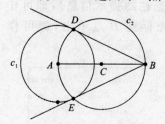

图 5-46　设计示例

分析　如图 5-46 所示。关键是找到切点，可用两次确定法：首先切点必在圆周上。另外，切点、圆心、圆外一点 B 这三个点构成的三角形是直角三角形，即切点也一定在以圆心和点 B 连线为直径的圆周上，而这个圆是可以作的。于是切点即是两圆的交点。

作法　如图 5-46 所示。

（1）作圆 c_1（圆心为点 A），并作圆外一点 B。

（2）作线段 AB，并作出 AB 的中点 C。

（3）以 C 点为圆心过 B 点作圆 c_2，并作出圆 c_1，c_2 的交点 D，E。

（4）同时选中 B，D，单击"作图"菜单中的"射线"命令；同时选中 B，E，单击"作图"菜单中的"射线"命令。即可作出切线 BD 和 BE。

例 5.13　作两圆 c_1，c_2 的外公切线。

分析　如图 5-47 所示。采用倒推法，假设外公切线 IJ 已作出，则 $\angle JIA$ 为直角。若过 B 作 IJ 的平行线 BG，则 $\angle BGA$ 也为直角，即 $\triangle BGA$ 是直角三角形。由例 5.12 知，BG 即为以 A 为圆过 G 点的圆的切线。这个圆的半径正好是两圆半径的差。故此圆可作，则过 B 点可作此圆的两切线 BG 和 BH 可作，分别过 A，G 和 A，H 可作两射线，交圆 c_1 于两点 I，K，此即为外公切线在圆 c_1 上的两切点，则两外公切线可作。

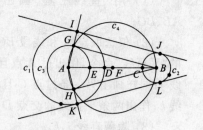

图 5-47　设计示例

作法　如图 5-47 所示。

（1）作圆 c_1（圆心为 A）和圆 c_2（圆心为 B）。

（2）作线段 AB，并作 AB 与圆 c_1，c_2 的交点 C，D。

（3）同时选中 B，C 两点，单击"变换"菜单中的"标记向量"命令，即可标记向量 $\overrightarrow{BC}$。

（4）选中 D 点，单击"变换"菜单中的"平移"命令，即可将 D 点平移到 E 点（此时 AE 等于圆 c_1 与圆 c_2 的半径的差）。

（5）以 A 为圆心，E 为圆上的点作圆 c_3。

（6）按例 5.12 的方法作过 c_3 外一点 B 作圆 c_3 的两切线 BG，BH（G，H 为切点）。

（7）分别过 A，G 和 A，H 可作两射线，交圆 c_1 于两点 I，K（此即为外公切线在圆 c_1 上的两切点）。

(8) 过 I 作 BG 的平行线 IJ,过 K 作 HB 的平行线 KL。IJ 和 KL 即为两条外公切线。

制作验证切割线定理的课件。

三、用变换作图

1. 利用旋转变换作图

例 5.14 作一个正方形。

要求 画一个正方形,拖动任一顶点改变边长或位置,都能动态地保持图形是一个正方形。

分析 利用旋转进行作图。画一条线段,以此作正方形的一边,并以此为基础作正方形。此时可以线段的端点为中心,将线段绕中心旋转 90°(逆时针方向),可得第二条边;另一边可类似作出。

作法 如图 5-48 所示。

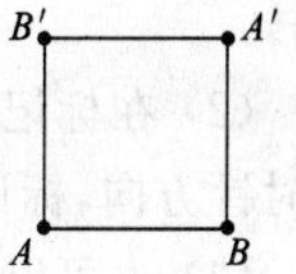

(1) 作线段 AB。

(2) 用"选择工具"双击点 A,点 A 被标记为中心。

(3) 同时选中点 B 和线段 AB,单击"变换"菜单中的"旋转"命令,在弹出的"旋转"对话框中选择"固定角度",输入数据"90",然后单击"旋转"按钮,即可作出边 AB'。

图 5-48 设计示题例

(4) 双击点 B',标记新的中心。

(5) 同时选中点 A 和线段 AB',单击"变换"菜单中的"旋转"命令,在弹出的"旋转"对话框中选择"固定角度",输入数据"90",然后单击"旋转"按钮,即可作出边 B'A'。

(6) 连结 A',B 可作出第四边 A'B。

注意 本例的方法可以用来作任意的正多边形,只要计算出正多边形的内角,旋转时按内角度数进行即可。

(1) 寻找用旋转变换作正方形的其他方法,并推广到作正 n 边形。

(2) 作五角星图形。

(3) 作其中两锐角分别为 36°,47° 的三角形。

(4) 作一个角,并把它三等分。

例 5.15 作旋转角度可以随意改变的全等图形。

要求 如图 5-49 所示。拖动点 G,使 ∠FEG 从 0° 到 180° 变化,则将 △ABC 按标记角 ∠FEG 旋转所得的 △A'B'C' 的位置也随之改变。

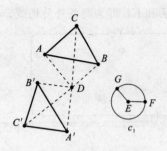

图 5-49 设计示例

分析 本例将在前面学习的基础上,学习"按标记的角"旋转对象。标记的角可以是一个固定的角,也可以是可以改变的角。例如,可以构造一个可以通过拖动某点以改变大小的圆心角∠FEG,以达到通过拖动点来改变角的大小,从而动态演示对象的旋转过程。

作法 如图 5-49 所示。

(1) 作△ABC,并在其外作一点 D(作为旋转中心)。为了方便观察,将对称中心 D 分别和 A,B,C 三点间连线并单击"显示"菜单中的"线型"命令将三线段设置成虚线,让研究对象和虚线段绕对称中心旋转。

(2) 作辅助圆 c_1(圆心为 E,圆上的点为 F),在圆上另作一点 G,按顺序同时选中 F,E,G 三点,单击"变换"菜单中的"标记角度"命令,将圆心角∠FEG 标记为旋转角。

(3) 将点 D 标记为中心,同时选中△ABC 三顶点和三边及线段 DA,DB,DC,单击"变换"菜单中的"旋转"命令,将其中的旋转参数选定为"标记角度",再单击"旋转"按钮即可。

注意 (1) 拖动 G 点,可改变标记角∠FEG 的值,此时,被旋转的对象也随之动态旋转。

(2) 在标记角度时注意选点的顺序,按"边上的点、顶点、边上的点"来选,如果选择按逆时针方向,标记的是正角;按顺时针方向,标记的是负角,这将影响对象的旋转方向。

(3) 也可以先度量出∠FEG 的值(可正可负),然后将度量值标记为角,也可达到要求。

2. 利用平移变换作图

平移既是一个保距变换,又是一个保角变换。利用平移变换可从已有的图形作出一个全等的图形。

几何画板中,平移可以按三大类九种方法来进行,其中的有些方法事先要标记角、标记距离或标记向量。

例 5.16 画一个半径为 $\sqrt{2}$ cm 的圆。

分析 关键是半径为无理数,似乎有点难处理。但根据勾股定理,让一个点在直角坐标系中按水平方向、垂直方向都平移 1 cm,得到的点与原来点的距离即为 $\sqrt{2}$ cm,然后以圆心和圆周上的点画圆即可。

作法 如图 5-50 所示。

(1) 作一个点 A。

(2) 选取点 A,单击"变换"菜单中的"平移"命令,在弹出的对话框中将平移变换设置为"直角坐标";水平方向和垂直方向都设置为"固定距离"并保留原值 1。再单击"平移"按钮即可得到平移后的点 A'。

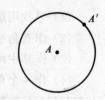

图 5-50 设计示例

(3) 顺次同时选中 A,A'两点,单击"作图"菜单中的"以圆心和圆周上的点绘圆"命令,即可作出符合要求的圆。

例 5.17 作平行四边形。

分析 根据平行四边形的定义,用构造平行线的方法来画一个平行四边形,这种画法在一般情况下是没有问题的,但如果想用来说明向量加法的平行四边形法则,就会发现当两个向量共线时,无法构造平行线的交点,因而就无法正确表示两个向量的和。

平行四边形也可根据标记的向量平移的方法来作,这样的平行四边形可以正确演示向量加法的平行四边形法则。

作法 如图 5-51 所示。

(1) 作线段 AB,AC。

(2) 按顺序同时选中点 A、B,单击"变换"菜单中的"标记向量"命令,标记一个从点 A 指向点 B 的向量。

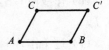

图 5-51 设计示例

(3) 同时选中线段 AC 和点 C,单击"变换"菜单中的"平移"命令,即可将线段 AC 按向量 $\overrightarrow{AB}$ 平移得到线段 BC'。

(4) 作线段 CC',并按习惯将 C' 点标签改为 D。

例 5.18 作两圆 c_1,c_2 的内公切线。

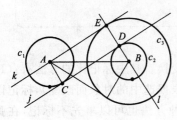

图 5-52 设计示例

分析 如图 5-52 所示,假设内公切线 j(或 CD)已经作出,则过圆 c_1 的圆心 A 作 j 的平行线 k,并过圆 c_2 的圆心 B 作 k(也即 j)的垂线 l,直线 k,l 相交于 E 点。由 $\angle AEB$ 为直角知,直线 k(或 AD)为以 B 为圆心,BE 为半径的圆 c_3 的切线。由此可见,两圆的内公切线是与过其中一圆的圆心作以另一圆圆心为圆心、半径为两圆半径之和的圆的两切线是平行的。根据这一关系,现在反过来考虑:圆 c_3 的半径 BE 等于已知两圆的半径之和,这可以通过平移得到。因此圆 c_3 是可作的;过 A 作 c_3 的切线 k 也是可作的,则切点 E 可作;连 EB,则 EB 与 c_2 的交点 D 可作,而 D 正是内公切线上的一点,于是过 D 作 k 的平行线即为一内公切线。

作法 1 如图 5-53 所示。

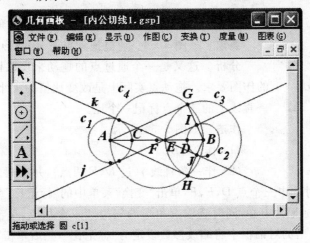

图 5-53 设计示例

（1）作两外离的圆 c_1, c_2，圆心分别为 A, B。连线段 AB，并作 AB 与 c_1, c_2 的交点 C, D。

（2）标记向量 $\overrightarrow{CA}$，将 D 点按标记向量平移得点 E（BE 即为两圆半径之和）。

（3）以 B 为圆心，E 为圆周上的点作圆 c_3。

（4）作 AB 的中点 F，以 F 为圆心，A 为圆周的上的点作圆 c_4，作 c_3 与 c_4 的交点 G, H。

（5）作线段 AG 和 AH，即为过 A 所作的圆 c_3 的切线。

（6）作线段 GB，并作 BG 与圆 c_2 的交点 I。同时作线段 HB，并作 HB 与圆 c_2 的交点 J。

（7）过 I 作 AG 的平行线 j，过 J 作 AH 的平行线 k。直线 j, k 即为所求。

 练一练

（1）用平移变换作一个菱形。

（2）作三个两两外切的圆。

3. 利用缩放变换作图

缩放是指对象关于"标记中心"按"标记比"进行位似变换。其中标记比的方法有：(1) 选中两条线段，执行"变换"菜单中的"标记比"（此命令会根据选中的对象而改变），标记以第一条线段长为分子，第二条线段长为分母的一个比，这种方法也可以事先不标记，在弹出"缩放"对话框后依次单击两条线段来标记。(2) 选中度量得的比或选中一个参数（无单位），执行"变换"菜单中的"标记比"，可以标记一个比。在弹出"缩放"对话框后单击工作区中的相应数值也可以"现场"标记一个比。(3) 选中同一直线上的三点，执行"变换"菜单中的"标记比"命令，可以标记以一、三点距离为分子，一、二点距离为分母的一个比。这种方法得到的比最为方便控制与调整。另外，根据方向的变化，比值可以是正、零、负等。

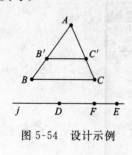

图 5-54　设计示例

例 5.19　作一个与已知三角形相似的三角形。

要求　如图 5-54。通过拖动点 F，让图形动态发生变化。

分析　这又是一个通过点的拖动来反映图形动态变化过程的作图要求。拖动点实际上是改变比值的大小，因此可采用在同一直线上的三个点标记一个比。

作法　如图 5-54 所示。

（1）作 $\triangle ABC$。

（2）作一条直线 j（过 D, E 两点），并在其上作一点 F。

（3）顺次同时选中三个点 D, E, F，单击"变换"菜单中的"标记比"命令，标记一个比。

（4）将点 A 标记为中心，同时选取三角形的三边和三个顶点，单击"变换"菜单中的"缩放"命令，在弹出的对话框中将缩放参数设定为"标记比"，然后单击"缩放"按钮即可。

注意　（1）拖动点 F 在直线上移动，可以看到相似三角形的变化，还可以通过度量相

关的值来帮助理解。

（2）图 5-55 是 F 点在不同位置时其缩放的结果，可帮助大家进一步理解这种标记的比的变化。

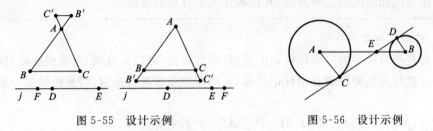

图 5-55 设计示例　　图 5-56 设计示例

例 5.20　作两圆 c_1, c_2 的内公切线。

分析　如图 5-56，假设一条内公切线 CD 已经作出，设 CD 与 AB 交点为 E，则知 $\triangle ACE$ 和 $\triangle BDE$ 是直角三角形。若 E 点能作出，则 C, D 两切点即是分别以 AE, EB 为直径的圆与圆 A 和圆 B 的交点。由于 $\triangle ACE$ 与 $\triangle BDE$ 相似，故 $\dfrac{AE}{EB}=\dfrac{AC}{BD}$，即 $\dfrac{AE}{AB}=$ $\dfrac{AC}{AC+BD}$。故 E 点可通过以 A 为中心将 B 点按上述比例进行缩放得到。

作法　如图 5-57 所示。

（1）作两外离的圆 c_1, c_2，圆心分别为 A, B。连线段 AB，并作 AB 与 c_1, c_2 的交点 C, D。

（2）度量 A 与 C，B 与 D 的距离，并将标签分别改为 r_1, r_2。

（3）计算 $\dfrac{r_1}{r_1+r_2}$，并将其标记为比。

（4）以 A 为中心，将 B 按标记比进行缩放，得到 E 点。

（5）分别以 AE, BE 为直径作圆 c_3, c_4，并作出 c_3 与 c_1 的交点 F, G，c_4 与 c_2 的交点 H, I。

（6）分别过 F, I 和 G, H 作直线 j, k 即为所求。

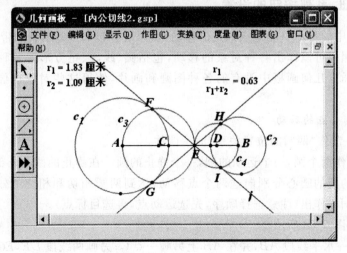

图 5-57 设计示例

作一已知线段的三等分点,并探求作 n 等分点的方法。

4. 利用反射变换作图

反射是指将选中的对象按标记的镜面(即对称轴,可以是直线、射线或线段)构造轴对称关系。进行反射变换前必须标记镜面,否则即使能够进行反射,得到的结果一般不会是想要的。

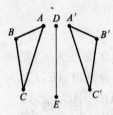

图 5-58 设计示例

例 5.21 作△ABC 的轴对称图形。

作法 如图 5-58 所示。

(1) 作△ABC,并作一条线段 DE。

(2) 选中线段 DE,单击"变换"菜单中的"标记镜面"命令,即可将 DE 标记为对称轴。

(3) 同时选中△ABC 的三边和三个顶点,单击"变换"菜单中的"反射"命令,并用文本工具标记反射所得的三角形的顶点。

练一练

(1) 用反射变换作一个等腰三角形。
(2) 用反射变换作一个菱形。

▶▶▶ 第四节 操作类按钮的设置

一、移动按钮、系列按钮的设置

几何画板中的移动只能是点到点的移动,表面上看起来这些给我们带来了不便,但是只要想办法,照样可以作出各种对象的移动,包括圆、线段、正方形等各种几何对象的移动,甚至可以插入几何画板中没有的各种图画和画片,使得这些对象也像几何对象一样运动。

1. 一点到一点的移动

例 5.22 制作"两圆的位置关系"演示课件。

分析 制作两个圆,一个运动的圆,一个静止的圆。在静止的圆的外部和内部各画两个点,让运动的圆的圆心分别向这两个点移动,达到两圆相切和相交的效果。两圆的内含、内切也可同样作出(注意选择顺序,先选运动点,再选目标点)。

作法 如图 5-59 所示。

(1) 先画一水平线段 AB,并在 AB 上另画一点 C;另画两线段 DE,FG 分别为两圆半径。

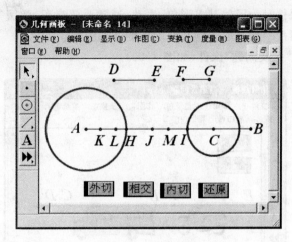

图 5-59 设计示例

(2) 分别以 A,C 为圆心，DE 和 FG 为半径，作两个相离的圆（若不相离可适当调节 C 点位置）。另可以给它们设置不同的颜色。

(3) 为确定两圆外切时 C 点的位置，先求圆 A、圆 C 与线段 AB 的交点 H，I，再标记向量 $\vec{IC}$，把 A 点按向量 $\vec{IC}$ 平移，即可得点 J。同理可作出两圆同内切点 K。最后在 J，K 之间画一点 L（当圆 C 的圆心移到 L 点时两圆有两交点）。

(4) 先选动圆的圆心 C，再选 J 点，单击"编辑"→"操作类按钮"→"移动"命令，打开"移动速度"对话框。选择"慢速"，单击"确定"按钮，几何画板窗口出现"移动"按钮，并将其重新命名为"外切"。

(5) 按 Ctrl＋Z 使得动圆回到原来位置，仿照上一步作出动圆心 C 到 L 点的移动，将其移动按钮改为"相交"。

(6) 按 Ctrl＋Z 使得动圆回到原来位置，仿照步骤(3)作出动圆心 C 到 K 点的移动，将其移动按钮改为"内切"。

(7) 再在原来动圆圆心位置附近画个点 M，作出动圆圆心 C 到 M 点的移动按钮，并将其命名为"还原"。

说明 双击某个按钮，就会产生相应的运动。如果动圆所到的位置不够准确，可以调整目标点的位置，也可以通过拉动半径的大小调整圆的半径。为避免使用时误操作，可以适当隐藏若干对象。

如果用其他两种方法画圆，圆心运动时会改变圆的大小。此法所作的圆的大小，只有当作为半径的线段改变时，圆的大小才会改变。

作验证"两三角形全等"的课件。要求通过移动动画使两个三角形重合。

2. 多点到多点的移动、外插对象的移动

用户也可以同时设多点的移动。设置了多对点的移动后，每对点都会同时到达目的点。另外,在制作课件时为了使其更形象、生动,通常要使汽车、弹簧等物体进行运动,而汽车、弹簧等物体图片一般是插入到几何画板的外部图像。

例 5.23 制作"追及问题"课件(如图 5-60)。

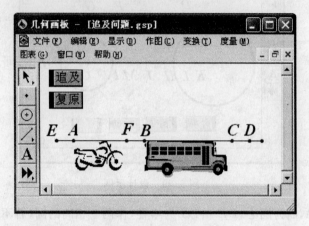

图 5-60 追及课件设计例图

作法 如图 5-60 所示。

(1) 作一条水平线线段。

(2) 在段线上分别作两点 A,B(运动点),注意 A,B 点的前后关系。

(3) 打开 Microsoft Word,在 Word 文档编辑窗口单击"插入"→"图片"→"剪贴画"命令,插入一张汽车和一张摩托车的剪贴画,调整图片大小后复制摩托车剪贴画。

(4) 返回几何画板,选择 A 点,在"编辑"菜单中选择"粘贴"命令,这时摩托车的剪贴画就被粘在 A 点上。

(5) 按步骤(3)、(4)将汽车的剪贴画粘贴在 B 点上。

(6) 在直线的另一端作 C,D 两点(目标点)。

(7) 分别选择 A,C 和 B,D 两对点,单击"编辑"→"操作类按钮"→"移动"命令,出现"移动速度"对话框,选择"慢速",窗口中出现"移动"按钮,将其改名为"追及"。

(8) 在直线上,分别在原来 A,B 点的附近各作一点 E,F,顺序同时选中 A,E 点和 B,F 点,仿上一步作"移动"运动(在出现速度设置对话框时,选择"高速"),对出现的按钮改名为"复原"。

(9) 将 $C、D$ 两点移到一处(使两车最后运动到同一目的地)。E,F 两点分别移到 A,B 点,并隐藏不必要的对象。

说明 设置"复原"功能按钮,是"移动"中常用的手法,便于课件的再次操作。

 练一练

(1) 制作一个直角三角形变成等边三角形的演示课件。

(2) 制作一段弧变成一条线段的演示课件。

例 5.24 制作"弹簧的拉伸"课件(如图 5-61)。

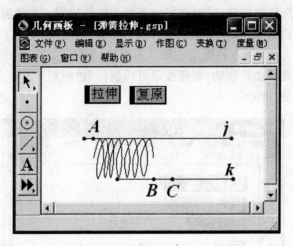

图 5-61 弹簧拉伸课件设计图例

分析 物理课件中弹簧的拉伸是常用的,而几何画板里作弹簧图形比较困难,只有通过插入外部图片来完成。但上例插入的图片在运动中是不变形的,如何使其变形? 这要把粘贴的图片粘在几何画板里的两个点上,让其中一点移动即可。

作法 如图 5-61 所示。

(1) 作两条平行线 j,k。

(2) 分别在 j,k 上作两点 A、B(不要利用直线上原来的点)。

(3) 打开 Word 文档,用"绘图"画出一个弹簧,并复制这个弹簧图片;返回几何画板,同时选中 A,B 两点,在"编辑"菜单中选择"粘贴"命令,即可将弹簧图片粘贴在 A,B 两点上。

(4) 作 B 点在直线 k 上移动的"动画"按钮,在出现的动画对话框中各参数均选用默认值,并将按钮改名"拉伸"。

(5) 在线段 k 上的 B 点附近作一点 C,仿上例作弹簧复原的"移动"按钮,并将其改名为"复原"。

(6) 将 C 点调整到与 B 点重合,同时隐藏不必要的对象。

说明 (1) 直线 k 的左端点应当适当往右缩进一点,以免弹簧压过了头。

(2) 如果插入的图片看不见,可调整 A,B 的位置。也可以用现成的比较美观的弹簧图片,扫描后插入。

制作一个将一幅图片放大的演示课件。

---

3. 动点沿曲线移动、系列按钮

上述点对点的移动都是沿着动点到目标点的直线运动的,能否让动点沿着指定的曲线移动呢？其实,只要把动点设置在曲线上,这是可以办得到的。"系列"按钮可以将多个按钮的操作用一个按钮来代替,以简化操作界面和操作过程。在调协"系列"按钮时,必须注意所选的多个按钮的操作顺序。

例 5.25 设计制作"用割补法求三角形面积"的课件。

分析 利用动点沿曲线移动、系列按钮可以制作出"用割补法求三角形面积"的课件。

作法 如图 5-62 所示。

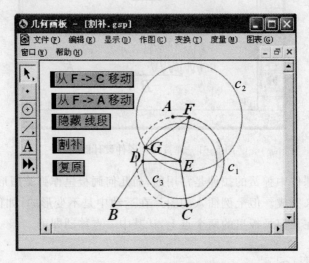

图 5-62 割补课件设计图例

(1) 画$\triangle ABC$,作 AB 和 AC 的中点 D,E;连接 D 和 E,E 和 C,D 和 B,将线段 AB 与 AC 隐藏。

(2) 以 E 为圆心,A 为圆上的点作圆 c_1;同时选中点 B,A 及 c_1 的圆周,单击"作图"菜单中的"圆上的弧"命令,作出 BA 弧(此即为动点运动的路径)。

(3) 在圆 c_1 上任意取一点 F。以 F 为圆心,DB(即为 AD)为半径作圆 c_2;以 E 为圆心,D 为圆上的点作圆 c_3。作圆 c_2 与圆 c_3 的交点 G。

(4) 选择 F,G,E,作线段(这样就另外作出了一个可以移动的$\triangle FGE$,且此三角形与$\triangle ADE$ 全等)。

(5) 选中 F,C,单击"编辑"→"操作类按钮"→"移动"命令,制作"从 F->C 移动"的移动按钮。

(6) 选中 F,A,单击"编辑"→"操作类按钮"→"移动"命令,制作"从 F>A 移动"的移动按钮(速度设置为高速)。

(7) 将圆 c_1 的圆周隐藏(例图中以虚线表示);同时将 A,D 隐藏,把 F,G 改名为 A、D。

(8) 选择中位线 DE,单击"编辑"→"操作类按钮"→"隐藏/显示"命令,制作一个"隐藏线段"按钮。

(9) 单击"隐藏线段"按钮,则此按钮变为"显示线段"按钮。选择窗口中的"从F>C移动"按钮和"显示线段"按钮,再单击"编辑"→"操作类按钮"→"系列"命令,产生一个新的系列按钮,将其改名为"割补"。

(10)单击"显示线段"按钮,此时按钮变为"隐藏线段"按钮。选择窗口中的"从 F->A移动"按钮和"隐藏线段"按钮,再单击"编辑"→"操作类按钮"→"系列"命令,产生 一个新的系列按钮,将其改名为"复原"。

(11)隐藏不需要显示的对象。

说明 必须制作一个与△ADE 全等的新的三角形(即△FGE),原来的△ADE 是不 能旋转的。要产生预期的旋转效果,则 F 必须在以 E 为圆心、以 EC 为半径的圆周上,随 之旋转的 G 必须在以 E 为圆心、以 DE 为半径的圆周上,而 F 到 G 的距离为 AD(DB), 故作出以 F 为圆心、以 DB 为半径的圆。

二、动画按钮的设置

移动虽有比较好的运动效果,但移动一次后便需恢复到原位,而几何画板中的动画功 能却能很生动地连续表现运动效果。用动画可以非常方便地描画出运动物体的运动轨 迹,而且轨迹的生成是动态地、逐步地表现出轨迹产生的全过程。

1. 简单动画

在几何画板中,动画的实现首先要选择一个动点以及该点运行的路径。

例5.26 作线段的一个端点绕圆周运动的动画。

分析 这里要注意的是,要多次反复地实现动画,应选择"编辑"→"操作类按钮"→ "动画"命令。"显示"菜单中的"动画"与"编辑"菜单里的"动画按钮"不同,前者的动画只 运行一次,后者由按钮控制重复运行。

作法 如图 5-63 所示。

(1)用"圆工具"画一个圆,并用"点工具"在圆上画一点(注意不要与圆上已知点重 合)A 和圆外一点 B,过这两点作一条线段 AB。

(2)选中点 A,单击"编辑"→"操作类按钮"→"动画"命令。在出现的动画对话框中 选用默认值,然后单击"确定"按钮,这时在几何画板窗口里出现一个"运动点"的动画 按钮。

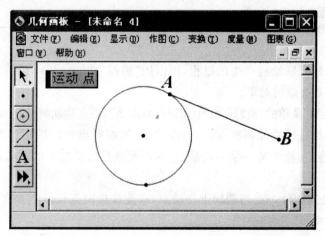

图 5-63 设计示例

2. 轨迹

上面的动画没有显示运动轨迹,如果要显示动画的运动轨迹,则需要使用"作图"菜单中的"轨迹"命令。

例 5.27　已知圆外一点与圆周上一动点,求连接这两点线段的中点的轨迹。

作法　如图 5-64 所示。

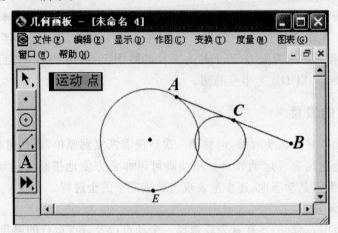

图 5-64　设计示例

(1) 依照例 5.26,作圆及线段,并作同样的动画。

(2) 选中线段 AB,单击"作图"菜单中的"中点"命令,作出 AB 的中点 C。

(3) 选中动点 A 和 E 点,再单击"作图"菜单的"轨迹"命令,这时,就出现了点 A 的运动轨迹,它是个圆。

说明　必须先选产生这个轨迹的驱动点,然后再选产生轨迹的被驱动点。

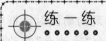

分别以圆 c_1 上的点 A,P 为圆心和圆周上的点作圆 c_2,作当点 P 在圆 c_1 上运动时圆 c_2 的轨迹。

3. 追踪

如果要动态地观察轨迹产生的过程,可以用"追踪"功能。

(1) 选定需要追踪的对象。

(2) 选择"显示"菜单的"追踪"命令(Ctrl+T),那么当动点运动时,就会动态地出现轨迹。

注意　当鼠标在任意处再次点击,追踪停止,追踪时出现的图形消失,这与"轨迹"功能不同。与"轨迹"功能的又一个不同是,它只需要选择需要追踪的对象,而且只要拖动对象,就开始追踪。

例 5.28　已知圆外一点与圆周上一动点,求连接这两点线段的垂直平分线的包络。

作法　如图 5-65 所示。

(1) 按例 5.26、5.27 作出线段 AB 的中点,并同时作出 AB 的垂直平分线 j。

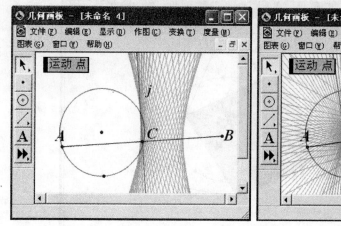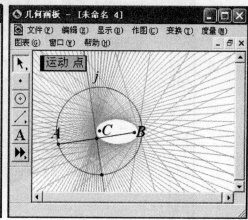

（a）B 点在圆外　　　　　　（b）B 点在圆内

图 5-65　设计示例

（2）选中垂直平分线 j，在"显示"菜单中选"追踪直线"命令。

说明　可改变 B 点的位置，从图 5-65 可以看到，当 B 点在圆外、圆内以及 B 与圆心重合时，线段 AB 的垂直平分线的包络分别为双曲线、椭圆和圆。

　**练 — 练**

　　请用几何画板演示以下问题：如果线段 AC 以 A 为中心旋转，而点 D 同时在线段 AC 上来回移动，那么 D 点的运动轨迹是什么样的图形？

4. 复杂的动画

　　例 5.29　制作"四边形四边中点连线所组成的四边形是平行四边形"的演示课件。

　　分析　为体现四边形的任意性，最好的办法是让四边形的四个顶点在不同的路径上以不同的速度运动。这里，我们把任意四边形的四个顶点分别取自于四个大小不等的圆周上，让四顶点以不同的速度在各自的圆周上运动，即可达到四边形的任意性。

　　作法　如图 5-66 所示。

　　（1）画四个大小不等的圆，并在每个圆的圆周上各画一点 A, B, C, D（注意：不要取圆周上已有的点！）。

　　（2）依次同时选中这四点 A, B, C, D，单击"作图"菜单中的"线段"命令，即可画出以 A, B, C, D 为顶点的四边形（此时四边是处于选取中状态）；单击"作图"菜单命令中的"中点"命令，可画出四边的中点，然后单击"作图"菜单中的"线段"命令，即可画出四边中点连线所得的四边形。

　　（3）依次同时选中 A, B, C, D 四点，单击"编辑"→"操作类按钮"→"动画"命令，在出现的对话框中调整各点运动的速度（一般是半径越小，速度越慢为好）。调整好后单击"确定"按钮即可得"运动点"动画按钮（为突出显示，可同时选中四中点，然后单击"作图"菜单中的"多边形内部"命令，并对内部涂色）。

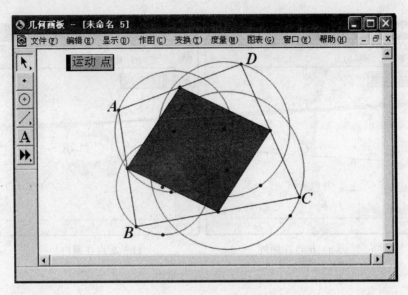

图 5-66   设计示例

（4）隐藏各圆、圆心和圆上的原有点等多余对象。

例 5.30   制作"日月地"三星运动课件。

分析   通常的作法是画两个圆，其中一个圆的圆心在另一个的圆周上，然后同时选择地球绕太阳、月球绕地球，作两个绕圆周的动画。但这是一种错误的作法。产生错误的原因是由于地球绕太阳转，月亮的动画路径也在运动，这在几何画板中是不允许的！正确的作法是运用点和半径画圆，这样移动圆心，就可在不改变圆的情况下移动圆。因此下面的作法中，我们先画三条长度由大到小的线段，分别作为太阳、地球、月亮的半径，再画两条线段作为地球和月亮的运行轨道。

作法   如图 5-67 所示。

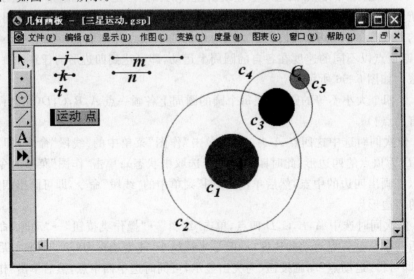

图 5-67   设计示例

（1）画三条长度不等的线段 j, k, l 作为太阳、地球、月亮这三个圆的半径。再画两条长度不等的线段 m, n 作为地球、月亮运行轨道。

（2）画点 A，以点 A 为圆心，线段 j 为半径作圆 c_1（作圆内部并把颜色设为红色），作为太阳；同样以点 A 为圆心，以线段 m 为半径作圆 c_2，作为地球轨道。

（3）在 c_2 上作一点 B（作为地心），以 B 为圆心，线段 k 为半径作圆 c_3，作为地球（作圆内部并把颜色设为蓝色）。同时，以 B 为圆心，线段 n 为半径作圆 c_4，即为月亮运行的轨道。

（4）在圆 c_4 上作一点 C，以 C 为圆心（月亮中心），线段 l 为半径作圆 c_5，作为月亮（作圆内部并把颜色设为绿色）。

（5）同时选中 B, C 两点，单击"编辑"→"操作类按钮"→"动画"命令，在出现的对话框中将"点 B 绕圆 c_2"的动画速度选为"慢速"，"点 C 绕圆 c_4"的动画速度选为"快速"，并单击"动画"按钮即可生成"运动点"的动画按钮。

（8）隐藏不必显示的对象，课件完成。

说明 拖动三条线段里的一条，就可相应改变圆的半径，所以这些线段的长度就起着变量的作用，凡是需要动态变化的地方都可以使用此法。

例 5.31 制作"验证勾股定理"的课件。

作法 如图 5-68 所示。

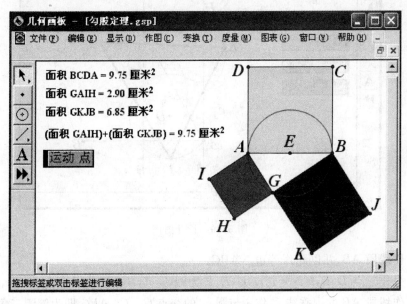

图 5-68 设计示例

（1）作线段 AB，并以其为边作正方形 $ABCD$.

（2）作线段 AB 的中点 E，以 E 为圆心，A 为圆上的点作圆。

（3）在圆上作一点 F，选 A, F, B 作弧，在弧上另作一点 G.

（4）连 A, G 和 B, G，作出直角△ABG.

（5）分别以线段 AG, BG 为边作两个正方形。作出三个正方形和一个三角形的内部,并分别设置不同的颜色,并隐藏圆,设置 G 点绕弧的动画。

(6) 选中三个正方形,用"度量"菜单的"面积"命令得出它们的面积,并可用"度量"菜单的"计算"得出两个小正方形面积的和。

说明 F 点是构成弧的"父对象",不能绕弧运动。

例 5.32 制作"认识三角形"的课件。

要求 一个可以任意变动的三角形(可用动画按钮),可以变化成直角三角形或等腰三角形或等边三角形(可用移动按钮)。

分析 从任意四边形作法中知道,表现任意三角形可将其三点放在三个圆周上,然后作这三点圆上运动的动画即可。现在的问题是,要使任意三角形变成特殊三角形,则特殊三角形的顶点也必须在这三个圆的圆周上。因此,这三个圆不是随便作的。考虑到等边三角形的限制条件最多,我们不妨先作等边 $\triangle ABC$,然后分别以 A,B,C 三点为圆上的点去作圆,就可以保证等边三角形三点在三个圆周上。至于另两个特殊三角形以 AB 为基础就好构造了。

作法 如图 5-69 所示。

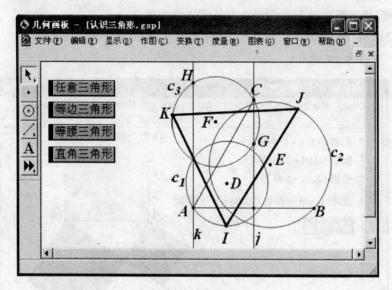

图 5-69 设计图例

(1) 作线段 AB,并以此作等边 $\triangle ABC$。

(2) 另作三点 D,E,F。分别以 D,E,F 为圆心,A,B,C 为圆上的点作圆 c_1,c_2,c_3。

(3) 作线段 AB 的中垂线 j,作 j 与圆 c_3 的交点 G。($\triangle ABG$ 即为等腰三角形)。

(4) 过 A 作 AB 的垂线 k,作 k 与圆 c_3 的交点 H。($\triangle ABH$ 即为直角三角形)。

(5) 在圆 c_1,c_2,c_3 的圆周上分别另作一点 I,J,K,并以此三点作 $\triangle IJK$(此即为任意三角形的三个顶点)。

(6) 同时选中 I,J,K 三点制作动画按钮,并将按钮的标签改为"任意三角形"。

(7) 按顺序同时选中 I,A,J,B,K,C,制作移动按钮,并将按钮的标签改为"等边三角形"。

（8）按顺序同时选中 I,A,J,B,K,G，制作移动按钮，并将按钮的标签改为"等腰三角形"。

（9）按顺序同时选中 I,A,J,B,K,H，制作移动按钮，并将按钮的标签改为"直角三角形"。

说明 （1）I,J,K 三点只能在三个圆周上移动，因此特殊三角形三点也必须在这三个圆周上，否则 I,J,K 三点就不能移到特殊三角形三个顶点位置，也就不能形成特殊三角形。

（2）在课件设计中还可以用文本工具录入特殊三角形定义等，然后将各文本制作成"显示/隐藏"按钮，再与其他按钮配合使用或一起制作成"系列"按钮。

 练 — 练

 设计一个"任意四边形"的课件，要求用动画演示一个任意的四边形，同时任意四边形可以变成正方形、等腰梯形、菱形等。

三、链接按钮的设置

 操作类按钮中的"链接"按钮，可建立链接到因特网上的资源、进行本机文件的超级链接，还可以实现几何画板文件中页面的跳转等。

（1）实现因特网资源的链接。这是一个不需要选中对象就可以设置按钮的命令。作法：不需选择对象，直接单击"编辑"→"操作类按钮"→"链接"命令，出现如图 5-70 所示的对话框。此时可以在超级链接的信息栏中输入网址，并将标签改为所需要的标签即可。

图 5-70 "链接"属性对话框

（2）实现本地文件的超级链接。如果想在几何画板工作区中设置一个按钮，单击该按钮来打开 Word 程序，可以在图 5-70 的信息栏中输入 C:\ProgramFiles\Microsoft Office\Office11\WinWord.exe，然后单击"确定"按钮完成。

（3）链接到几何画板文件中不同的页面。在多页面的几何画板文件中要实现页面的跳转可以通过"链接"按钮来实现。在"链接"的属性对话框中选择"页面"，如图 5-71 所示，在下拉列表框中单击所要跳转的页面名称，在工作区中生成一个按钮，单击该按钮可跳转到所链接的页面。

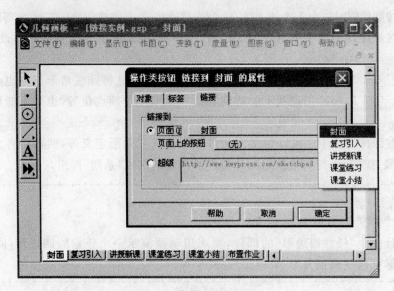

图 5-71 "链接"属性对话框

四、滚动按钮的设置

"**滚动**"按钮的使用是当页面内容很多,无法全部显示时,通过该按钮可以控制整个屏幕滚动到所需的位置。具体操作如下。

(1) 在工作区中画一个点并选中该点,单击"编辑"→"操作类按钮"→"滚动"命令,即出现如图 5-72 所示的"滚动"属性对话框。

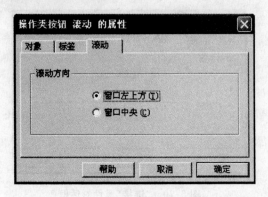

图 5-72 "滚动"属性对话框

(2) 在"滚动"属性对话框中选择滚动方向后,单击"确定"按钮,即生成一个"滚动"按钮,单击该按钮整个屏幕(随着点)进行滚动。

▶▶▶ 第五节 几何画板与函数图像

作为一个几何作图工具,自然要有坐标和坐标系,这样也就可以把各类函数的图形在坐标中准确地描画出来。

一、坐标系

要建立函数图像,必须先建立坐标系。坐标系的含义和数学中的含义相同。单击"图表"菜单中的"定义坐标系"命令,可以在几何画板里建立一个坐标系。将光标放在横坐标轴的单位点"1"上拖动,可改变单位的大小。拖动原点 O 可以改变坐标系的位置。建立好的坐标系可通过"图表"菜单中的"隐藏坐标系"将其隐藏,如果要再次显示坐标系,也可通过"图表"菜单中的"显示坐标系"来完成。

几何画板中的坐标系有直角坐标系和极坐标系两种,可以用"图表"菜单的"网格"这一项,从中选择"正方形网格"或"极坐标网格"。

二、简单函数图像

作函数图像实际上是作动点运动的轨迹,这就要用到"作图"菜单中的"轨迹"命令。对于作函数 $y=f(x)$ 图像而言,有两个问题必须解决:一是驱动点,另一个是被驱动点。由函数 $y=f(x)$ 知,对每一个确定的 x 的值,都有唯一确定的 $f(x)$ 的值,这样给定一个 x 值,就可以得到一个图像上的点 $(x,f(x))$;这里,点 $(x,f(x))$ 是由 x 的值决定的,可作为被驱动点。下面的关键是找一个点作为驱动点,要求驱动点能带动 x 值的改变。于是,自然就会想到在 x 轴上任作一点,以其横坐标作为 x 的值,则当此点在 x 轴上移动时,x 值也就随之改变。这样,驱动点和被驱动点就找到了。

例 5.33　作一次函数 $y=2x+3$ 的图像。

作法　如图 5-73 所示。

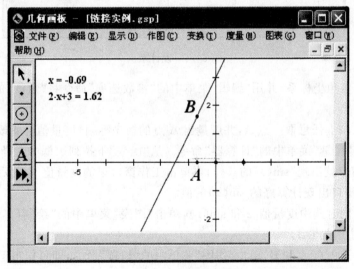

图 5-73　设计实例

(1) 建立直角坐标系,并在 x 轴上任作一点 A(驱动点),度量出 A 点的横坐标,将度量值的标签改为 x。

(2) 单击"度量"菜单中的"计算器"命令,直接在计算器面板中单击"2、*"(表示乘号),再单击窗口中的度量值"x",然后接着单击计算器面板中的"+、3",最后单击"确定"

按钮,在工作窗口即出现计算出"$2x+3$"的度量值。

(3) 同时依次选中度量值 $x,2x+3$,单击"图表"菜单中的"绘制(x,y)"命令,即可作出图像上的点 $B(x,2x+3)$(B 点即为被驱动点,也即产生轨迹的点)。

(4) 同时选中点 A,B,单击"作图"菜单中的"轨迹"命令,即可作出图像。

说明 (1) 对所有的 $y=f(x)$ 的图像均可采用上述思路进行绘制。

(2) 要改变函数的表达式,只需要双击度量值"$2x+3$",就可出现"计算器"面板,然后在其中直接修改。修改完成后,函数图像随之改变。

例 5.34 作出正弦函数 $y=\sin x$ 图像。

作法 如图 5-74 所示。

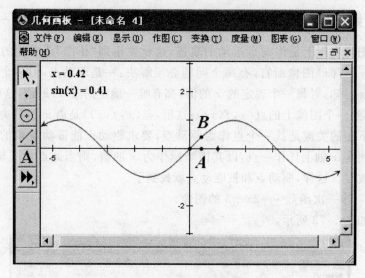

图 5-74 设计示例

(1) 建立直角坐标系,并用"编辑"菜单中的"参数选项"命令将"角度"的单位选为"弧度"。

(2) 在 x 轴上任意取一点 A,并度量出 A 点的横坐标,将度量值标签改为 x。

(3) 单击"度量"菜单中的"计算器"命令。从"函数"下拉列表框中选择 $\sin$ 函数,在计算器的计算窗口就出现"$\sin(\ )$"的式样;再单击工作窗口里的度量值 x;最后单击计算器的"确定"按钮,窗口出现计算好的 $\sin(x)$ 的值。

(4) 依次同时选中度量值 x 和 $\sin(x)$,单击"图表"菜单中的"绘制(x,y)"命令,在坐标系里即绘制出动点 B。

(5) 同时选中点 A 和 B,单击"作图"菜单中的"轨迹"命令,即可作出正弦函数图像。

说明 可对轨迹先行隐藏,对 B 点设置"跟踪",拖动 A 点可动态描出正弦函数轨迹,而后再出现轨迹。还可设置 A 点在路径 x 轴上的"动画"按钮,使用起来就更方便了。

练一练 制作 $y=\log_3 x$ 的图像

三、有动态参数的函数

所谓有动态参数的函数,就是如 $y=A\sin(\omega x+\varphi)$ 的一般正弦函数,其中参数 A,ω,φ 的变化可引起函数图像和性质的变化。如何在几何画板中设置这些动态参数?下面以上述函数为例,说明这个问题。为简单化,只设置参数 A。

例 5.35 绘制 $y=A\sin x$ 的函数图像。

分析 关于动态参数的设置,用一条长度可变化的线段来进行动态变化,但是一般的线段长度是正值,而此处的参数值可正负,所以这条线段的设置必须借于坐标系。因为在坐标系中,点的纵坐标或横坐标是可正可负的。

作法 如图 5-75 所示。

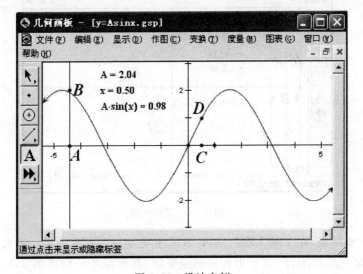

图 5-75 设计实例

(1) 建立标系,并用"编辑"菜单中的"参数选项"命令将"角度"的单位选为"弧度"。

(2) 在 x 轴上取一点 A,过 A 点作 x 轴的垂线 j。

(3) 在垂线 j 上取一点 B,作线段 AB,并隐藏垂线 j(作垂线并在垂线上取点 B,目的是保证以后拖动 B 点时,B 点只在垂线上运动。另外,B 点的纵坐标可正可负,此时可选其纵坐标值作为 A 的值)。

(4) 选择 A 点,度量出 A 点的纵坐标,并将其标签改为 A。

(5) 在 x 轴上画一点 C,度量其横坐标,并将其标签改为 x。

(6) 用计算器对函数 y 值进行计算时,先单击 B 的纵坐标的度量值 A,再单击乘号" $*$ ",再单击"函数"中的 sin,接着单击 C 的横坐标的度量值 x,最后单击"确定"按钮即可算出 $A\sin(x)$。

(7) 同时选中度量值 x 和 $A\sin(x)$,单击"图表"菜单中的"绘制 (x,y)"命令,在坐标系里绘制出动点 D。

(8) 依次同时选中点 C 和 D,单击"作图"菜单的"轨迹"命令得出正弦函数图像。

说明 拉动 B 点,可以动态变更正弦函数的振幅,参数 B 的变动,图像也动态变化。

依照此法,设置参数 φ,对于参数 φ(即所谓初相),可以用一个角来设置这个参数,改变角的大小,可更生动地表现这个参数的性质。

> 练一练　制作 $y=a^x$ 的函数图像。要求 a 可以动态改变

例 5.36　制作二次函数 $y=ax^2+bx+c$ 的演示课件。要求 a,b,c 可以动态改变。

作法　如图 5-76 所示。

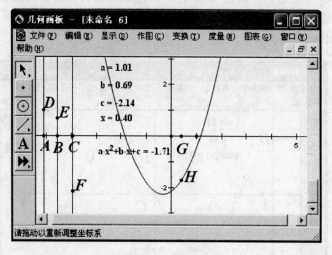

图 5-76　设计实例

(1) 建立坐标系,在 x 轴上取三点 A、B、C 并分别过三点作 x 轴的垂线 j,k,l,并在各垂线上分别取一点 D,E,F,度量出各点的纵坐标,并将标签分别改为 a,b,c,以三纵坐标作三个动态参数 a,b,c。

(2) 在 x 轴上取一点 G,作为动点,并度量出其横坐标,将标签改为 x。

(3) 用"度量"菜单的"计算器"命令计算 ax^2+bx+c 的值。在计算器中依次输入各个值,其中 x^2 可用 $x*x$ 来代替(或用依次单击度量值 x,计算器面板上的^和2);

(4) 同时选中度量值 x 和 ax^2+bx+c,单击"图表"的"绘制(x,y)"命令,在坐标系里绘制出动点 H。

(5) 同时依次选中点 G 和 H,单击"作图"菜单的"轨迹"命令,即可作出二次函数的图像。

(6) 分别拖动 D,E,F 可改变二次函数的图像。

四、分段函数图像的作法

解决分段函数图像的关键是要运用符号函数

$$\mathrm{sgn}(x)=\begin{cases} 1 & x>0 \\ 0 & x=0 \\ -1 & x<0 \end{cases}$$

例 5.37　作分段函数为

$$F(x)=\begin{cases}x^2 & (a<x<t)\\ 1-(x-1)^2 & (t<x<b)\end{cases}$$

的图像。

分析　分段函数的表达式因自变量取值范围的不同而不同,这样会给作图带来困难。但使用符号函数,则可改变函数的表达式。如上面的分段函数的表达式用符号函数可改变为

$$F(x)=\frac{\mathrm{sgn}(t-x)+1}{2}\cdot x^2+\frac{\mathrm{sgn}(x-t)+1}{2}\cdot[1-(x-1)]^2$$

这样,就可以很容易作出图像了。

作法　如图 5-77 所示。

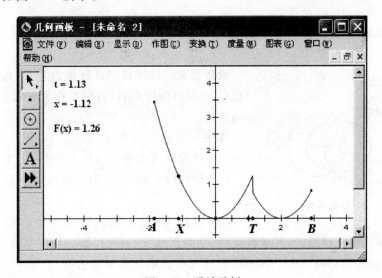

图 5-77　设计示例

(1)建立坐标系。

(2)构造区间 (a,b)。在 x 轴上作出两个点 A,B,并作线段 AB。

(3)构造参数 t 和自变量 x。选中线段 AB,在线段 AB 上(不要在 x 轴上!)取两点,并将标签分别改为 T,X;同时分别度量它们的横坐标,将标签改为 t,x。

(4)用"度量"菜单中的"计算器"命令计算下列表达式的值:

$$\frac{\mathrm{sgn}(t-x)+1}{2}\cdot x^2+\frac{\mathrm{sgn}(x-t)+1}{2}\cdot[1-(x-1)]^2$$

并将标签改为 $F(x)$。

(5)同时选择数值 $x,F(x)$,单击"图表"菜单中的"绘制(x,y)",绘制出点 $P(x,F(x))$。

(6)同时选择点 X,T,单击"作图"菜单中单击"轨迹"命令,即可作出分段函数的图像。

说明　可以分别拖动点 T,A,B,使其位置发生改变,参数 t,a,b 就会发生变化,此时

函数 $F(x)$ 的图像也会发生变化。

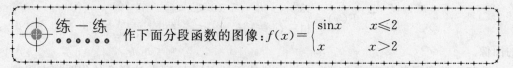

练一练　作下面分段函数的图像：$f(x)=\begin{cases}\sin x & x\leqslant 2 \\ x & x>2\end{cases}$

▶▶▶ 第六节　几何画板与圆锥曲线

一、椭圆的作法

椭圆是解析几何研究的一个重要对象。下面介绍几种常用的用几何画板(4.0x 版)作椭圆的方法。

1. 根据第一定义作椭圆

方法一

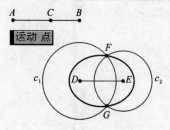

图 5-78　设计示例

设计要点　以线段 AB 长作为定长，在 AB 上任取一点 C，分别以线段 CA，CB 的长作为椭圆上动点到两定点的距离。

作法　如图 5-78 所示。

(1) 作线段 AB，并在 AB 上任作一点 C。

(2) 作线段 DE（D，E 为两定点，且 DE 长小于 AB 长）。

(3) 以 D 为圆心，线段 CA 为半径作圆 c_1；以 E 为圆心，线段 CB 为半径作圆 c_2；并求得圆 c_1，c_2 的交点 F，G（F，G 即为椭圆上的点）。

(4) 分别作出 C 在 AB 上移动时 F 点与 G 点的轨迹即是椭圆。

(5) 作出 C 点在 AB 上移动的动画按钮，并对 F，G 点进行追踪，可得到动态图像。

方法二

设计要点　利用线段垂直平分线上的点到线段两端点的距离相等原理构造。

作法　如图 5-79 所示。

(1) 作线段 AB，CD（C，D 即为两定点，故 CD 比 AB 短）。

(2) 以 C 点为圆心，以线段 AB 为半径作圆 c_1，并在圆 c_1 上任作一点 E，作线段 CE。

(3) 作线段 DE，并作线段 DE 的垂直平分线交 CE 于 G（G 即为椭圆上的点）。

(4) 作出 E 点在圆 c_1 上移动时 G 点的轨迹即为椭圆。

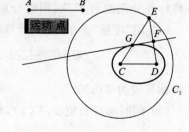

图 5-79　设计示例

(5) 作出 E 点在圆 c_1 上移动的动画按钮，并对 G 点进行追踪，可得到动态图像。

2．根据第二定义作椭圆

设计要点　通过度量的距离由计算得到比（离心率 e）；通过在射线上任作一点，构造椭圆上的任一点到定点的距离；由 e 和定点的距离，通过计算得到椭圆上的点到定直线的距离。

作法　如图 5-80 所示。

（1）作线段 AB，并在其上任作一点 C。然后度量 A，B 两点的距离和 A，C 两点的距离，并计算出 AC/AB 的值（e＝AC/AB）。

（2）作铅直的直线 l（定直线），并在其右侧附近作一点 D（定点）。

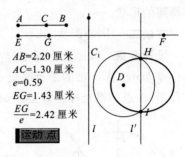

图 5-80　设计示例

（3）作射线 EF，并在其上任作一点 G，度量出 E，G 的距离，并计算出 EG/e（此即为椭圆上的点到定直线的距离）。

（4）以 D 点为圆心，线段 EG 为半径作圆 c_1。

（5）将 EG/e 标记为距离，然后将直线 l 向右平移（极坐标、按标记、0 度角）得直线 l'，作出 l' 与圆 c_1 的两交点 H，I（H，I 即为椭圆上的点）。

（6）作出 G 点在射线 EF 上移动时 H 点和 I 点的轨迹即为椭圆。

（7）作出 G 点在射线 EF 上移动的动画按钮，并对 H 和 I 点进行追踪，可得到动态图像。

3．根据参数方程作椭圆

方法一　直接根据参数方程画椭圆

设计要点　分别以 x 轴上的两点 A，B 为端点向上作两条与 y 轴平行的射线，并在两射线上各取一点 C，D（在射线上取点是为了保证在拖动点时，点只能在射线上移动而不会在屏幕上到处动），分别以 AC，BD 长为 a 和 b 的值。作圆 c_1（圆心的 E 点，圆上已知点的 F），并在圆上任取一点 G，则圆心角 $\angle FEG＝\theta$ 作为参数。于是就可按参数方程作椭圆了。

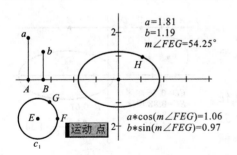

图 5-81　设计示例

作法　如图 5-81 所示。

（1）建立直角坐标系，并分别以 x 轴上的两点 A，B 为端点向上画两条与 y 轴平行的射线，并在两射线上各取一点 C，D，连 CA，DB，同时将 C，D 的标签改名为 a，b，并隐藏两射线。

（2）度量 a 和 b 两点的纵坐标，并将度量值的标签改名为 a 和 b。

（3）在左下方作一小圆 c_1（圆心为 E 点，圆上已知点为 F 点），并在圆上任取一点 G，度量 $\angle FEG$。（**注意**　选择"编辑"菜单中的"参数选项"命令，在其"单位"选项卡中，将角度的单位改为"方向度"，否则只能画出半个椭圆）

（4）用"度量"菜单中的"计算"命令，分别计算出 $a*\cos(\angle FEG)$ 和 $b*\sin(\angle FEG)$。

（5）先选择 $a*\cos(\angle FEG)$，再同时选中 $b*\sin(\angle FEG)$，然后用"图表"菜单中的

"绘制(x,y)"命令绘制出点H(H即为椭圆上的点)。

(6) 先选中G点,并同时选中圆c_1和点H,单击"作图"菜单中的"轨迹"命令即可作出"点G在圆c_1上运动时点H的轨迹"。

说明 (1)可以作出点G在圆c_1上运动的动画按钮,并对点H进行追踪,可得到动态生成椭圆的动画;(2)拖动两线段的端点a和b,可实时改变参数a和b的大小,从而改变椭圆的形状。

方法二 同心圆法

设计要点 以原点为圆心作半径分别为a,b的两同心圆c_1和c_2,过椭圆上的点P($a\cos\theta,b\sin\theta$)作x轴的平行线交c_2交于B点,过P作x轴的垂线交c_1于A点。由参数方程知,A点的横坐标正好是$a\cos\theta$,B点的纵坐标正好是$b\sin\theta$。

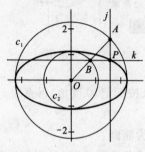

图 5-82 设计示例

作法 如图 5-82 所示。

(1) 建立坐标轴,以原点O为圆心作两同心圆c_1和c_2(圆c_1的半径长就是椭圆的半轴长a,圆c_2的半径就是椭圆的短半轴长b)。

(2) 在圆c_1上任作一点A,连AO,线段AO与圆c_2交于B点。

(3) 过A作x轴的垂线j,过B点作x轴的平行线k,直线j、k交于P点(P点即为椭圆上的点)。

(4) 同时依次选中点A和点P,单击"作图"菜单中的"轨迹"命令即可作出"点A在圆c_1上运动时点P的轨迹"。

4. 根据极坐标方程作椭圆

设计要点 用线段的比来构造离心率e;通过画圆构造圆心角;在极轴上任取一点,并将其横坐标的值作为P的值。

作法 如图 5-83 所示。

(1) 作直线AB,并在其上取三点C,D,E。

(2) 度量ED,EC的距离,并计算EC/ED,然后将其标签改名为e。

(3) 以F为圆心,并过点G作圆c_1,并在其上任作一点H,度量圆心角$\angle HFG$,并将其标签改名为θ。

(4) 在x轴上任取一点I,并度量出其横坐标x,然后将其标签改名为P。

(5) 用"度量"菜单中的"计算"命令,计算

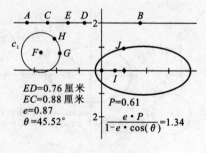

ED=0.76厘米
EC=0.88厘米
e=0.87
θ=45.52°

P=0.61
$\dfrac{e \cdot P}{1 - e \cdot \cos(\theta)}$=1.34

图 5-83 设计示例

$$\rho = \frac{eP}{1 - e\cos\theta}。$$

(6) 先选择度量值ρ,再同时选中度量值θ,然后用"图表"菜单中的"绘制(ρ,θ)"命令绘制出点J(J即为椭圆上的点)。

(7) 先选中H点,并同时选中圆c_1和点J,用"作图"菜单中的"轨迹"命令即可作出"点H在圆c_1上运动时点J的轨迹"。

5. 压缩方法

已知一个圆的圆心为坐标圆点,半径为 2。从这个圆上任意一点 P 向 x 轴作垂线 PP',P' 为垂足。求线段 PP' 中点 M 的轨迹。

这个例题提供了一种作椭圆的方法——压缩法。

作法 如图 5-84 所示。

(1) 作一线段 AB,并在其上作一点 C。依次同时选中 A、B、C,单击"变换"菜单中的"标记比"命令,即可标记一个比 $\dfrac{BC}{AB}$。

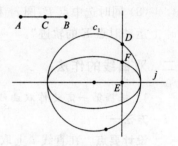

(2) 作一水平直线 j,并作一圆心在 j 上的圆 c_1。

(3) 在圆 c_1 上任作一点 D,过 D 作 j 的垂线,并作垂足 E。

(4) 将 E 标记为中心,然后将 D 点按标记比进行缩放,得到点 F。

图 5-84 设计示例

(5) 同时选中 D,F 两点,单击"作图"菜单中的"轨迹"命令即可作出椭圆。

6. 其他作法

方法一 单圆作法

作法 如图 5-85 所示。

(1) 选择"图表"菜单中的"定义坐标轴"命令建立坐标系。

(2) 以原点为圆心作圆 c_1,并作出圆 c_1 与纵坐标轴的交点 A,B。

(3) 在 c_1 的圆周上任取一点 C。过 C 作 AB 的平行线交横坐标轴于 D 点。

(4) 分别过 A,C 和 B,D 作直线 j,k,并作出直线 j,k 交点 E(E 即为椭圆上的点)。

(5) 同时选中点 C 和点 E,单击"作图"菜单中的"轨迹"命令即可作出"点 C 在圆 c_1 上运动时点 E 的轨迹"。

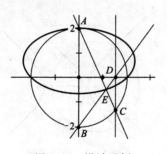

图 5-85 设计示例

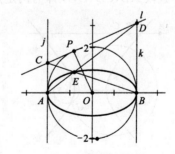

图 5-86 设计示例

方法二 切线法

作法 如图 5-86 所示。

(1) 选择"图表"中的"定义坐标轴"命令建立坐标系。

(2) 以原点为圆心画圆 c_1,并作出圆 c_1 与横坐标轴的交点 A,B。

(3) 分别过 A,B 两点作横坐标轴的垂线 j 和 k。

(4) 在圆 c_1 上任作一点 P。同时选中 P 点和原点 O,作出线段 PO。再同时选中 P 点和线段 PO,作出过 P 点且与 PO 垂直的直线 l(l 即为圆 c_1 过 P 点的切线)。

(5) 作出直线 l 分别与直线 j,k 的交点 C 和 D。

(6) 连接点 A 和点 D,连接点 B 和点 C,分别得线段 AD 和 BC。

(7) 作出线段 AD 和线段 BC 的交点 E。

(8) 同时选中点 P、圆 c_1 和点 E,用"作图"菜单中的"轨迹"命令即可作出"点 P 在圆 c_1 上运动时点 E 的轨迹"。

二、双曲线的作法

1. 根据第一定义作双曲线

方法一

设计要点 在直线 l 上取三点 A,B,C,并以 $|AB|$ 长作为定长,分别以线段 CA,CB 的长作为双曲线上动点到两定点的距离。

作法 如图 5-87 所示。

(1) 作直线 j 并在直线上画三点 A,B,C。

(2) 作线段 DE(D,E 为两定点,且 $|DE|>|AB|$)。

(3) 以 D 为圆心,线段 CA 为半径作圆 c_1;以 E 为圆心,线段 CB 为半径作圆 c_2;并求得圆 c_1,c_2 的交点 F,G(F,G 即为双曲线上的点)。

(4) 分别作出 C 在直线 j 上移动时 F 点与 G 点的轨迹即是双曲线。

(5) 作出 C 点在直线 j 上移动的动画按钮,并对 F,G 点进行追踪,可得到动态图像。

方法二

设计要点 利用线段垂直平分线上的点到线段两端点的距离相等原理。

作法 如图 5-88 所示。

(1) 作线段 AB,CD(C,D 即为两定点,故 $|CD|>|AB|$)。

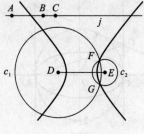

图 5-87 设计示例

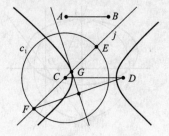

图 5-88 设计示例

(2) 以 C 点为圆心,以线段 AB 为半径作圆 c_1,并在圆 c_1 上任作一点 E。

(3) 过 E,C 作直线 j 交圆 c_1 于 F 点。作线段 DF,并作线段 DF 的垂直平分线交直线 j 于 G 点(G 即为双曲线上的点)。

(4) 作出 E 点在圆 c_1 上移动时 G 点的轨迹即为双曲线。

(5) 可制作出 E 点在圆 c_1 上移动的动画按钮,并对 G 点进行追踪,可得到动态图像。

2. 根据第二定义作双曲线

设计要点 通过度量的距离由计算得到比(离心率 e);通过在射线上任作一点,构造双曲线上的任一点到定点的距离;由 e 和定点的距离,通过计算得到双曲线上的点到定直线的距离。

作法 如图 5-89 所示。

(1) 作直线 j 并在其上作三点 $A,B,C(C$ 点在 A,B 两点之外)。然后度量 A,C 两点的距离和 B,C 两点的距离,并计算出 AC/BC 的值($e=AC/BC$)。

(2) 作铅直的直线 k(定直线),并在其右侧附近作一点 D(定点)。

(3) 作射线 EF,并在其上任作一点 G,度量出 E,G 的距离,并计算出 EG/e(此即为双曲线上的点到定直线的距离)。

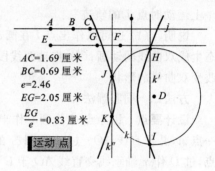

图 5-89 设计示例

(4) 以 D 点为圆心,线段 EG 为半径作圆。

(5) 将 EG/e 标记为距离,然后将直线 k 向右(极坐标、按标记、0 度角)和向左(极坐标、按标记、180 度角)平移得直线 k',k'',并分别作出 k',k'' 与圆 c_1 的两交点 H,I,J,K(H,I,J,K 即为双曲线上的点。若没有交点,可拖动 G 点或 D 点直至有交点)。

(6) 作出点 G 在射线 EF 上移动时点 H,I 和点 J,K 的轨迹即为双曲线。

(7) 作出点 G 在射线 EF 上移动的动画按钮,并对点 H,I 和点 J,K 进行追踪,可得到动态图像。

3. 根据参数方程作双曲线

方法一 直接根据参数方程画双曲线

设计要点 分别以 x 轴上的两点 A,C 为端点向上作两条与 y 轴平行的射线,并在两射线上各取一点 E,F(在射线上取点是为了保证在拖动点时,点只能在射线上移动而不会在屏幕上到处动),分别以 AC,BD 长为 a 和 b 的值。作圆 c_1(圆心为 G 点,圆上已知点为 H),并在圆上任取一点 I,则圆心角 $\angle HGI=\theta$ 作为参数。于是就可按参数方程作双曲线。

作法 如图 5-90 所示。

(1) 建立直角坐标系,并分别以 x 轴上的两点 A,C 为端点向上画两条与 y 轴平行的射线,并在两射线上各取一点 E、F,连 AE、CF,同时将 E,F 标签改名为 a,b。隐藏两射线。

(2) 度量 a 点和 b 点的纵坐标,并将度量值的标签改名为 a 和 b。

(3) 在左下方作一小圆 c_1(圆心为 G 点,圆上已知点为 H 点),并在圆上任取一点 I 度量 $\angle HGI$。(**注意** 选择"编辑"菜单中的"参数选项"命令,在"单位"选项卡中,将角度

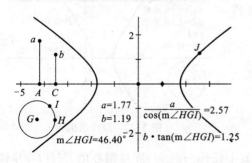

图 5-90 设计示例

的单位改为"方向度",否则只能画出半个双曲线。)

(4) 用"度量"菜单中的"计算"命令,分别计算出 $a/\cos(\angle HGI)$ 和 $b * \tan(\angle HGI)$。

(5) 先选择 $a/\cos(\angle HGI)$,再同时选中 $b * \tan(\angle HGI)$,然后单击"图表"菜单中的"绘制(x,y)"命令绘制出点 J(J 即为双曲线上的点)。

(6) 同时依次选中 I 点和 J 点,单击"作图"菜单中的"轨迹"命令即可作出"点 I 在圆 c_1 上运动时点 J 的轨迹"。

说明 (1) 也可以作出点 I 在圆 c_1 上运动的动画按钮,并对点 J 进行追踪,可得到动态生成双曲线的动画;(2) 拖动两线段的端点 a 和 b,可实时改变参数 a 和 b 的大小,从而改变双曲线的形状。

方法二　同心圆法

设计要点　以原点 O 为圆心作半径分别为 a,b 的两同心圆 c_1 和 c_2。在圆 c_1 上任作一点 A,并作直线 AO。过 A 作圆 c_1 的切线交 x 轴于 C 点。设圆 c_2 与 x 轴的交点为 D 点,过 D 作 x 轴垂线交直线 AO 于 E 点。可知 C 点的横坐标为 $a/\cos\theta$,而 E 点的纵坐标为 $b\tan\theta$。于是过 E 作平行于 x 轴的直线 j,过 C 点作 x 轴的垂线 k。直线 j 与 k 的交点 P 的坐标为$(a/\cos\theta,b\tan\theta)$,即 P 为双曲线上的点。于是由参数方程可得到下面的同心圆法。

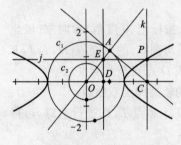

图 5-91　设计示例

作法　如图 5-91 所示。

(1) 建立坐标轴,以原点 O 为圆心作两同心圆 c_1 和 c_2(圆 c_1 的半径长就是双曲线的长半轴长 a,圆 c_2 的半径长就是双曲线的短半轴长 b)。

(2) 在圆 c_1 上任作一点 A,过 A、O 作直线,并过 A 作 AO 的垂线交 x 轴于 C 点。

(3) 作出圆 c_2 与 x 轴的交点 D,过 D 作 x 轴垂线交直线 AO 于点 E。

(4) 过 E 点作 x 轴的平行线 j,过 C 点作 x 轴的垂线 k。作出直线 j,k 的交点 P(P 点即为双曲线上的点)。

(5) 先选中 A 点,并同时选中 P 点,用"作图"菜单中的"轨迹"命令即可作出"点 A 在圆 c_1 上运动时点 P 的轨迹"。

4. 根据极坐标方程作双曲线

设计要点　用线段的比来构造离心率 e;通过画圆构造圆心角;在极轴上任取一点,并将其横坐标的值作为 P 的值。

作法　如图 5-92 所示。

(1) 建立坐标系,作直线 AB,并在其上取三点 C,D,E。

(2) 度量 EC,ED 的距离($|EC|>|ED|$),并计算 EC/ED,然后将其标签改名为 e。

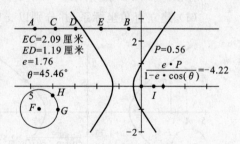

图 5-92　设计示例

(3) 以 F 为圆心,并过点 G 作圆 c_1,并在其上任作一点 H,度量圆心角 $\angle HFG$,并将其标签改名为 θ。

（4）在 x 轴上任取一点 I，并度量出其横坐标 x，然后将其标签改名为 P。

（5）用"度量"菜单中的"计算"命令，计算 $\rho = \dfrac{eP}{1-e\cos\theta}$。

（6）先选择度量值 ρ，再同时选中度量值 θ，然后用"图表"菜单中的"绘制(ρ,θ)"命令绘制出点 J（J 即为双曲线上的点）。

（7）先选中 H 点，并同时选中圆 c_1 和点 J，用"构造"菜单中的"轨迹"命令即可作出"点 H 在圆 c_1 上运动时点 J 的轨迹"。

三、抛物线的作法

1. 根据定义作抛物线

依据：到定点与到定直线距离相等的点的轨迹。

方法一

设计要点　以射线上的一动点到射线端点的距离作为到定直线和到定点的距离即可。

作法　如图 5-93 所示。

（1）作一水平射线 AB，并在 AB 上任作一点 C。

（2）作铅直的直线 DE，在 DE 右侧作一点 F。

（3）度量 A 点和 C 点的距离，并将其标记为距离。

（4）作线段 AC，以 F 为圆心，线段 AC 为半径作圆 c_1；同时将直线 DE 按标记距离平移得直线 j。并求得圆 c_1 与直线 j 的交点 G，H（G，H 即为抛物线上的点）。

（5）分别作出 C 在 AB 上移动时 G 点与 H 点的轨迹即是抛物线。

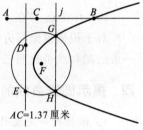

$AC=1.37$ 厘米

图 5-93　设计示例

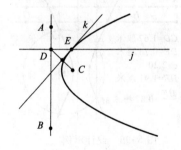

图 5-94　设计示例

方法二

设计要点　由图 5-93，过 G 作 DE 的垂线，设垂足为 I，则 $GI=GF$，即 G 点在 IF 的垂直平分线上。反过来思考：于是可在 DE 上任作一点 I，则 G 点既在过 I 点且与 DE 垂直的直线上，又在 IF 的垂直平分线上，于是 G 点可作。

作法　如图 5-94 所示。

（1）作铅直的直线 AB，在 AB 右侧作一点 C。

（2）在直线 AB 上任作一点 D。

（3）过 D 作 AB 的垂线 j。

（4）作线段 DC 的垂直平分线 k，并作直线 j，k 的交点 E（E 即为抛物线上的点）。

（5）作出 D 在 AB 上移动时 E 点的轨迹即是抛物线。

2. 根据参数方程作抛物线

以原点为顶点，对称轴为 x 轴的抛物线方程为 $y^2=2px$，其参数方程为

$$\begin{cases} x = \dfrac{t^2}{2p} \\ y = t \end{cases} \quad (-\infty < t < +\infty)$$

设计要点   可在 x 轴上任取一点 A,过 A 作 x 轴的垂线,并在垂线上任作一点 P,以 P 点的纵坐标作为 p 的值。另外,可在 y 轴上任作一点 T,以 T 点的纵坐标作为参数 t 的值。

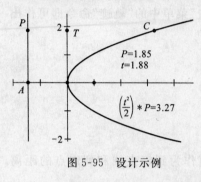

图 5-95   设计示例

作法   如图 5-95 所示。

（1）建立坐标系。在 x 轴上任作一点 A,过 A 作 x 轴的垂线,并在垂线上任作一点 P,度量 P 点的纵坐标并将标签改为 p。同时作线段 AP 并隐藏垂线。

（2）在 y 轴上任作一点 T,度量其纵坐标并将标签改为 t。

（3）用"度量"菜单中的"计算"命令计算 x（由于 $y = t$,故 y 不用计算）。

（4）根据度量值作出坐标为 (x, y) 的点 C。

（5）作出点 T 在 y 轴上移动时 C 点的轨迹即为抛物线。

对于根据极坐标方程作抛物线,其作法与前面类似,只需要将 e 设置为 1 即可。对于一般的抛物线可比照二次函数图像的作法。

四、揭示圆锥曲线的统一性

1. 根据统一定义作圆锥曲线

圆锥曲线的定义是：到定点与到定直线的距离的比为一常数的点的轨迹。依据这一定义,可以将椭圆、双曲线以及抛物线的作法稍作一些改变,以统一其作法,不难作出相应的课件。

作法   如图 5-96 所示。

（1）作直线 AB,并在其上作三点 C, D, E。度量 C, D 两点和 D, E 两点的距离。计算两距离的比,并将标签改为 e（注意：先拖动 D 点,使 e 的值大于 1）。

（2）作射线 FG,并在其上任作一点 H。试度量 H, F 两点的距离,并计算 HF/e 的值,同时将计算值标记为距离。

（3）作铅直的直线 j,并在其右侧作一点 I。

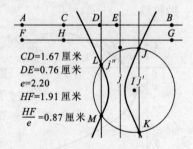

图 5-96   设计示例

（4）选中 I 点的度量值 FH,执行"作图"菜单中的"以圆心和半径绘圆"命令作圆 c_1。

（5）将直线 j 向右、向左按标记距离平移得直线 j' 和 j''。

（6）作出直线 j' 与圆 c_1 的交点 J, K,同时作出直线 j'' 与圆 c_1 的交点 L, M。

（7）分别作出 H 点在射线 FG 上移动时 J, K, L, M 点的轨迹。

说明   （1）双曲线是最特殊的,因此在作图时应以双曲线为基础来作图,故一开始要拖动 D 点,使 e 的值大于 1。

（2）完成后可拖动 D 点,则可改变 e 的值,使其小于 1 或等于 1 或大于 1,以观察图像的变化。

2. 根据极坐标方程作圆锥曲线

只要构造一个可以改变的离心率 e 的值即可。

作法 如图 5-97 所示。

（1）建立坐标系，并将其网格改为极坐标网格。

（2）作直线 AB，并在其上作三点 C, D, E。度量 C, D 两点和 D, E 两点的距离。计算两距离的比，并将标签改为 e。

（3）以 F 为圆心，并过点 G 作圆 c_1，并在其上任作一点 H，度量圆心角 $\angle HFG$，并将其标签改名为 θ。

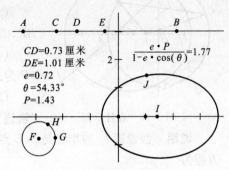

图 5-97 设计示例

（4）在 x 轴上任取一点 I，并度量出其横坐标 x，然后将其标签改名为 P。

（5）用"度量"菜单中的"计算"命令，计算 $\rho = \dfrac{eP}{1-e\cos\theta}$。

（6）先选择度量值 ρ，再同时选中度量值 θ，然后用"图表"菜单中的"绘制 (ρ, θ)"命令绘制出点 J（J 即为圆锥曲线上的点）。

（7）先选中 H 点，并同时选中圆 c_1 和点 J，用"作图"菜单中的"轨迹"命令即可作出"点 H 在圆 c_1 上运动时点 J 的轨迹"。

3. 用几何法作圆锥曲线

作法 如图 5-98 所示。

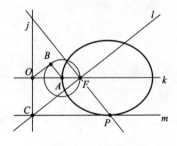

图 5-98 设计示例

（1）作定直线 j（准线）和定点 F（焦点）。过 F 作 j 的垂线 k，垂足为 O。

（2）在 k 上取一点 A，以 A, F 两点作圆 c_1。在 c_1 上作一点 B，连 BA, BO。

（3）过 F 作 BO 的平行线 l 交 j 于 C 点，过 C 作 j 垂线 m。

（4）过 F 作 BA 的平行线交 m 于 P 点，P 即为圆锥曲线上的点。

（5）作出 B 在 c_1 上移动时 P 点的轨迹即是圆锥曲线。

说明 （1）设 $OF=1$，$OA=t$。由作法知，$\triangle FCP \backsim \triangle BOA$，则

$$e = \frac{PF}{PO} = \frac{BA}{OA} = \frac{FA}{OA} = \frac{OF-OA}{OA} = \frac{1-t}{t}$$

计算可得：当 $0<t<0.5$ 时，图像为双曲线；当 $t=0.5$ 时，图像为抛物线；当 $0.5<t<1$ 时，图像为椭圆。

（2）拖动 A 点改变 t 的大小即可改变离心率。

4. 用三角形外心作圆锥曲线

作法 如图 5-99 所示。

（1）建立坐标系，作坐标为 $(2,0)$ 的点 A。以原点 O 为圆心过 A 点作一圆 c_1。

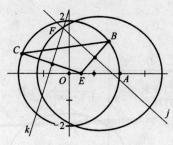

图 5-99　设计示例

（2）在圆 c_1 上任取一点 B，以 O 为中心把 B 点旋转 $120°$，得点 C，作线段 BC。

（3）作线段 OA，并在其上任作一点 E，作线段 BE,CE。

（4）作 BE,CE 的中垂线 j,k，并作出 j,k 的交点 F（F 为 $\triangle BCE$ 的外心）。

（5）同时顺次选中 B,F 两点，单击"作图"菜单中的"轨迹"命令，即可作出 C 点在 c_1 上运动时 F 点的轨迹。

说明　假设圆 c_1 的半径是 2，E 点的坐标为 $(e,0)$。由余弦定理不难求得 F 点的轨迹方程为

$$(1-e^2)x^2+y^2+e(e^2-4)x=\frac{(e^2-4)^2}{4}\qquad①$$

（1）当 $e=0$ 时，①式可化为

$$x^2+y^2=4\qquad②$$

即点 F 的轨迹是圆。

（2）当 $0<|e|<1$ 时，①式可化为

$$\frac{\left[x+\dfrac{e(e^2-4)}{2(1-e^2)}\right]^2}{\dfrac{(e^2-4)^2}{4(1-e^2)^2}}+\frac{y^2}{\dfrac{(e^2-4)^2}{4(1-e^2)}}=1\qquad③$$

即点 F 的轨迹是椭圆。

（3）当 $|e|=1$ 时，①式可化为

$$y^2=\pm3x+\frac{9}{4}\qquad④$$

即 F 点的轨迹为抛物线。

（4）当 $|e|>1$ 且 $|e|\neq2$ 时，①式可化为

$$\frac{\left[x+\dfrac{e(e^2-4)}{2(1-e^2)}\right]^2}{\dfrac{(e^2-4)^2}{4(1-e^2)^2}}-\frac{y^2}{\dfrac{(e^2-4)^2}{4(1-e^2)}}=1\qquad⑤$$

即 F 点的轨迹是双曲线。

（5）当 $|e|=2$ 时，F 点的轨迹是 O 点。

（6）当 $|e|\to2$，$(e^2-4)\to\infty$，轨迹趋近于两相交直线，并且直线趋近于点 O。

由上可知，当 E 点在 x 轴的正半轴上移动时，E 点的横坐标 e 即为离心率。这种方法比较完整地揭示了圆锥曲线间的相互关系。

五、其他曲线的作法

1. 摆线（旋轮线）的作法

方法一　利用摆线的定义作图

设计要点　利用圆在直线上滚动的距离等于圆心移动的距离，用旋转、平移变换得到

轨迹点。另外,设计能滚动的圆要用圆心和半径画圆。

作法 1 如图 5-100 所示。

(1) 作线段 AB 与点 C,以 C 为圆心,AB 为半径作圆 c_1。

(2) 过点 C 作铅直线 j,作 j 与圆 c_1 的下交点 D,过 D 作直线 j 的垂线 k,然后隐藏直线 j。

(3) 在圆 c_1 上任取一点 E,构造弧 ED(不同于弧 DE,以下同),度量弧 ED 的长度,并将这个长度值记为标记距离。

(4) 选中圆 c_1,圆心 C 及点 E,按标记的距离平移(极坐标,按标记,0 度角),得到圆 c_2,圆心 F 和点 E 的平移点 G。

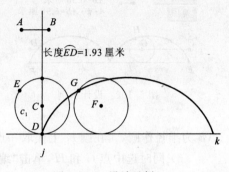

长度$ED=1.93$厘米

图 5-100 设计示例

(5) 作点 E 在圆 c_1 上运动时 G 点的轨迹,即得摆线图像。

说明 (1) 拖动线段 AB 的一个端点,可改变摆线的形状。

(2) 可制作点 E 在圆 c_1 上移动(顺时针)的动画按钮,并对点 G 追踪,可得动态图像。

(3) 这种作法的局限在于弧长的最大值为 2π,故只能作出一个周期的图像。

作法 2 如图 5-101 所示。

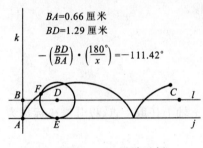

$BA=0.66$ 厘米
$BD=1.29$ 厘米
$-\left(\dfrac{BD}{BA}\right) \cdot \left(\dfrac{180^\circ}{x}\right) = -111.42^\circ$

图 5-101 设计示例

(1) 作直线 j,在 j 上作一点 A。过 A 作 j 的垂线 k,在 k 上任作一点 B(以 AB 长作为圆的半径)。过 B 作 j 的平行线 l,在 l 上任取一点 C,作线段 BC(作为动圆圆心运动的路径),并在线段 BC 上任作一点 D(动圆的圆心)。

(2) 度量 A 与 B 和 B 与 D 的距离。

(3) 计算当圆心从 B 运动到 D 时,圆上的点 A 所转过的圆心角为(**注意** 因为是顺时针,所以取负角)$-\left(\dfrac{BD}{BA}\right) * \left(\dfrac{180^\circ}{\pi}\right)$,并标记为角。

(4) 以 D 为圆心,BA 长(选 A 与 B 距离的度量值)为半径作圆 c_1,并作 c_1 与 j 的交点 E。

(5) 将 E 点以 D 为中心按标记的角旋转得 F 点(产生轨迹的点)。

(6) 作 D 点运动时 F 点的的轨迹即为摆线。也可对 F 点追踪,然后设置 D 点的动画按钮,单击按钮可动态显示摆线生成过程。

说明 拖动 B 点以缩小圆的半径或向右拖动 C 点以延长 D 点运动的路径,可增加摆线显示的长度。

方法二 利用动画作图

设计要点 用圆心在直线上移动同时点在圆上移动等速代替圆在直线上滚动。

作法 如图 5-102 所示。

(1) 作线段 AB,并度量 A 与 B 的距离 AB。

(2) 计算 $4 * \pi * AB$ 的值(为作两个周期的摆线图像,取圆心运动的路径长为两个圆

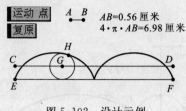

图 5-102　设计示例

的周长),并将其标记为距离。

(3) 作一点 C,并将 C 按标记距离平移得 D 点,连线段 CD(圆心运动的路径)。

(4) 选中度量值 AB 将其标记为距离,将线段 CD 及点 C 和 D 按标记距离平移(极坐标,按标记,$-90°$),得线段 EF(圆周滚动的平面)。

(5) 在线段 CD 上取一点 G,以点 G 为圆心,以 AB 为半径作圆 c_1,在圆 c_1 上任取一点 H,并对 H 点进行追踪。

(6) 同时选中点 G 和 H,单击"编辑"→"操作类按钮"→"动画"命令,在出现的对话框中作如下设置:G 点中速、向前;H 点中速、顺时针。然后单击"确定"按钮即可得到"运动点"按钮。

(7) 同时依次选中点 G,C,H,E,单击"显示"→"操作类按钮"→"移动"命令,速度选择快速即可,并将标签改为"复原",然后单击"确定"按钮,得到"复原"移动按钮(用于回复到起点状态)。

说明 (1) 单击"复原"移动按钮可让圆心回到 C 点,同时圆上的动点 H 回到初始位置 E 点。

(2) 单击"运动点"动画按钮,即可动态生成摆线图像。

方法三 用摆线的参数方程作图

设计要点 摆线的参数方程为

$$\begin{cases} x = a(\theta - \sin\theta) \\ x = a(1 - \cos\theta) \end{cases}$$

这样可以以线段 AB 的长度作为 a 的值;对于 θ,可以在 x 轴上任取一点,以其横坐标作为 θ 的值。要注意的是,角的单位要改为弧度。

作法 如图 5-103 所示。

(1) 建立坐标系,将参数选项的角的单位设置为弧度。作线段 AB,度量 AB 的长度,并将其标签改为 a。

(2) 在 x 轴上任作一点 C,度量 C 点的横坐标,并将其标签改为 θ。

(3) 分别计算 $a*(\theta - \sin\theta)$,$a*(1 - \cos\theta)$。

(4) 依次选中 $a*(\theta - \sin\theta)$,$a*(1 - \cos\theta)$,用"图表"菜单的"绘制点"命令绘出点 D。

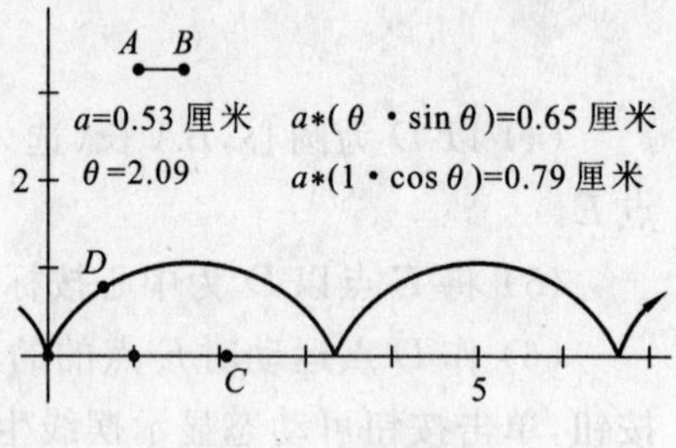

(5) 作 C 点在 x 轴上运动时 D 点的轨迹即得摆线图像。

说明 (1) 作点 C 在 x 轴上移动的动画按钮,并对点 D 进行追踪,可得动态图像。

(2) 拖动线段 AB 的一个端点,可改变摆线图像。

2. 圆的渐伸线作法

方法一 用圆的渐伸线定义作图

设计要点 以转过的圆心角作角,以转过的弧长作距离,利用平移得到轨迹点。

图 5-103　设计示例

作法 如图 5-104 所示。

(1) 将参数选项的角的单位设置为方向度。

(2) 作线段 AB（作为圆的半径），水平直线 j，并在直线 j 上取一点 C；以 C 为圆心，AB 半径作圆 c_1；圆 c_1 与直线 j 的右交点 D。

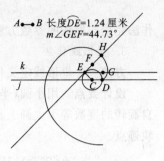

(3) 在圆 c_1 上取一点 E（不是点 D），构造弧 DE；度量弧 DE 的长度，并将这个长度记为标记距离。

(4) 连线段 CE，过 E 作 CE 的垂线，并在垂线靠近弧 GH 的半直线上（以 E 为界）取一点 F；过点 E 作直线 j 的平行线 k，并在 k 的右半直线上（以 E 为界）取点 G。

图 5-104 设计示例

(5) 度量 $\angle GEF$ 的度数，将这个度数记为标记角度。

(6) 将点 E 平移（参数：极坐标，标记距离，标记角度）得点 H（此即为产生轨迹的点）。

(7) 作点 E 在 c_1 上移动时 H 的轨迹，即得圆的渐伸线图像。

说明 (1) 拖动线段 AB 的一个端点，可改变圆的渐伸线形状。

(2) 作点 E 在图 c_1 移动的动画按钮，并对点 H 追踪，可得动态图像。

方法二 用动画作图

设计要点 利用一个点在圆上移动，一个点在相应切线上移动时速度相等，使切线上的点（轨迹点）到切点的距离等于弧长。

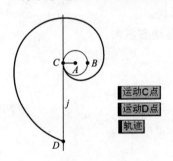

作法 如图 5-105 所示。

(1) 作圆 c_1（圆心为 A，过点 B），在圆 c_1 上取不同于点 B 的点 C，作线段 AC，然后过点 C 作 AC 的垂线 j。

(2) 在垂线 j 上任作点 D。

(3) 选中 C 点，单击"编辑"→"操作类按钮"→"动画"命令，在出现的对话框中设置"逆时针方向"、"只播放一次"、"中速"，并将标签改为"运动 C 点"，单击"确定"按钮，得"运动 C 点"动画按钮。

图 5-105 设计示例

(4) 选中 D 点，单击"编辑"→"操作类按钮"→"动画"命令，在出现的对话框中设置"向前"、"只播放一次"、"中速"，并将标签改为"运动 D 点"，单击"确定"按钮，得"运动 D 点"动画按钮。

(5)依次选中"运动 C 点"和"运动 D 点"两个按钮，单击"编辑"→"操作类按钮"→"系列"命令，在出现的对话框中设置"同时执行"、"首动作停止"，并将标签改为"轨迹"，然后单击"确定"按钮，即可得"轨迹"系列按钮。

(6) 隐藏不必要的元素，然后保存。

说明 (1) 首先将 D 点移到与 C 点重合。

(2) 单击"轨迹"动画按钮，当点 C 移动一周后，动画停止，即可得到圆的渐伸线图像。

方法三 用圆的渐伸线参数方程作图

圆的渐开线的参数方程为

$$\begin{cases} x = r(\cos\theta + \theta\sin\theta) \\ y = r(\sin\theta - \theta\cos\theta) \end{cases}$$

作法完全与摆线的参数方程类似,故从略。

3. 星形线作法

方法一　星形线定义作图

设计要点　用小圆(半径 $a/4$)在大圆(半径 a)内逆时针(顺时针)滚动时,小圆上的点自旋转的度数等于大圆上相应圆心角度数的 4 倍,并且两角符号相反。用旋转变换得到轨迹点。

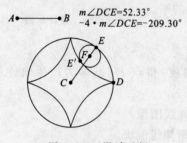

图 5-106　设计示例

作法　如图 5-106 所示。

(1) 将参数选项的角的单位设置为方向度。

(2) 作线段 AB(作为圆的半径);作点 C,并以 C 为圆心,AB 为半径作圆 c_1。

(3) 在圆 c_1 取两点 D,E,度量 $\angle DCE$ 的度数,并计算 $-4\, m\angle DCE$,并将这个值记为标记角度。

(4) 作线段 CE,将 C 点以 E 点为中心按 $1:4$ 比例进行缩放得点 F。以 F 为圆心,过 E 作圆 c_2。

(5) 以 F 为中心,将 E 点按标记角作旋转变换得点 E'(产生轨迹的点)。

(6) 作点 E 在 c_1 上移动时点 E' 的轨迹即得星形线图像。

说明　(1) 拖动线段 AB 的一个端点,可改变星形线的形状。

(2) 作点 E 在圆 c_1 移动的动画按钮,并对点 E' 追踪,可得动态图像。

方法二　用星形线方程作图

星形线的直角坐标方程为

$$y = \pm\left(a^{\frac{2}{3}} - x^{\frac{2}{3}}\right)^{\frac{3}{2}}$$

参数方程为

$$\begin{cases} x = a\cos^3\theta \\ y = a\sin^3\theta \end{cases}$$

极坐标方程为

$$r = a(1 \pm \cos\theta)$$

下面仅以直角坐标方程为例。

设计要点　根据方程用函数图像作法制作。

作法　如图 5-107 所示。

(1) 建立坐标系。

(2) 在 x 轴上作一点 A,并过 A 向上作平行于 y 轴的射线,在射线上作一点 B。隐藏射线,并作线段 AB,将 B 点的标签改为 a,度量 a 点的纵坐标,并将其标签改为 a。

(3) 新建一个参数 $t=0$。依次同时选中度量值 a 和参数 t,单击"图表"菜单中的"绘制点(x,y)"命令,得点 C,同时将 C 点以 y 轴为镜面作反射得点 D。线段 CD,并在其上任作一点 E(不是原点与单位点),度量点 E 的横坐标并将其标签改为 x。

（4）分别计算$\left(a^{\frac{2}{3}}-x^{\frac{2}{3}}\right)^{\frac{3}{2}}$，并将其标签改为 y。

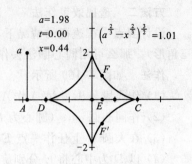

$a=1.98$
$t=0.00$
$x=0.44$
$\left(a^{\frac{2}{3}}-x^{\frac{2}{3}}\right)^{\frac{3}{2}}=1.01$

（5）依次同时选中度量值 x 和 y，单击"图表"菜单中的"绘制点(x,y)"命令，得点 F，同时将 F 点以 x 轴为镜面作反射得点 F'。

（6）分别作出 E 点在 CD 上移动时点 F 和 F' 的轨迹，即得星形线图像。

说明 （1）拖动线段 a 点，可改变星形线形状。

（2）也可制作点 E 在 CD 上（双向）移动的动画按钮，并对点 F 和 F' 追踪，可得动态图像。

图 5-107 设计示例

▶▶▶ 第七节 几何画板与立体几何

一、立体几何图形的画法

立体几何图形的制作要考虑到视角的效果，因此多与圆锥曲线有关。

1. 三棱柱的画法

方法一 简单作法

设计要点 为保证在拖动点时不散架，最好用向量来控制图形。对于棱柱来说，只需设置底面各点的向量和侧棱的向量即可。

作法 如图 5-108 所示。

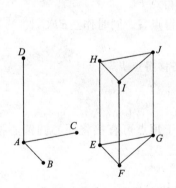

图 5-108 设计示例

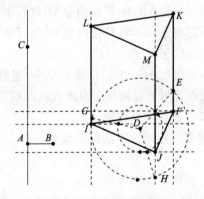

图 5-109 设计示例

（1）作线段 AB，AC，AD，并在右侧适当位置作点 E（E 点即是产生三棱柱的点）。

（2）标记向量 $\overrightarrow{AB}$，将 E 按向量 $\overrightarrow{AB}$ 进行平移得点 F。

（3）标记向量 $\overrightarrow{AC}$，将 E 按向量 $\overrightarrow{AC}$ 进行平移得点 G。同时作 $\triangle EFG$。

（4）标记向量 $\overrightarrow{AD}$，将 $\triangle EFG$ 的三顶点和三条边按向量 $\overrightarrow{AD}$ 进行平移得 $\triangle HIJ$。

（5）将上、下底面对应点连成线段即可。

说明 要改变三棱柱的的形状，只需拖动点 B 或点 C、D 即可。

方法二　透视效果作法

设计要点　在透视的情况下,底面三角形三顶点可透视到一个椭圆上(假设底面为正三角形)。那么可用同心圆法去作出对应的椭圆上的三点即可。

作法　如图 5-109 所示。

(1) 作线段 AB,并过 A 作 AB 的垂线,在垂线上任取一点 C(AC 作为侧棱的长)。

(2) 作同心圆 c_1,c_2(圆心为 D)。

(3) 在大圆 c_1 上任作一点 E,作出其对应的椭圆上的点 F。

(4) 以 D 为中心将 E 分别旋转 120°和 240°得到 G,H 两点。

(5) 作出 G,H 两点对应的椭圆上的点 I,J。并作△FIJ。

(6) 将△FIJ 的三个顶点和三条边按向量 $\overrightarrow{AC}$ 平移得△KLM。

(7) 将上、下底面对应点连成线段即可。

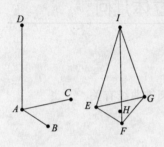

图 5-110　设计示例

说明　(1) 拖动 E 点可让三棱柱旋转。

(2) 拖动圆 c_2 的圆周上的点可改变视角。

2. 三棱锥的画法

方法一　简单作法

设计要点　对于三棱锥来讲,底面的作法与三棱柱一样,关键是顶点。可考虑将底面三角形的内心平移的方式来确定顶点。这种方式的好处是内心总在三角形内部。

作法　如图 5-110 所示。

(1) 作线段 AB,AC,AD,并在右侧适当位置作点 E(E 点即是产生三棱锥的点)。

(2) 标记向量 $\overrightarrow{AB}$,将 E 按向量 $\overrightarrow{AB}$ 进行平移得点 F。

(3) 标记向量 $\overrightarrow{AC}$,将 E 按向量 $\overrightarrow{AC}$ 进行平移得点 G。同时作△EFG。

(4) 作△EFG 的内心 H。

(5) 标记向量 $\overrightarrow{AD}$,将点 H 按向量 $\overrightarrow{AD}$ 进行平移得点 I。

(6) 将点 I 与下底面对应点连成线段即可。

方法二　透视效果作法

设计要点　底面的作法同三棱柱一样。对于顶点可直接将同心圆圆心按向量平移得到。

作法　如图 5-111 所示。

(1) 作线段 AB,并过 A 作 AB 的垂线,在垂线上任取一点 C(AC 作为高)。

(2) 作同心圆 c_1,c_2(圆心为 D)。

(3) 在大圆 c_1 上任作一点 E,作出其对应的椭圆上的点 F。

(4) 以 D 为中心将 E 分别旋转 120°和 240°得到 G,H 两点。

(5) 作出 G,H 两点对应的椭圆上的点 I,J。并作△FIJ。

(6) 将 D 点按向量 $\overrightarrow{AC}$ 得点 K。

(7) 将点 K 与下底面各点连成线段即可。

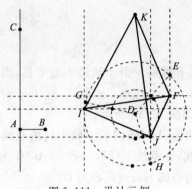

图 5-111 设计示例

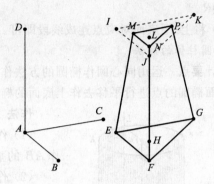

图 5-112 设计示例

3. 棱台的作法

方法一 简单作法

设计要点 可在棱柱的基础上对上底面进行适当的缩放即可。

作法 如图 5-112 所示。

(1) 作线段 AB,AC,AD,并在右侧适当位置作点 E(E 点即是产生三棱柱的点)。

(2) 标记向量 $\overrightarrow{AB}$,将 E 按向量 $\overrightarrow{AB}$ 进行平移得点 F。

(3) 标记向量 $\overrightarrow{AC}$,将 E 按向量 $\overrightarrow{AC}$ 进行平移得点 G。同时作 $\triangle EFG$。

(4) 作 $\triangle EFG$ 的内心 H。

(5) 标记向量 $\overrightarrow{AD}$,将 $\triangle EFG$ 的三顶点和三条边以及内心 H 按向量 $\overrightarrow{AD}$ 进行平移得 $\triangle IJK$ 和点 L。

(6) 将 $\triangle IJK$ 的三顶点和三条边以点 L 为中心进行缩放(例如缩放比为 $2:3$),得到 $\triangle MNP$。

(7) 将上、下底面对应点连成线段即可。

方法二 透视效果作法

设计原理 在棱柱透视效果作法作出上、下底面的基础上,再运用缩放即可。

作法 如图 5-113 所示。

(1) 作线段 AB,并过 A 作 AB 的垂线,在垂线上任取一点 C(AC 作为高)。

(2) 作同心圆 c_1,c_2(圆心为 D)。

(3) 在大圆 c_1 上任作一点 E,作出其对应的椭圆上的点 F。

(4) 以 D 为中心将 E 分别旋转 $120°$ 和 $240°$ 得到 G,H 两点。

(5) 作出 G,H 两点对应的椭圆上的点 I,J。并作 $\triangle FIJ$。

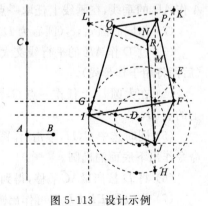

图 5-113 设计示例

(6) 将 $\triangle FIJ$ 的三个顶点和三条边以及圆心 D 按向量 AC 平移得 $\triangle KLM$ 和点 N。

(7) 将 $\triangle KLM$ 的三个顶点和三条边以 N 为中心缩放(假设缩放比为 $1:2$),

得△PQR。

(8) 将上、下底面对应点连成线段即可。

4. 圆柱体的画法

设计要点 运用同心圆作椭圆的方法作出下底面。由于轨迹不能平移,因此可将产生下底面椭圆的点进行平移去作上底面的椭圆。

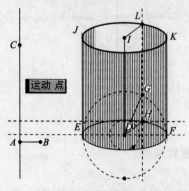

图 5-114 设计示例

作法 如图 5-114 所示。

(1) 作线段 AB(椭圆长半轴平行的直线),并过 A 作 AB 的垂线,在垂线上任取一点 C(AC 作为高)。

(2) 作同心圆 c_1,c_2(圆心为 D)。

(3) 过 D 作 AB 的平行线交大圆 c_1 于 E,F 两点(后面将用于作母线)。

(4) 在大圆 c_1 上任作一点 G,作出其对应的椭圆上的点 H。

(5) 同时选中 G,H,单击"作图"菜单中的"轨迹"命令作出下底面的椭圆。

(6) 将 D,E,F,H 按向量 $\overrightarrow{AC}$ 平移,分别得到点 I,J,K,L。

(7) 同时选中 G,L,单击"作图"菜单中的"轨迹"命令作出上底面的椭圆。

(8) 作线段 EJ,FK,即可作出圆柱体。

(9) 作四边形 $DILH$(此四边形即为旋转产生圆柱体的矩形)。

(10) 作 G 点运动的动画按钮,并对线段 HL 进行追踪,同时隐藏不必要的对象。单击动画按钮,可显示圆柱形成的过程。

5. 圆锥的作法

设计要点 作法与圆柱大体相同,只是在平移时只需将同心圆的圆心平移即可。

作法 如图 5-115 所示。

(1) 作线段 AB(椭圆长半轴平行的直线),并过 A 作 AB 的垂线,在垂线上任取一点 C(AC 作为高)。

(2) 作同心圆 c_1,c_2(圆心为 D)。

(3) 过 D 作 AB 的平行线交大圆 c_1 于 E,F 两点(后面将用于作母线)。

(4) 在大圆 c_1 上任作一点 G,作出其对应的椭圆上的点 H。

(5) 同时选中 G,H,单击"作图"菜单中的"轨迹"命令作出下底面的椭圆。

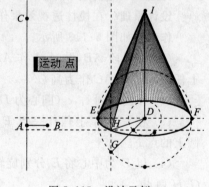

图 5-115 设计示例

(6) 将 D 按向量 $\overrightarrow{AC}$ 平移,得到点 I。

(7) 作线段 EI,FI,即可作出圆锥体。

(8) 作△DIH(此三角形即为旋转产生圆锥体的直角三角形)。

(9) 作 G 点运动的动画按钮,并对线段 HI 进行追踪,同时隐藏不必要的对象。单击动画按钮,可显示圆锥形成的过程。

6. 圆台的作法

设计要点 在圆柱作法的基础上,对上底面还是采用缩放的方法来作图。

作法 如图 5-116 所示。

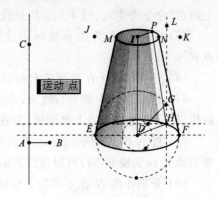

(1) 作线段 AB(椭圆长半轴平行的直线),并过 A 作 AB 的垂线,在垂线上任取一点 C(AC 作为高)。

(2) 作同心圆 c_1,c_2(圆心为 D)。

(3) 过 D 作 AB 的平行线交大圆 c_1 于 E,F 两点(后面将用于作母线)。

(4) 在大圆 c_1 上任作一点 G,作出其对应的椭圆上的点 H。

(5) 同时选中 G,H,单击"作图"菜单中的"轨迹"命令作出下底面的椭圆。

图 5-116 设计示例

(6) 将 D,E,F,H 按向量 $\overrightarrow{AC}$ 平移,分别得到点 I,J,K,L。

(7) 将 J,K,L 以 I 点为中心进行缩放(假设缩放比为 1∶2)得点 M,N,P。

(8) 同时选中 G,P,单击"作图"菜单中的"轨迹"命令作出上底面的椭圆。

(9) 作线段 EM,FN,即可作出圆台。

(10) 作四边形 $DIPH$(此四边形即为旋转产生圆台的直角梯形)。

(11) 作 G 点运动的动画按钮,并对线段 HP 进行追踪,同时隐藏不必要的对象。单击动画按钮,可显示圆台形成的过程。

7. 球的作法

设计要点 设计效果如图 5-117(a)所示。考虑到椭圆一半虚一半实,宜采用压缩方法作椭圆;不同位置的椭圆都是由相应的圆按相同的压缩比产生的。

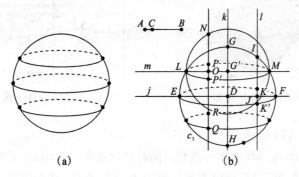

(a)   (b)

图 5-117 设计示例

作法 如图 5-117(b)所示。

(1) 作水平线段 AB,并在其上作一点 C。依次同时选中 A,B,C 三点,单击"变换"菜单中的"标记比"命令,即可将 AC/AB 标记为比。

(2) 作圆 c_1,过圆心 D 作 AB 的平行线 j,作 j 与 c_1 的交点 E,F。过圆心 D 作 AB 的垂线 k,作 k 与 c_1 的交点 G,H。

(3) 将 G 点以 D 这中心按 $1:2$ 比例压缩得到点 G'。

(4) 作以 E,F 为端点的上半圆弧,在这段弧上任作一点 I(可用"作图"菜单中的"弧上的点"命令产生)。过 I 作 j 的垂线 l,并作 l 与 j 的交点 J。

(5) 将 I 以 J 为中心按标记比压缩提到点 K,并以 j 为镜面将 K 进行反射得到点 K'。

(6) 分别作出 I 在半圆弧上移动时点 K 和 K' 的轨迹,并将 K 点的轨迹改为虚线。

(7) 过 G' 作 AB 的平行线 m,并作 m 与 c_1 的交点 L,M。以 G' 为圆心过 L 作圆 c_2,然后作以 L,M 为端点的上半圆弧,并在这段弧上任作一点 N。

(8) 过 N 作 m 的垂线交 m 于点 O。以 O 为中心将 N 按标记的比缩放得到 P 点;同时将 P 点以 m 为镜面进行反射得到 P';再将 P 和 P' 两点以 j 为镜面进行反射得到 Q,R 两点。

(9) 分别作出 N 在半圆弧上移动时点 P,P' 和点 Q,R 的轨迹,并将 P,R 点的轨迹改为虚线。

说明 (1) 对于纵向的椭圆可按同样的方法制作

(2) 若要制作一个可以上下移动的椭圆,只需在线段 GH 上任作一点 R,再按上述方法作椭圆,然后作点 R 在 GH 上运动的动画即可。

二、截面的画法

设计要点 设计一个如图 5-118 所示的多面体的截面。注意:要综合运用前面讲到的作多面体的知识;要注意区分不同情况来作图。

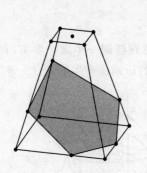

图 5-118 设计效果

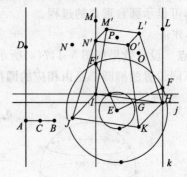

图 5-119 设计示例

作法 如图 5-119 所示。

(1) 作线段 AB,在 AB 上作一点 C。同时依次选中 A,B,C 三点,单击"变换"菜单中的"标记比"命令,将 AC/AB 标记为比。过 A 作 AB 垂线,并在垂线上作一点 D(AD 作为多面体的高)。

(2) 以 E 为圆心作同心圆 c_1,c_2。在大圆 c_1 上任作一点 F,作线段 EF,并作出 EF 与 c_2 的交点 G;过 G 作 AB 的平行线 j,过 F 作 AB 的垂线 k,直线 j,k 交于 H 点(H 为椭圆上的点);将点 F 以 E 为中心旋转 $90°$ 得点 F',按上面的方法作出对应椭圆上的点 I;将点 H,I 以 E 为中心旋转 $180°$ 得点 J,K(H,I,J,K 即为底面四顶点)。同时选中 H,I,J,K 四点作线段即可作出底面。

（3）将点 H,I,J,K,E 按向量 $\overrightarrow{AD}$ 平移得 L,M,N,O,P 五点；将点 L,M,N,O 以 P 为中心按标记的比缩放得四点 L',M',N',O'，并将其两两连线得上底面；将上下底面对应点连线得多面体。

（4）作与 $O'K$ 没有交点的截面。（作图前可将不必要的对象隐藏）如图 5-120 所示。在棱 $M'I,N'J,L'H$ 上各作一点 Q,R,S。分别过 Q 和 R,I 和 J 作直线交于点 T；分别过 Q 和 S,I 和 H 作直线交于点 U；过 T 和 U 作直线分别与线段 JK,KH 交于点 V,W。同时选中 Q,R,V,W,S 作出多边形内部，并将各点连成线段构成多边形，即可得截面。

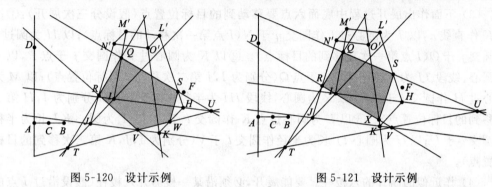

图 5-120　设计示例　　　　　　　　图 5-121　设计示例

（5）作与 $O'K$ 有交点的截面。（适当调整 Q,R 或 S 点的位置，使现有截面消失），如图 5-121 所示。过 R,V 两点作直线，交线段 $O'K$ 于点 X。同时选中点 Q,R,X,S 作出四边形内部，并将各边连成线段构成四边形。

（6）最后隐藏不必要的元素即可。

说明　（1）拖动点 Q 或点 R 或 S 可改变截面。

（2）其他多面体截面的作法其原理与此相同的。

三、几何体展开

1. 多面体的侧面展开

作一个六棱柱的侧面展开图（如图 5-122 所示）。

设计要点　综合运用变换等作图技巧找出关键点；移动按钮及系列按钮的运用。

作法　如图 5-123 所示。

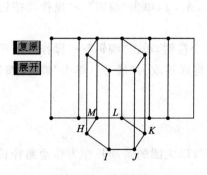

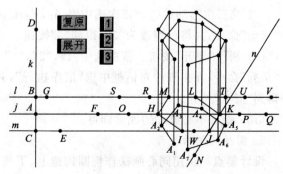

图 5-122　设计效果　　　　　　　　图 5-123　设计示例

(1) 过点 A 作直线 j，过 A 作 j 的垂线 k，在 k 上作一点 B，并将 B 按向量 $\overrightarrow{BA}$ 平移得到点 C。分别过点 B,C 作 j 的平行线 l,m。在 k 作一点 D（作为棱柱的高）。在直线 j，m,l 上各作一点 E,F,G（作为构成六棱柱的底面向量的点）。

(2) 在直线 j 上作一点 H。将 H 分别按向量 $\overrightarrow{AE},\overrightarrow{AF},\overrightarrow{AG}$ 平移得点 I,K,M。将 K 分别按向量 $\overrightarrow{GA},\overrightarrow{EA}$ 平移得点 J,L。依次同时选中点 H,I,J,K,L,M 作线段即可作出下底面六边形。将底面六边形边及顶点按向量 $\overrightarrow{AD}$ 平移得上底面，并将对上下底面对应点连成线段得六棱柱。

(3) 下面作出展开过程中底面六点要移动到的目标位置点（假设分三次展开）：①过 J,K 作直线 n，以 J 为圆心过 I 作圆交 n 于 N（I 点第一次移动的目标点）；以 H 为圆过 I 作圆交 j 于 O（I 点第一次要移到的目标点）。②以 K 为圆心过 J 作圆交 j 于点 P，以 P 为圆心，线段 IJ 为半径作圆交 j 于点 Q（分别为 I,J 第二次移到的目标位置点）；以 M 为圆心过 H 作圆交 l 于点 R，以 R 为圆心，线段 HI 为半径作圆交 l 于 S（分别为 I,H 第二次移到的目标位置点）。③以 L 为圆心过点 K 作圆交 l 于 T；以 T 为圆心 KJ 长为半径作圆交 l 于 U；以 U 为圆心 IJ 长为半径作圆交 l 于 V（分别为 I,J,K 第三次移到的目标位置点）。

(4) 作近似的断开的六棱柱。要能展开，必须沿某一棱剪开六棱柱（假设沿过 I 点的棱剪开，此时 I 点就成了两个点。基于此作法如下：在下底面各顶点附近作七个点 A_1，A_2,A_3,A_4,A_5,A_6,A_7，并连线段 $A_1A_2,A_2A_3,A_3A_4,A_4A_5,A_5A_6,A_6A_7$，得到剪开的下底面。同时将上述七点及六条边按向量 $\overrightarrow{AD}$ 平移得到剪开的上底面各点及线段，并将上下底面对应点点连线，则构成了剪开的近似六棱柱。

(5) 做复原按钮。在线段 IJ 上作一点 W。依次选中点 A_1,I,A_2,H,A_3,M,A_4,L，A_5,K,A_6,J,A_7,W，单击"编辑"→"操作类按钮"→"移动"命令，并将标签改为"复原"，得到"复原"按钮。作完后将点 W 移动到与 I 点重合（保证 A_1 与 A7 在移动后能重合，形成六棱柱）。

(6) 第一次移动按钮。依次选中点 A_1,O,A_7,N，单击"编辑"→"操作类按钮"→"移动"命令，并将标签改为"1"，得到"1"按钮。

(7) 第二次移动按钮。依次选中点 A_1,S,A_2,R,A_7,P,A_6,Q，单击"编辑"→"操作类按钮"→"移动"命令，并将标签改为"2"，得到"2"按钮。

(8) 第三次移动按钮。依次选中点 A_7,V,A_6,U,A_5,T，单击"编辑"→"操作类按钮"→"移动"命令，并将标签改为"3"，得到"3"按钮。

(9) 制作"展开"按钮。依次选中"1"，"2"，"3"三个按钮，单击"编辑"→"操作类按钮"→"系列"命令，在出现的对话框中选"依序执行"，并将标签改为"展开"，单击"确定"按钮即得到"展开"按钮。

(10) 隐藏不必显示的元素即可。

2. **圆柱的侧面展开**

设计要点 运用同心圆法作椭圆构造上、下底面；以大圆的圆周长作为移动路径长；作辅助线以使椭圆转动。

作法 如图 5-124 所示。

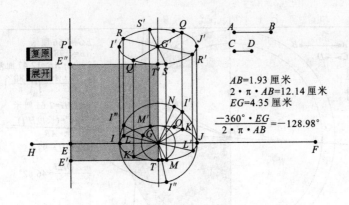

图 5-124 设计示例

（1）作线段 AB,CD 分别作为大小圆的半径。度量 A,B 两点的距离 AB，计算 $2*\pi*AB$，并将其标记为距离。

（2）作一点 E，并将点 E 按标记的距离平移（参数为：极坐标，标记距离，0°角）得点 F。作线段 EF（移动路径），并在其上任作一点 G（移动点）。

（3）度量 E,G 两点距离，并计算 $\dfrac{-360°*EG}{2*\pi*AB}$，并将其标记为角。

（4）以 G 为圆心，分别以 AB,CD 为半径作圆 c_1、c_2。同时将 E 点按向量 $\overrightarrow{BA}$ 平移得点 H，连 HF，作大圆 c_1 与线段 HF 的交点 I,J（注意不是与 EF 的交点）。

（5）将 I 点以 G 为中心按标记角旋转得点 I'，将 I' 旋转 120° 得点 I''，将 I'' 旋转 120° 得点 I'''。按同心圆法分别作 I',I'',I''' 点对应的椭圆上的点 K,M,L，并将三点分别以 G 为中心旋转 180° 得点 K',M',L'，同时作线段 KK',LL',MM'。

（6）在大圆 c_1 上任作一点 N，用同心圆法作出 N 点对应的椭圆上的点 O，并作出 N 点在 c_1 上移动时 O 点的轨迹（下底面的椭圆）。

（7）过 E 作 EF 的垂线并在垂线上任作一点 P（EP 为圆柱的高）。标记向量 $\overrightarrow{EP}$，将点 O 按向量 $\overrightarrow{EP}$ 平移得点 O'，作 N 点在 c_1 上移动时 O' 点的轨迹（上底面的椭圆）。另将点 I,J,G，以及线段 KK',LL',MM' 和端点按向量 $\overrightarrow{EP}$ 平移得点 I',J',G',O' 和线段 QQ'，RR',SS'。同时将上下底面的对应点连线。

（8）作展开面。过 G 作 EF 的垂线交 c_2 于点 T，并将点 T 按向量 $\overrightarrow{EP}$ 平移得点 T'。标记向量 $\overrightarrow{GT}$，将点 E 按向量 $\overrightarrow{GT}$ 平移得点 E'；标记向量 $\overrightarrow{TT'}$，将点 E' 按向量 $\overrightarrow{TT'}$ 平移得点 E''。以 E'',E',T,T' 为顶点作四边形，并作出四边形内部。

（9）选中点 G,E，作移动按钮（速度高为快速），并将标签改为"复原"；选中点 G,F，作移动按钮（速度高为中速），并将标签改为"展开"。

（10）隐藏不必要的元素即可。

3. 圆锥侧面展开

设计要点 运用同心圆法作椭圆构造下底面；以大圆的圆周长作为移动路径长。

作法 如图 5-125 所示。

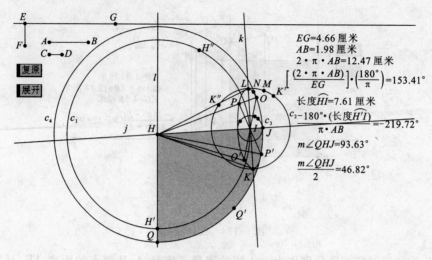

图 5-125　设计示例

（1）准备工作。作线段 AB,CD 分别为同心圆的半径；作线段 EF（圆锥在初始位置时其高线与 EF 平行），过 E 作 EF 垂线，并在其上作一点 G（EG 即为圆锥的高）；度量 E、G 两点的距离，并将其标记为距离；作一点 H（圆锥顶点），并将 H 按标记距离平移（参数设置为极坐标，标记距离，固定角度$-90°$）得点 H'；以 H 为圆心过 H' 作圆 c_1。

（2）确定底面中心移动的路径。度量 A,B 的距离；计算 $2*\pi*AB$（以 AB 为半径的圆的周长）；将弧长折算成以 $HH'=EG$ 为半径的圆上相等弧长所对的圆心角，计算 $\left(\dfrac{2*\pi*AB}{EG}\right)*\left(\dfrac{180°}{\pi}\right)$ 的值，并标记为角；以 H 为中心将 H' 按标记角旋转得点 H''，作出 $\overset{\frown}{H'H''}$ 这段弧（即为底面中心移动的路径），并在弧上作一点 I（可移动的底面中心）。

（3）作可移动的圆锥。以 I 为圆心分别以 AB,CD 长为半径作同心圆 c_2,c_3；过 H,I 作直线 j 交 c_3 于点 J，过 I 作 HI 的垂线 k 交 c_2 于点 K,L；在 c_2 上任作一点 M，按同心圆法作对应的椭圆上的点 N（注意：直线 k,j 分别相当于 x,y 轴），并作出 M 点在 c_2 上移动时 N 点的轨迹（即底面）；作线段 HK,HL 即得到圆锥。

（4）构造圆锥旋转的辅助线。作出弧 $\overset{\frown}{H'I}$，并度量弧长；计算 $\dfrac{-180°*\overset{\frown}{H'I}}{\pi*AB}$，并将其标记为角，将 K 以 I 为中心按标记角旋转得 K'，将 K' 旋转 $90°$ 得 K''，并分别按同心圆法作 K' 和 K'' 所对应的椭圆上的点 O,P；将点 O,P 以 I 为中心旋转 $180°$ 得点 O' 和 P'。作线段 OO',PP',HO,HO',HP,HP'。

（5）确定展开图。以 H 为圆心过 J 作圆 c_4，过 H,H' 作直线 l，直线 l 交 c_4 于点 Q；度量 $\angle QHJ$，并计算 $\dfrac{\angle QHJ}{2}$，同时将其标记为角；将 Q 点以 H 点为中心按标记角旋转得点 Q'；顺次选中点 Q,Q',J，作过三点的弧，并作出弧的扇形内部，调整内部的颜色（此即为逐渐展开的侧面）。

（6）设置按钮。依次选中点 I,H'，作移动按钮（速度高为快速），并将标签改为"复原"；选中点 I,H''，作移动按钮（速度高为中速），并将标签改为"展开"。

（7）隐藏不必要的元素即可并保存即可。

4. 圆台的侧面展开

设计要点 在圆锥侧面展开的基础上，用缩放作上底面。

作法 如图 5-126 所示。

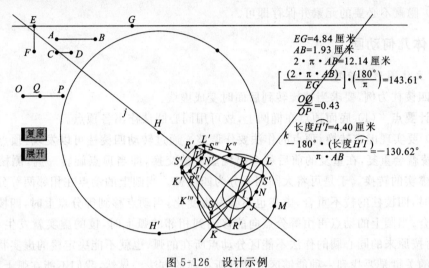

图 5-126 设计示例

右侧标注：
EG=4.84 厘米
AB=1.93 厘米
$2 \cdot \pi \cdot AB$=12.14 厘米
$\left[\frac{(2 \cdot \pi \cdot AB)}{EG}\right] \cdot \left(\frac{180°}{\pi}\right)$=143.61°
$\frac{OQ}{OP}$=0.43
长度$\overset{\frown}{H'I}$=4.40 厘米
$\frac{-180° \cdot (长度\overset{\frown}{H'I})}{\pi \cdot AB}$=−130.62°

（1）准备工作。作线段 AB,CD 分别为同心圆的半径；作线段 EF（圆锥在初始位置时其高线与 EF 平行），过 E 作 EF 垂线，并在其上作一点 G（EG 即为圆锥的高）；度量 E，G 两点的距离，并将其标记为距离；作一点 H（圆锥顶点），并将 H 按标记距离平移（参数设置为极坐标，标记距离，固定角度$-90°$）得点 H'；以 H 为圆心过 H' 作圆 c_1。

（2）确定底面中心移动的路径。度量 A,B 的距离；计算 $2 * \pi * AB$（以 AB 为半径的圆的周长）；将弧长折算成以 $HH' = EG$ 为半径的圆上相等弧长所对的圆心角，计算 $\left(\frac{2 * \pi * AB}{EG}\right) * \left(\frac{180°}{\pi}\right)$ 的值，并标记为角；以 H 为中心将 H' 按标记角旋转得点 H''；作出 $H'H''$ 这段弧（即为底面中心移动的路径），并在弧上作一点 I（可移动的底面中心）。

（3）作可移动的圆台。以 I 为圆心分别以 AB,CD 长为半径作同心圆 c_2,c_3；过 H,I 作直线 j 交 c_3 下面于点 J；过 I 作 HI 的垂线 k 交 c_2 于点 K,L；在 c_2 上任作一点 M，按同心圆法作对应的椭圆上的点 N（注意：直线 k,j 分别相当于 x,y 轴）；并作出 M 点在 c_2 上移动时 N 点的轨迹（即底面）；作线段 OP，并在其上作一点 Q，依次同时选中 O,P,Q，度量比得比值 $\frac{OQ}{OP}$，并将其标记为比；以 H 为中心，将点 K,L,I,J,N 缩放得点 K',L',I',J',N'；作 M 点在 c_2 上移动时 N' 点的轨迹即得到上底面椭圆；然后作线段 KK',LL',JJ' 得圆台。

（4）构造圆锥旋转的辅助线。作出弧 $H'I$，并度量弧长；计算 $\frac{-180° * \overset{\frown}{H'I}}{\pi * AB}$，并将其标记为角；将 K 以 I 为中心按标记角旋转得 K''，将 K'' 旋转 $90°$ 得 K'''，并分别按同心圆法作 K'' 和 K''' 所对应的椭圆上的点 R,S；将点 R,S 以 I 为中心旋转 $180°$ 得点 R' 和 S'，作线段 RR',SS'；先将 $\frac{OQ}{OP}$ 标记为比，然后将线段 RR',SS' 及端点以 H 为中心按标记比缩放得线段,并将上下底面对应线段的对应端点连成线段。

（5）确定展开图。作线段 JJ',并对其进行追踪(追踪的轨迹即为逐渐展开的侧面)。

（6）设置按钮。依次选中点 I,H',作移动按钮(速度高为快速),并将标签改为"复原";选中点 I,H'',作移动按钮(速度高为中速),并将标签改为"展开"。

（7）隐藏不必要的元素并保存即可。

四、立体几何动画

1．立体图形的旋转

以四棱柱为例,要求当棱旋转到后面时变成虚线。

设计要点 （1）底面顶点在椭圆上,故可用同心圆法作出各顶点。

（2）要实现虚实转换,顶点的作法要作调整。通过转动四棱柱可以发现:顶点每转过 $90°$,侧棱就会重复,在重复的前后就会出现虚实的交换,即当顶点旋转一周,侧棱就要进行四次虚实的转换。于是可将大圆四等分为四段弧。当圆上的动点在相邻两等分点的弧上移动时,四棱柱的棱不重合,虚实也不会发生变化;当动点移到等分点上时,四棱柱的棱正好重合;当圆上的动点再由等分点向前移动到相邻的弧上时,棱的虚实就发生了改变。显然,再按原来的同心圆的作法不能区分动点所在的弧,也就不能决定棱的虚实状态。所以现在的关键是要找到一种能够区分动点所在弧的方法。显然,我们不能在弧上取动点,因为这样不能实现点在整个圆上运动。所以动点还必须在整个圆周上取。但按同心圆的作法,动点对应的椭圆上的点总是存在的,因为动点与圆心的连线与小圆始终有交点。所以问题就出在这条连线上。我们要找到一种动点在不同弧上时小圆上的点也不同的方法。既然弧不能考虑,能区分弧的还有弧所对的弦。我们发现,动点与圆心的连线与弦是否有交点会由动点是否在弦所对应的弧上决定。这正是区分动点所在弧的一种方法。于是,我们将原来的同心圆法作如下调整:首先作出动点和圆心连线与对应的弦的交点;再作交点和圆心连线与小圆的交点。这个交点当且仅当动点位于该段弧上时才存在。

（3）四等分弧可用在圆上任作点,并将此点以圆心为中心旋转 $90°$ 这样的方法。四个等分点正是圆内接正方形的四个顶点。

（4）正方形要摆正,否则其顶点与棱重复时动点的位置不一致。

作法 如图 5-127 所示。

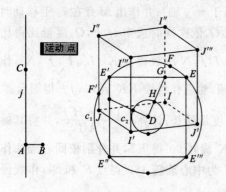

图 5-127 设计示例

（1）作水平线段 AB,过点 A 作 AB 的垂线 j,并在 j 上作一点 C(AC 为高)。

（2）以 D 为圆心作同心圆 c_1(大圆),c_2(小圆)。在 c_1 上任作一点 E,将 E 以 D 为中心旋转 $90°$ 得点 E',将 E' 以 D 为中心旋转 $90°$ 得点 E'',将点 E'' 以 D 为中心旋转 $90°$ 得点 E'''。作正方形 $EE'E''E'''$,拖动 E 点调整正方形位置,使得各边成为没有锯齿的平滑线段。

（3）在 c_1 上任作一点 F(假设位于 EE' 弧内),将点 F 以 D 为中心旋转 $90°$ 得点 F'。

(4) 作 F 对应的椭圆上的点。作线段 DF,并作 DF 与 EE' 的交点 G,隐藏线段 DF。作线段 GD,并作 GD 与 c_2 的交点 H。过 H 作 AB 的平行线 k,过 F 作 k 的垂线 l,作 k 与 l 的交点 I。

(5) 作 F' 对应的椭圆上的点。对 F' 按上一步的作法可作出其对应的椭圆上的点 J。

(6) 作底面的另两个顶点。将点 I,J 以 D 为中心旋转 $180°$ 得点 I',J'。

(7) 选中点 I,J,I',J' 作线段,得底面四边形 $IJI'J'$。

(8) 将底面四边形各边及顶点按向量 $\overrightarrow{AC}$ 平移,得上底面 $I''J''I'''J'''$。并将上下底面对应点连成线段,形成四棱柱。

(9) 同时选中线段 IJ,IJ',II'',将其改成虚线,可得第一种状态的图形。

(10) 将 F 点拖动到 $E'E''$ 弧段上(F' 就移动到了 $E'E'''$ 弧段上),重复(4)~(9)的作法可得第二种状态的图形。

(11) 将 F 点拖动到 $E''E'''$ 弧段上(F' 就移动到了 $E'''E$ 弧段上),重复(4)~(9)的作法可得第三种状态的图形。

(12) 将 F 点拖动到 $E'''E$ 弧段上(F' 就移动到了 EE' 弧段上),重复(4)~(9)的作法可得第四种状态的图形。

(13) 作出点 F 在 c_1 上运动的动画按钮。

(14) 隐藏不必要的元素后保存。

2. 三棱锥体积公式的推导

在高中数学教材中,三棱锥的体积公式是通过将三棱柱分割成体积相等的三个三棱锥的思路来推导的。为此,我们设计一个将三棱柱分割成三个三棱锥、三个三棱锥合并成一个三棱柱的动态演示课件。

设计要点 用向量控制各图形,同时用变换作图。注意移动按钮的运用。

作法 如图 5-128 所示。

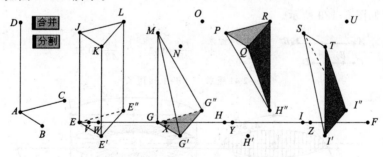

图 5-128 设计示例

(1) 准备工作。作线段 AB,AC,AD,EF(AB,AC 为控制底面的向量,AD 为控制棱的向量,EF 为移动路径)。

(2) 作上下底面的顶点。在 EF 上作三点 G,H,I(注意间隔尽量相等)。将 E,G,H,I 四点按向量 $\overrightarrow{AB}$ 平移得点 E',G',H',I';再将 E,G,H,I 按向量 $\overrightarrow{AC}$ 平移得点 E'',G'',H'',I'';最后将这 12 个点按向量 $\overrightarrow{AD}$ 平移得 12 个点(标签如图所示)。

(3) 作三棱柱。以 E,E',E'',J,K,L 六点作三棱柱,并将 EE' 改为虚线。

(4) 作分割后的三个三棱锥。以 G,G',G'',M 四点为顶点作三棱锥,将 GG'' 改为虚线,作出三角形 $GG'G''$ 的内部,并调整为适当颜色;以 P,Q,R,H'' 四点为顶点作三棱锥,作出三角形 PQR 和三角形 RQH'' 的内部,并将三角形 PQR 内部的调整为与三角形 $GG'G''$ 的内部相同的颜色,三角形 RQH'' 的内部为另一种颜色;以 S,T,I',I'' 四点为顶点作三棱锥,将 SI'' 改为虚线,作出三角形 $TI'I''$ 的内部,并将其颜色调整为与三角形 RQH'' 的内部相同的颜色。

(5) 作"合并"的移到按钮。在线段 EF 上靠近 E 点附近作两点 V,W;依次选中点 G, E,H,V,I,W,单击"编辑"→"操作类按钮"→"移动"命令,并将标签改为"合并",即得"合并"按钮;将 V,W 两点拖动到都与 E 点重合(以实现三个三棱柱合并到一起)。

(6) 作"分割"的移动按钮。在线段 EF 上靠近 G,H,I 三点的右侧附近作三点 X,Y, Z(作为分割时三个三棱柱移到的终点位置);依次选中点 G,X,H,Y,I,Z,单击"编辑"→"操作类按钮"→"移动"命令,并将标签改为"分割",即得"分割"按钮。

(7) 调整 X,Y,Z 的位置,使 E,X,Y,Z 间距相等,同时隐藏不必要的元素,然后保存。

说明 (1) 通过拖动点 B 或点 C、D 可整体调整各几何体的形状,注意体会用向量控制图形的好处。

(2) 几个三角形内部是为说明同底等高的。三棱柱分割成三棱锥的方法很多,在作三棱锥时要注意选用不使内部在显示时出现重叠的分割方法。

(3) 在说明同底等高时,只要拖动顶点 G 或 H 或 I 到相应点,使两个三棱锥拼在一起,就能很直观地说明。

3. 球的体积的推导

在高中数学教材中,关于球的体积推导过程是以祖暅原理为基础的。这里我们设计一个应用祖暅原理推导球的体积的演示课件。

设计要点 利用压缩方法作椭圆,注意缩放比例。

作法 如图 5-129 所示。

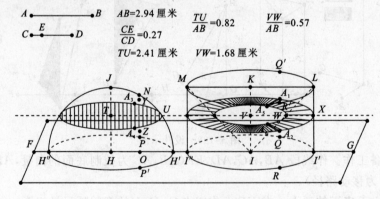

图 5-129 设计示例

(1) 准备工作。作线段 AB(作为球的半径),并度量点 A,B 的距离 AB;作线段 CD, 并在其上作一点 E,依次选中点 C,D,E,度量比得比例 CE/CD;作线段 FG(作为球心和圆柱底面圆心所在线段),并在其上作点 H,I(分别作为球心和圆柱底面圆心,注意 H,I

的距离要大于 AB,否则会重叠);将点 H,I 按向量 $\overrightarrow{AB}$ 平移得 H',I';再将点 H,I 按向量 $\overrightarrow{BA}$ 平移得点 H'',I'';将度量值 AB 标记为距离,然后将点 H,I,I',I'' 平移(参数为极坐标、标记距离、90°)得点 J,K,L,M。

(2) 作半球。作过 H',J,H'' 的弧,在弧上任作一点 N;过点 N 作 FG 的垂线并作垂足 O;以 O 为中心,将 N 按标记的比 CE/CD 缩放得点 P,并将点 P 以 FG 为镜面反射得点 P';分别作点 N 在弧上移动时点 P 和 P' 的轨迹,即可得半球。

(3) 作挖去圆锥的圆柱。将点 P,P' 按向量 $\overrightarrow{HI}$ 平移得点 Q,R;将点 Q,R 按向量 $\overrightarrow{IK}$ 平移得点 Q',R';分别作出点 N 在弧上移动时点 Q,R 和点 Q',R' 的轨迹;连线段 $IK,I'L,I''M,ML,IM,IL$,并将线段 IK,IM,IL 改为虚线。

(4) 作可移动的截面。将点 D 平移(参数为极坐标、固定距离 0.03 厘米、90°)得点 S,并作线段 JS;在线段 JS 上任作一点 T,过 T 作 FG 的平行线 j,分别交弧和线段 $IK,IL,I'L$ 于点 U,V,W,X;将点 P,P',Q,R 按向量 $\overrightarrow{IV}$ 平移得点 Y,Z,A_1,A_2,并分别作点 N 在弧上移动时点 A_1,A_2 的轨迹;度量点 T,U 的距离,计算 TU/AB 的值并将其标记为比;将点 Y,Z 以 T 为中心按标记的比缩放得点 A_3,A_4,并连线段 A_3A_4 分别作出点 N 在弧上移动时点 A_3,A_4、线段 A_3A_4 的轨迹,可作出半球上的截面(可在线段 A_3A_4 轨迹的属性中将采样数量改为 30 左右);度量点 V,W 的距离,计算 VW/AB 的值并将其标记为比;将点 A_1,A_2 以 V 为中心按标记的比缩放得点 A_5,A_6,并连线段 A_1A_5,A_2A_6;分别作 N 在弧上移动时点 A_5,A_6 和线段 A_1A_5,A_2A_6 的轨迹(可在线段 A_1A_5,A_2A_6 轨迹的属性中将采样数量改为 30 左右)。

(5) 作底下的平面。然后隐藏不必要的元素并保存。

说明 按作法,当点 V 与点 I 重合时,挖去圆锥后的圆柱的圆环截面将消失(因为此时点 W 不存在)。因此,V 点不得与 I 点重合。为此,将点 H 首先向上平移 0.03 厘米得点 S,再连线段 SJ 并在 SJ 上作任意点 T,这样动点 T 不会与 H 点重合,从而保证了点 V 可接近点 I 但不与点 I 重复,截面也就不会消失。

▶▶▶ 第八节 迭 代

迭代就是多次重复一个动作或操作。从数学角度出发,迭代指的是在数学构建、计算或其他操作中重复应用与原来相同的操作所得到的结果。

在代数上,迭代是指使用一个输入值来计算输出值的计算过程的不断重复。在这个迭代中,计算方法是相同的,只是从第二次开始,每一次计算都将前一个计算中得到的计算结果作为下一个计算的输入值。

在几何上,迭代是指重复某种变换,由一类对象(原象)构建出新的一类对象(初象)的过程。在此重复构建过程中,从第二次开始,每一次都把前一次得到的初象作为本次的原象,按相同的变换得到新的初象。

我们可以使用迭代创建重复的变换(比如棋盘),产生分形和其他自身类似的对象,或产生其他(几何或数值的)序列和数列。

一、几何迭代

1. 简单的迭代

例 5.38 画正七边形。运行结果如图 5-130 所示。

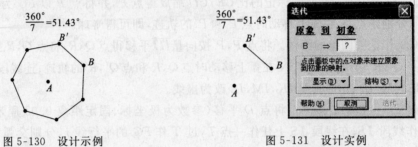

图 5-130 设计示例   图 5-131 设计实例

分析 因为正多边形的顶点共圆,所以画正多边形的一般方法是先画一个点 A 作为旋转中心(也即圆心),再画一个点 B 作为正多边形的一个顶点(即圆上的点),然后计算出正多边形每条边(即圆的弦)所对的圆心角 $\alpha=\dfrac{360°}{n}$,并标记为角。最后以 A 为中心,将 B 点按标记的角度旋转一次得第二个顶点,再将第二个顶点旋转得第三个顶点,……

从上面可以看到,从第二次开始,后面都是重复前面同样的操作,只是对象不同,而且第一次都是把前一次得到的结果作为本次操作的对象去构建新的结果,这就是迭代。

作法 如图 5-131 所示。

(1)计算 $\alpha=\dfrac{360°}{7}$,并标记为角。

(2)画点 A、B,将 A 标记为中心,将 B 按标记角 α 旋转,得到点 B',连结 BB'。

(3)选中 B 点,单击"变换"菜单中的"迭代"命令,即出现如图 5-131 所示的"迭代"对话框,单击 B' 点,则 B' 就出现在对话框中的"初象"中,然后单击"迭代"按钮即可生成迭代。

(4)将光标移动到迭代象的图形上单击右键,在出现的快捷菜单中单击"属性"命令,即出现如图 5-132 所示的对话框。

(5)在对话框中单击"迭代"选项卡,将"迭代次数"的值改为 6,然后单击"确定"按钮。则画出了正七边形。

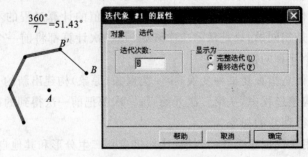

图 5-132 设计示例

拓展应用 此方法可以推广到画正 n 边形，其中 $\alpha = \dfrac{360°}{n}$，迭代次数为 $n-1$ 即可。

例 5.39 画旋转正方形。运行结果如图 5-133 所示。

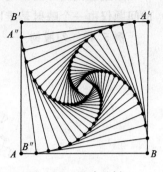

分析 正方形可以由两个点按以下操作来生成：连接 A,B 两点，将 A 标记为中心，将线段 AB 和 B 点旋转 $90°$ 得 AB'；再将 B' 标记为中心，将线段 AB' 旋转 $90°$，得线段 $B'A'$；连接 $A'B$ 即得正方形。下面只要能找到产生新的正方形的两个点，并以这两点为基础，重复上面的操作过程就可画出新的正方形，这又是迭代。

图 5-133 设计示例

现在的关键是新的点如何通过前一次的操作构造出来。这里我们可以把得到的正方形 $ABA'B'$ 的操作继续下去：先构造一个比例并标记为比，然后分别以 A,B' 为中心，将 B 和 A 按标记的比进行缩放得到点 B'' 和 A''。从点 A,B 开始到作出两点 A'',B'' 的过程就是一个操作，其中点 A 和 B 是原象，结果 A'' 和 B'' 是初象，同时，A'' 和 B'' 也是下一次操作的原象。于是就可以用迭代来完成作图了。

作法 如图 5-134 所示。

(1) 画线段 AB，将 A 标记为中心，将线段 AB 和 B 点旋转 $90°$ 得 AB'；再将 B' 标记为中心，将线段 AB' 旋转 $90°$，得线段 $B'A'$；连接 $A'B$ 即得正方形。

(2) 画线段 CD，并在 CD 上任画一点 E，依次选中 C,D,E，单击"度量"菜单中的"比"命令，即得 $\dfrac{CE}{CD}$，将其标记为比。

(3) 然后分别以 A,B' 为中心，将 B 和 A 按标记的比进行缩放得到点 B'' 和 A''。

(4) 依次选中 A,B，单击"变换"菜单中的"迭代"命令，即出现"迭代"属性对话框。此时，依次单击点 A'' 和点 B''，即可依次定义对话框中原象 A 和 B 的初象点 A'' 和 B''，然后单击"迭代"按钮即可得到迭代的象。

(5) 将光标移动到迭代象的图形上单击右键，在出现的快捷菜单中单击"属性"命令，即出现"迭代象♯1 的属性"对话框，在对话框中单击"迭代"选项卡，将"迭代次数"的值改为 12，然后单击"确定"按钮。（以下将此步简称为"将迭代次数改为××"）

说明 可以定义 E 点的动画，来观察图形的变化。

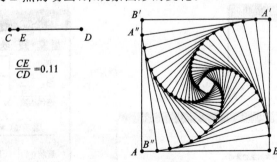

$$\dfrac{CE}{CD} = 0.11$$

图 5-134 设计实例

拓展应用 用同样的思路可画旋转的正 n 边形。

2. 构造多个映射的迭代

上述迭代实际上都是建立由一组原象到一组初象的映射的简单迭代。但下面例题中的问题仅由一个映射是难以完成的，必须增加新的映射。

例 5.40 勾股树——两个映射。运行结果如图 5-135 所示。

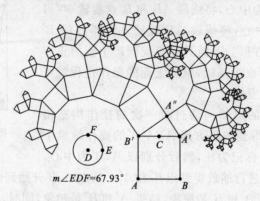

图 5-135　设计示例

分析　先以两点为基础作正方形，以此正方形的连长作为直角三角形的斜边长构造直角三角形。再分别以此直角边的两端点为基础，重复前面的操作。

由直角三角形的性质，在构造直角三角形时，可以以斜边中点为中心（即圆心），将斜边的一个端点旋转一个角度即可得到直角顶点。旋转角度可通过构造一个圆心角来设定，以便可以随意调整。

作法　如图 5-135 所示。

(1) 作线段 AB，以 AB 为基础作正方形 $ABA'B'$，并作出线段 $A'B'$ 的中点 C。

(2) 画圆，并在圆上再作一点 F，构造圆心角 $\angle EDF$，度量 $\angle EDF$ 并标记为角。

(3) 将 C 点标记为中心，将 A' 点按标记角旋转得到直角顶点 A''，并连接 $B'A''$ 和 $A''A'$。

(4) 依次选中 A，B，并进行迭代。其中原象 A，B 的初象分别是 B'，A''。同时单击"迭代"对话框中的"结构"按钮，出现级联菜单（见图 5-136），然后单击"添加新的映射"选项，当出现新的"迭代"对话框后依次单击点 A'' 和点 A'（如图 5-137），再单击"迭代"按钮即可。

(5) 将迭代次数改为 6。

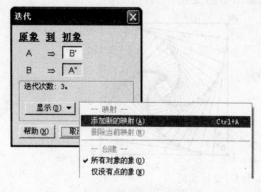

图 5-136　设计示例

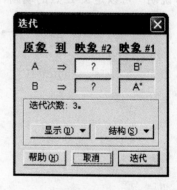

图 5-137　设计示例

说明 拖动 F 点可改变勾股树的形状。这个例子中涉及到两个映射。

例 5.41 蜂巢——三个映射。运行结果如图 5-138 所示。

分析 从图 5-138 可以看出,蜂巢的基本结构图形是正三角形的三个顶点与中心连线所形成的图形。只需将此图形再细分下去即可。因此,我们可从一线段出发构造正三角形,并通过角平分线作出三角形的中心,然后将三顶点与中心连成线段得到三条线段。然后对每条线段重复上面的操作——迭代。

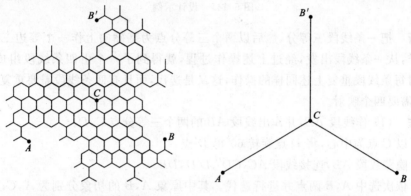

图 5-138 设计示例   图 5-139 设计示例

作法 如图 5-139 所示。

(1) 作线段 AB,并以 A 为中心将 B 旋转 $60°$ 得到点 B'。

(2) 作 $\angle B'AB$ 和 $\angle B'BA$ 的平分线得交点 C。

(3) 隐藏线段 AB 和两角平分线,同时连接 $AC,BC,B'C$。

(4) 依次选中 A,B 并进行迭代。其中原象 A,B 的初象分别是 A,C;然后添加新的映射,原象 A,B 的初象分别是 B,C;再添加新的映射,原象 A,B 的初象分别是 B',C。同时单击"显示"按钮,即出现如图 5-140 所示的对话框,在对话框中单击"最终迭代"即可。

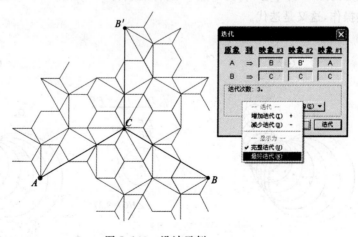

图 5-140 设计示例

(5) 将迭代次数改为 4。

例 5.42 Koch 曲线——四个映射。运行结果如图 5-141 所示。

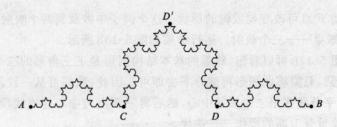

图 5-141　设计示例

分析　把一条线段三等分,然后以两个三等分点为基础向上作一个等边三角形的顶点。这样,从一条线段出发,经过上述操作过程,就得到了一个由四条线段组成的折线。然后再对每条线段重复上述同样的操作,这又是迭代,而且有四条线段需要重复同样的操作,因此需要四个映射。

作法　(1) 作线段 AB,并作出线段 AB 的两个三等分点 C,D。

(2) 以 C 点为中心,将 D 点旋转 $60°$ 得 D' 点。

(3) 隐藏线段 AB,连接线段 $AC,CD',D'D,DB$。

(4) 依次选中 A,B 两点并进行迭代。其中原象 A,B 的初象分别为 A,C;然后添加新的映射,原象 A,B 的初象分别是 C,D';再添加新的映射,原象 A,B 的初象分别是 D',D;再添加新的映射,原象 A,B 的初象分别是 D,B。同时单击"显示"按钮,即出现的对话框中单击"最终迭代"即可。

(5) 隐藏线段 $AC,CD',D'D,DB$。

例 5.43　圆的迭代。运行结果如图 5-142 所示。

分析　由两点可画一个圆。由此,可定义一个点为旋转中心 C,同时定义一个角作为旋转角 α。这样,以两点 A,B 画圆,然后将 A,B 两点先以 C 为中心旋转 α 角得 A',B',再以作为圆心的点 A' 为中心,将另一点 B' 进行缩放得 B'',再以 A',B'' 画圆。然后对 A',B'' 重复上述操作,这又是迭代。

作法　如图 5-143 所示。

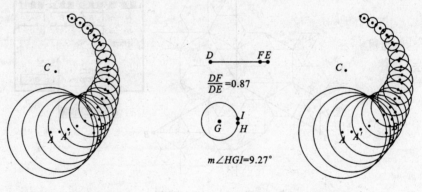

图 5-142　设计示例　　　　　　图 5-143　设计示例

(1) 作圆(圆心为 A,圆上点为 B),同时作一点 C 并标记为中心。

(2) 作线段 DE,并在其上任作一点 F,依次选中 D,E,F,度量比,得比值 $\dfrac{DF}{DE}$,并将其标记为比。另作一圆(圆心为 G,圆上点为 H),并在其上任画一点 I,度量 $\angle HGI$,并将其标记为角。

(3) 以 C 为中心,将 A,B 两点按标记角旋转,得 A',B';再以点 A' 为中心,将点 B' 按标记比进行缩放得 B'',并隐藏 B' 点;依次选中 A',B'' 作圆。

(4) 依次选中 A,B 并迭代。其中原象 A,B 的初象分别为 A',B''。

(5) 将迭代次数改为 16。

说明　拖动点 F,可改变圆每次缩放的比例;拖动点 I,可改变每次旋转的角度。改变角度可以发现,除上面一种情形外还有三种情形,如图 5-144 所示;若将 F 点拖到与 E 点重合,即不改变半径,这里再拖动 I 改变旋转角,又可得到一些有趣的图形。

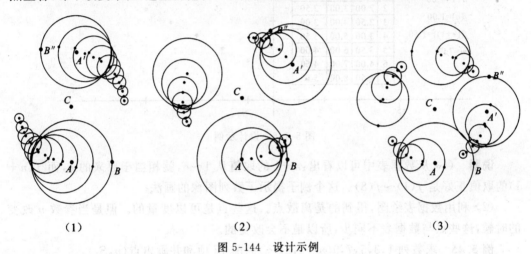

　　　　　　(1)　　　　　　　　　　　(2)　　　　　　　　　　　(3)

图 5-144　设计示例

二、数值迭代

利用几何画板也可以使用参数和计算生成迭代。

例 5.44　求数列 $a_n=1+\dfrac{n}{2}$ $(n=1,2,\cdots)$ 的前 8 项,并在平面上画出点 (n,a_n)。

分析　由数列的表达式可知,(n,a_n) 是直线 $y=1+0.5x$ 上面的点。我们要产生两个数列,一个是作为横坐标的数列 $1,2,3,\cdots$;一个是作为纵坐标的满足上述通项公式的数列。

作法　如图 5-145 所示。

$f(x)=1+0.5\cdot x$
$n=0.00$
$n+1=1.00$
$f(n)=1.00$
$f((n+1))=1.50$
$m=7.00$

n	$f(n)$	$n+1$	$f((n+1))$
0	1.00	1.00	1.50
1	1.50	2.00	2.00
2	2.00	3.00	2.50
3	2.50	4.00	3.00
4	3.00	5.00	3.50
5	3.50	6.00	4.00
6	4.00	7.00	4.50
7	4.50	8.00	5.00

绘制表格数据图像

从表中绘制点

$(n+1,\ f((n+1)))$

选择列:　　x ▼　　　y ▼

坐标系:　⦿ 直角坐标(T)　○ 极坐标

取消(C)　　　绘制(P)

图 5-145　设计示例

（1）新建函数 $y=1+0.5x$；新建参数 $n=0$，计算 $n+1$，$f(n)$，$f(n+1)$。

（2）新建参数 $m=7$ 作为迭代深度。

（3）选择 n 和 m，做原像 n 到初像是 $n+1$ 深度迭代为 m 的迭代，即可得到数据表。

（4）将光标指针指向表格单击，在出现的快捷菜单中选择"绘制表中记录"命令，即出现"绘制表格数据图像"对话框。在对话框中设置 x 列变量 $n+1$，y 列为 $f(n+1)$，坐标系为直角坐标系。然后单击"绘制"按钮，即可绘制出前 8 项对应点的图像，如图5-146所示。

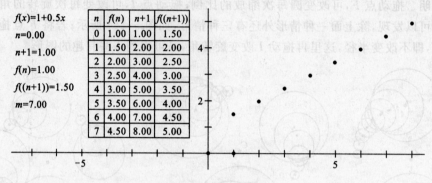

图 5-146　设计示例

说明 （1）从数据表中可以看出：$n+1$ 的取值从 $1\sim 8$，就相当于原来的 n，而 $f(n+1)$ 的取值正好是 $f(1)\sim f(8)$。这个例子揭示了数列图像的画法。

（2）利用数据表绘图，得到的是离散点。这些点是可以度量的。但是当参数 n 改变的时候，这些点与数据表不同步，所以是不会改变的。

例 5.45 求数列 $1,3,5,7,9(n=1,2,\cdots)$ 的前 12 项和并画出点 (n,S_n)。

分析 公差为 d，假设前 n 项和为 S_n，$S_n=S_{n-1}+a_n=S_{n-1}+a_1+(n-1)d$，在平面上描出 (n,S_n)。这里要注意利用计算机算法中加法器的原理。

作法 如图 5-147 所示。

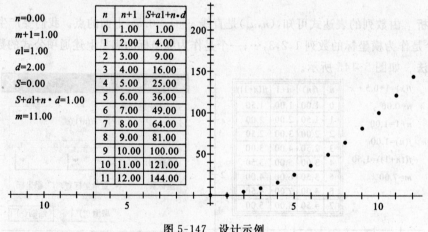

图 5-147　设计示例

(1) 新建参数 $n=0$,计算 $n+1$。

(2) 新建参数 $a1=1,d=2$(分别表示数列首项和公差)。

(3) 新建参数 $S=0$,计算 $S+a1+n*d$。

(4) 新建参数 $m=11$(迭代深度)。

(5) 选择 n,S,m 做原像 n,S 分别到初像 $n+1,S+a1+n*d$,深度迭代为 m 的迭代,得到数据表。

(6) 绘制数据表,x 列为 $n+1$,y 列为 $S+a1+n*d$,即可得到点 (n,S_n)。

例 5.46 画出菲波拉契数列 $a_1=1,a_2=1,a_n=a_{n-1}+a_{n-2}(n\geqslant3)$。

分析 数列的前提条件是 $a_1=1,a_2=1$,因为 $a_n=a_{n-1}+a_{n-2}$,所以原像是 a_1,a_2,初像是 a_2,a_3。

作法 如图 5-148 所示。

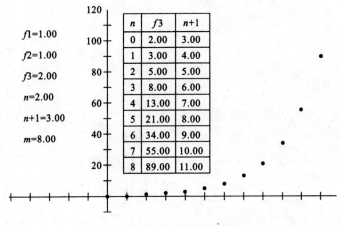

图 5-148 设计示例

(1) 新建参数 $f1=1,f2=1$,计算 $f1+f2$,并把计算结果的标签改为 $f3$。

(2) 新建参数 $n=2$,计算 $n+1$。

(3) 新建参数 $m=8$(作为迭代深度)。

(4) 依次选择 $f1,f2,n,m$ 做深度迭代,得到数据表。

(5) 绘制表中数据,x 列为 $n+1$,y 列为 $f3$。

(6) 画点 $(1,1),(2,1)$ 两点,作为数列的前两项。

习 题

1. 复习与思考

(1) 根据学习的体会,谈谈几何画板的特点与优势?

(2) 比较 PowerPoint,Authorware,几何画板三者各自的特点,说明在制作课件时该如何选择或相互配合?

(3) 总结几何画板画点的方法有哪些? 画线的方法又有哪些? 画圆有几种方法?

(4) 总结几何画板作函数图像的方法。

（5）几何画板中变换有哪几种类型？

（6）请就迭代谈谈你的看法。

（7）说明几何画板中动画设计的过程和关键。

（8）交流一下在几何画板的学习与运用中发现的新技巧。

2. 建议活动

（1）根据本章的例题，做一些有自己创意的设计。

（2）对你在第一章时所选择的一个课时的教学内容，在第二章准备的基础上，用几何画板作一个完整的课件。

参 考 文 献

程庭喜,等.2005.几何画板与课件整合创新实践.北京:科学出版社.

方其桂.2000.多媒体CAI课件制作教程.北京:人民邮电出版社.

方其桂,等.2004.几何画板4.X课件制作百例.北京:清华大学出版社.

梁肇军,梅全雄.2000.关于现代教育技术与数学教育研究的几个问题.高等函授学报(自然科学版),(1).

刘胜利.2001.几何画板课件制作教程.北京:科学出版社.

梅全雄.2000.多媒体制作工具PowerPoint简介.数学通讯,(3).

梅全雄.2000.用PowerPoint制作多媒体课件的方法.数学通讯,(5).

梅全雄.2000.对PowerPoint课件的后期制作.数学通讯,(7,9).

梅全雄.2000.PowerPoint制作多媒体课件的几个技巧.数学通讯,(11).

缪亮,等.2004.几何画板辅助数学教学.北京:清华大学出版社.

宋一兵,等.1999.Authorware5.X多媒体制作实例详解.北京:人民邮电出版社.

忻重义,等.2001.几何画板在数学教学中的应用.上海:华东师范大学出版社.

杨红燕,等.2007.PowerPoint演示文稿艺术设计教程.北京:清华大学出版社.

俞俊平,等.2000.精通Authorware5.X.北京:电子工业出版社.